Jagd unterm Hakenkreuz

Helmut Suter

JAGD UNTERM HAKENKREUZ

Hermann Göring, Carinhall und das Jagdrevier Schorfheide

be.bra verlag

MIX
Papier | Fördert gute Waldnutzung
FSC® C106600

Bibliografische Information der Deutschen Nationalbibliothek
Die Deutsche Nationalbibliothek verzeichnet diese Publikation in der Deutschen Nationalbibliografie; detaillierte bibliografische Daten sind im Internet über http://dnb.d-nb.de abrufbar.

KulturBrauerei Haus 2
Schönhauser Allee 37, 10435 Berlin
post@bebraverlag.de
Umschlag: hawemannundmosch, Berlin (Foto: Sammlung E. Menthe)
Satz: typegerecht berlin
Schrift: DTL Documenta 9/13,5 pt
Druck und Bindung: DZS, Ljubljana
ISBN 978-3-89809-180-0

www.bebraverlag.de

INHALT

Luftbildaufnahme der Schorfheide: Wuckersee (oben) und Großer Döllnsee (unten), dazwischen erkennbar die Überreste von Hermann Görings Waldhof Carinhall, 1991.

VORWORT

Die Jagd war über Jahrhunderte, wenn nicht Jahrtausende hinweg das Privileg der Mächtigen und Reichen. Stammesfürsten, Grafen, Könige, Kaiser – sie alle jagten oder ließen jagen, hielten und erlegten Wild zum Amüsement ihres Hofes, ihrer Gäste und ihrer selbst. In Deutschland fanden sich auch nach dem Ende der Monarchie, in der Zeit der Weimarer Republik und des Nationalsozialismus, gerade unter den Mächtigen im Lande viele, die eine ausgeprägte Leidenschaft für die Jagd besaßen. Einige von ihnen nutzen ihre Macht, um dieser Leidenschaft in großem Stil nachgehen zu können, sicherten sich Privilegien, Jagdreviere und Positionen. Zugleich wussten sie die Jagd geschickt als das ebenso glanzvolle wie effektive politische Parkett zu instrumentalisieren, das sie über Jahrhunderte hinweg gewesen war.

Dieses Buch widmet sich der Jagd in der Zeit der Weimarer Republik und des Nationalsozialismus und will damit einen Baustein zur Gesamtdarstellung dieser auch für die deutsche Jagdwirtschaft sehr bewegten Epoche leisten. Dabei wird das Gebiet der Schorfheide in den Vordergrund gerückt. War sie doch bereits in der Zeit der Monarchie des 19. und 20. Jahrhunderts das wichtigste Jagdgebiet der deutschen Könige und Kaiser. Die Askanier hatten dort im 12. Jahrhundert eine Tradition der Jagd der Mächtigen etabliert, die sich von den Anfängen bis zum letzten SED-Generalsekretär Erich Honecker (1912–1994)[1] nachverfolgen lässt. In der Zeit dazwischen jagten in der Schorfheide Markgrafen, Kurfürsten, Könige, Kaiser, Staatsoberhäupter, Würdenträger, Präsidenten, Diktatoren, Militärs, Diplomaten, Spitzenfunktionäre und natürlich auch Wilddiebe. Sie alle taten es mal mehr, mal weniger spektakulär und sie hinterließen dabei ihre Spuren in der Geschichte. In der Schorfheide trafen sie zusammen und sie fanden Gelegenheit zum Gespräch und Gedankenaustausch. Mancher Vertragsabschluss und zahlreiche politische Entscheidungen sind eng mit dem Jagderfolg, gemeinsamen Waldspaziergängen, Ausritten, Kutschfahrten, Gesprächen am Lagerfeuer oder Kamin in der Schorfheide verbunden.

Die Schorfheide ist ein großes, von mehreren Seen umgebenes Waldgebiet rund 50 Kilometer nördlich von Berlin. Das Areal erstreckt sich heute in der Nordrichtung vom Oder-Havel-Kanal über Groß Schönebeck, dem »Tor zur Schorfheide«, bis nach Templin in einer Länge von rund 25 Kilometern. In der Ost-West-Achse sind es von der Autobahn A 11 über Joachimsthal und den Werbellinsee bis Zehdenick mehr als 35 Kilometer.

Die Schorfheide trug ursprünglich die Bezeichnung »magna merica Werbellin« – die große Heide. Gemeint ist damit im engeren Sinne eine Region um den Werbellinsee, also die um den See sich erstreckenden Waldungen zwischen den heutigen Orten Liebenwalde, Zehdenick, Angermünde, Eberswalde und Biesenthal. Erstmals urkundlich erwähnt wird der Name »Schorfheide« im Erbregister des Klosters Himmelpfort vom 27. September 1574. Darin ist ein Gebiet in der Nähe der Ortschaften Görlsdorf und Röddelin als »Kleine Schorfheide« bezeichnet. Einem Brief des Großen Kurfürsten Friedrich Wilhelm I. (1620/1640–1688) vom 14. November 1672 ist erstmalig die Bezeichnung »Schorfheide« für das Gebiet am Werbellinsee zu entnehmen. Erneut taucht der Name in einer »Arbeitsrechnung« von 1713 als »Schorff-Heyde« auf. In der ersten Revierkarte des Forstamtes Grimnitz wurde der südliche Teil der »Grossen Werbellin Heyde« dann als »Schorf-heyde« bezeichnet. Gegen Mitte des 19. Jahrhunderts setzte sich schließlich die Bezeichnung Schorfheide durch, die nach 1918 auf das eingangs beschriebene Gebiet ausgedehnt wurde. Hier ist im Wesentlichen das Areal in diesen »späten« Grenzen gemeint, wenn von der »Schorfheide« die Rede ist.[2]

Nach 1918 gelang es in Preußen, unter den Sozialdemokraten Friedrich Ebert (1871–1925)[3] und Otto Braun (1872–1955)[4], die Schorfheide vor einer Privatisierung und damit einer Zerstückelung zu bewahren. Zwar hinderten die großen wirtschaftlichen Belastungen infolge des Versailler Vertrages, die Abtrennung und Besetzung von ehemals deutschen Gebieten im Osten und Westen sowie die politischen Kämpfe im preußischen Landtag die Regierung und den Jäger Braun daran, in Preußen ein umfassendes reformiertes Jagdgesetz auf den Weg zu bringen. Dennoch sind die Unterschutzstellung landschaftlich bedeutender Gebiete in der Mark Brandenburg, der Schutz des Elchwildes in Ostpreußen und die Verordnung (VO) zum Schutz von Tier- und Pflanzenarten vom 16. Dezember 1929[5] in Preußen in ihrer Bedeutung nicht zu unterschätzen. Letztere bildete später die Grundlage für das Reichsjagd- und Reichsnaturschutzgesetz.

Der zweite Reichspräsident Paul von Hindenburg (1847–1934)[6] mag als ebenso passionierter Jäger dem Jäger Otto Braun wohlwollend gegenübergestanden haben. Dennoch verweigerte er in einer der sensibelsten politischen Zeiten seinem Waidgenossen die rettende Hand. Damit bahnte er den Weg für den unheilvollen Nationalsozialismus und für Hermann Göring (1893–1946)[7], der als – nicht frei gewählter – Ministerpräsident Preußens nicht nur den nationalsozialistischen Machtapparat im größten deutschen Teilstaat installieren, sondern auch seine Vorstellungen von einem nationalsozialistischen Jagdwesen in ganz Deutschland umsetzen konnte.

Die deutschen Jäger, überwiegend konservativ im politischen Denken, hatten es bei Göring leicht, ihre Vorstellungen von einem neuen, vermeintlich vollkommenen Jagdrecht vorzutragen. Dem Jagdlobbyisten und späteren Oberstjägermeister Ulrich Scherping (1889–1958)[8] gelang es, mehr zufällig als planmäßig, Vorschläge für das neue Jagdgesetz in Preußen vorzulegen, das Göring als Reichsforst- und späterer Reichsjägermeister zuerst in Preußen und dann, fast wortgleich, im ganzen Reich einführte. Damit wurde Deutschland zum Vorreiter eines zentralistischen und dem Wohle des Wildes dienenden Jagdrechts in ganz Europa. Die deutsche Jägerschaft ereiferte sich ab 1933 geradezu, ihrem Idol Göring die absolute Gefolgschaft anzutragen – und er nahm sie dankend an. Nur eine Gruppe, die noch 1934 den Neuerungen im Jagdwesen durchaus positiv gegenüberstand, schloss Göring rasch und konsequent von der Jagdausübung aus: die jüdischen Jäger.

Immer wieder, selbst noch während des Zweiten Weltkriegs, wurden dem Reichsjägermeister Vorschläge unterbreitet, was noch an Wild eingeführt und was im Bereich der Jagd verändert werden müsse. 1942 empfahl zum Beispiel ein Jäger, der »als Sonderführer in Kiew« tätig war, den Aufbau einer Niederjagd in der besetzten Ukraine: »(...) nach meinem dafür halten ist jetzt eine sehr günstige Gelegenheit, im besetzten franz. Gebiet, Fasane, Rebhühner evtl. auch Hasen einzufangen und in den Fluren der Ukraine auszusetzen.«[9] Ein anderer wandte sich direkt an das »Büro des Reichsjägermeisters Karinhall bei Berlin« mit der Idee, in Norwegen neue Wildarten einzuführen und »die Besetzung des Landes durch Deutschland dazu zu benützen, um grösseres Nutzwild dort einzuführen und einzubürgern«. Allerdings ließ Göring antworten: »Die Zeiten des Existenzkampfes unseres Volkes lassen es aber nicht zu, sich heute mit der praktischen Durchführung solcher Pläne zu befassen.«[10] Gleichzeitig wurde noch 1944 Damwild innerhalb Deutschlands hin und her geschickt, um Görings oder andere private Gehege zu bestücken. Außerdem wurden bis zum Kriegsende große Anstrengungen unternommen, um das Steinwild im Hochgebirge zu vermehren und für Göring zur Jagd bereitzuhalten – egal zu welchem Preis. 1941 berichtete der Statthalter von Kärnten, dass »ich die Bewirtschaftung hochwertiger Reviere unter weitestgehender Berücksichtigung allfälliger Wünsche des Reichsjägermeisters insbesondere aber des Herrn Reichsmarschalls führen lassen werde. (...) So beabsichtige ich z. B. ein Steinbockgehege, (...) dem Herrn Reichsmarschall persönlich zur unbeschränkten und ausschließlichen Benützung anzubieten. Ich muss hier nur noch die Klärung einiger Rechtsfragen abwarten, da der ehemalige jüdische Eigentümer dieses Reviers Einspruch erhoben hat.«[11]

Doch am nachhaltigsten wirkte sich Görings Position als Reichsjägermeister durch die ideologische Infiltrierung des Jagdwesens aus. Nie zuvor in der deutschen Jagdgeschichte hatte es eine derartige politische Beeinflussung gegeben: Die deutsche Jägerschaft unterwarf sich fast bedingungslos dem Nationalsozialismus – auch wenn anzunehmen ist, dass viele es taten, weil ihnen kein anderer Weg offenstand, wenn sie ihrer Jagdleidenschaft nicht entsagen wollten. 1942 beklagte der Leiter der Parteikanzlei der Nationalsozialistischen Deutschen Arbeiterpartei (NSDAP) und Sekretär Adolf Hitlers, Reichsleiter Martin Bormann (1900–1945)[12], »wie wenig ein Jäger in der Lage ist, in Angelegenheiten, die die Jagd berühren (...), nationalsozialistisch zu denken«. Dabei erwähnte er die Äußerung eines Teilnehmers, dass bei einer Gauleitertagung viele »während des ganzen Abends, ja bis in die Nacht hinein, kein anderes Thema gekannt hätten, als ihre verfluchte Jägerei! Versuche, irgendeine wichtige politische Angelegenheit anzuschneiden, seien (...) völlig fruchtlos geblieben.«[13]

Doch letztendlich war ihr großer Jägermeister mitverantwortlich dafür, dass alles, was damals im Jagdwesen als innovativ, neu und fortschrittlich empfunden wurde, der vollständigen Zerstörung Preis gegeben wurde. Göring stürzte die Jagd- und Forstwirtschaft in ein Desaster, von dem sie sich erst Jahrzehnte nach Kriegsende erholen konnte.

Helmut Suter
Schorfheide, im Frühjahr 2021

Hermann Göring (M.) im Waldhof Carinhall bei einer Beratung mit seiner Luftwaffenführung, 1940, v. l. Generalluftzeugmeister Eberhard Milch, Chef des Ministeramtes im Reichsluftfahrtministerium General Karl-Heinrich Bodenschatz.

AUFTAKT
Machtmensch Göring

Nach dem Machtantritt der Nationalsozialisten begann Hermann Göring sich in der Schorfheide einzurichten. Im Hinblick auf die Jagd, den Wald und die Natur sah sich der neue »Herr der Schorfheide« als »Waldfürst« und als »alter Jäger«. Er bezeichnete sich selbst als einer, der das Leben des »letzten Renaissance-Menschen« führte. Nur unter Bäumen oder im Gebirge konnte Göring, wie er selbst sich ausdrückte, »auftanken«. Als Knabe hatte er mit einem eigenen Jagdgewehr auf Flugwild und Hasen geschossen; seine Mutter soll eine begeisterte Jägerin und Reiterin gewesen sein. Überhaupt zeigten sich seine Affinität zur Jagd, sein »wölfisches Verständnis« (Hitler) und seine Neigung zu »jagdlichem Denken« nicht zuletzt in der Tatsache, dass Göring im Alltag und politischen Geschäft zahlreiche Formulierungen aus der Jagdsprache nutzte. Da war vom »alten Fuchs« die Rede, vor dem man sich »in acht nehmen müsse«, oder von einer Sache, bei der man »wie ein Schweißhund hinterher sein« solle. »Lieber schieße ich ein paarmal zu kurz oder zu weit«, so einer von Görings politischen Handlungsgrundsätzen, »aber ich schieße wenigstens.« Einem hohen Forstbeamten entgegnete er einmal am Telefon zornig: »Ein Wort mehr, und Sie kriegen einen Schrotschuss in die Schnauze.«

In der Schorfheide, dem traditionsreichen Staatsjagdrevier nördlich von Berlin, sah Göring das geeignete Terrain, um seine Vorstellungen von der Schaffung eines »deutschen Ur-Waldes« und der Zurückbringung des »Ur-Wildes« umzusetzen. Hier wollte er ein Paradies für Großwild schaffen. Am Hubertustag im November 1936 erklärte er den Schorfheideförstern: »Für uns ist der Wald Gottes Dom.« Von Anfang an betrachtete er die Heide, »als sei sie sein Eigentum«. Göring ging wohl davon aus, dass ihm Hitler die Schorfheide früher oder später ohnehin für seine Verdienste beim Kampf um die Macht als eine Art »Führergabe« schenken würde, wie etwa Bismarck den Sachsenwald bei Hamburg von Wilhelm I. geschenkt bekommen hatte. In einem der Gesetzentwürfe zur Gründung der Stiftung Schorfheide und der Bildung eines Reichsnaturschutzgebietes von 1936 findet sich nicht von ungefähr

Oberlandforstmeister Bernhard Borggreve (M.) meldet Göring die Schorfheideförster am Jagdschloss Hubertusstock, 16. Mai 1933.

auch der Vorschlag, der Schorfheide den Namen »Göringheide« zu geben.[1]

Geschickt sicherte sich Göring nach der Machtübernahme die Loyalität der konservativ eingestellten Schorfheideförster. Am 16. Mai 1933 ließ er alle Staatsforstbeamten der Schorfheide am Jagdschloss Hubertusstock zu einem Appell antreten und stellte sich ihnen als ihr neuer oberster Dienstherr vor. Er besaß die Gabe, mit seinen Reden die Zuhörer zu begeistern. Seine an diesem Tag schwungvoll vorgetragene Ansprache war geschickt formuliert und traf den »Nerv der Forstleute«. Göring erklärte, dass er sich schützend vor jeden Forstbeamten stellen und alles tun werde, um »im deutschen Vaterland« den Verdiensten und Traditionen der Forstleute wieder ihre berechtigte Stellung zurückzugeben. Wer auf die Forstbeamten ziele, so Göring in seiner Rede vor dem Jagdschloss, der treffe im Grunde ihn und damit auch den »Führer«.[2]

Die Schorfheide war aber schon vor 1933 in das Blickfeld Görings geraten, und zwar über die sich Anfang der 1930er Jahre ergebenden Gesellschaftskontakte im Auftrag des »Führers«. 1927 war Göring mit seiner ersten Frau, Carin Axelina Hulda von Kantzow (1888–1931), geborene Freiin oder Baronesse von Fock, die er in Schweden kennengelernt und geheiratet hatte, aus dem Exil nach Deutschland zurückgekehrt. Wenige Monate später erhielten die Nationalsozialisten bei der Reichstagswahl vom 20. Mai 1928 zwölf Mandate. Göring zog als einer der NSDAP-Abgeordneten in den Reichstag ein und zählte nun zu Hitlers »zwölf Aposteln« im Parlament. Kaum mehr als zwei Jahre später, nach den Reichstagswahlen vom 14. September 1930, erzielte die NSDAP beachtliche Stimmengewinne und Hitler ernannte Göring zum »politischen Beauftragten in der Reichshauptstadt«.

Über seine adlige Frau Carin bekam Göring leichteren Zugang in die höheren Kreise der Gesellschaft. Die Görings luden ein und sie wurden eingeladen. Die Strategie sah vor, dass Göring Verbindungen zu Geschäftsleuten, Industriellen, dem Adel und zu anderen traditionellen Eliten aufnehmen sollte, um das nötige Geld zur Finanzierung der NSDAP zu beschaffen und um die »Drahtzieher der deutschen Gesellschaft« für die Interessen der Nationalsozialisten einzuspannen. Bei diesen Verhandlungen und Kontakten zeigte Göring sein Talent als wichtige »Vermittlerfigur«. Sein Ruhm als Fliegerheld des Ersten Weltkriegs und vor allem der »Glanz durch Carins adlige Herkunft« öffneten Göring die Türen.[3] Im Vergleich dazu waren die anderen NS-Größen hierfür kaum geeignet: »Goebbels hatte sich den Ruf als aggressiver Demagoge erworben, der mit seiner Rhetorik auf die Berliner Arbeiter und auf die Arbeitslosen zielte und seine Propagandatiraden mit der Sprache des radikalen Sozialismus würzte. Himmler war bis dahin noch ein Unbekannter. Hess stand zu sehr in Hitlers Schatten. Strasser war ein hervorragender Parteifunktionär, glänzte aber nicht gerade auf dem gesellschaftlichen Parkett. Göring war der einzige Mann für diese Aufgabe.«[4]

Mit Carin führte Göring »in Berlin ein großes Haus, in dem sich preußische Prinzen aus dem abgedankten Hohenzollernhaus, Aristokraten, Geschäftsleute und Nationalsozialisten trafen. Von der sozialistischen Komponente der ›Bewegung‹ war hier nichts zu spüren.«[5] Der Industrielle Fritz Thyssen hielt Göring beispielsweise in politischen Dingen für »sehr vernünftig« und die schwedische Baronesse für eine »äußerst bezaubernde Frau«. Thyssen stellte allein für die »Verschönerung« der Berliner Wohnung der Görings eine beachtliche Geldsumme zur Verfügung. Generell verstanden es die beiden bei ihren Einladungen ausgezeichnet, die potenziellen Geldgeber aus Wirtschaft, Hochfinanz und feiner Gesellschaft, die im Hinblick auf die radikalen und revolutionären Tendenzen der Nationalsozialisten beunruhigt waren, zu besänftigen. Göring wurde vor allem in seiner Rolle als Unterhändler Hitlers zu dessen wichtigstem Verbündeten innerhalb der NS-Bewegung.

Nach dem Tod seiner schon lange an Tuberkulose erkrankten Frau Carin am 17. Oktober 1931 versuchte

Göring zunächst, Abstand zu gewinnen. Er wechselte die Wohnung, fuhr weg und gab sich der Trauer hin. Doch bald schon stürzte er sich zur Ablenkung nun erst recht »in das politische Schlachtgetümmel« und auch in das Vergnügen. Göring war 1932 ein gern gesehener Gast auf Partys – am Vormittag im Braunhemd der SA und am Abend im Smoking. Zu diesem Leben gehörten auch Jagdeinladungen oder Besuche auf einem der vielen Güter in der Mark Brandenburg. So war Göring öfter auf Gut Liebenberg nahe der Schorfheide zu Gast. Berühmt wurde das Gut in der Zeit Kaiser Wilhelms II. durch den Fürsten Philipp zu Eulenburg-Hertefeld (1847–1921), der ein Vertrauter und Günstling Wilhelms gewesen war und in Verbindung mit »pikanten« Geschichten um des Kaisers Sexualität für einen öffentlichen Skandal sorgte. Anfang der 1930er Jahre lebte die Tochter Philipps, Viktoria Ada Astrid Agnes, Gräfin Sandels und Fürstin zu Eulenburg-Hertefeld (1886–1967), auf Gut Liebenberg. Die Fürstin, die sich selbst »Thora« nannte, stammte über ihre Mutter aus einer schwedischen Adelsfamilie, die wiederum die Familie von Görings verstorbener Frau kannte. Vielleicht fühlte sich Göring auch deshalb nach dem Tod von Carin nach Liebenberg hingezogen. Bis zum Beginn des Zweiten Weltkriegs besuchte er das Gut regelmäßig und startete von hier aus Jagdausflüge, um im Liebenberger Revier Damhirsche zu jagen.

Im Sommer 1932 wurde die NSDAP zur stärksten Fraktion im Reichstag; der Zenit war erreicht. Die Reichstagswahlen vom 31. Juli hatten der NSDAP 230 Mandate eingebracht, es fehlten nur noch 75 Stimmen zur absoluten Mehrheit. Die Tage der längst nicht mehr funktionierenden Weimarer Republik waren gezählt. Göring erklärte 1934 rückblickend, dass die Aufgabe damals darin bestand habe, »jeden und stets anzugreifen«. Er nutzte wieder einmal die Jägersprache und verglich den Reichstag mit einem Karpfenteich, in dem sie wie Hechte »die wohlgenährten Parlamentarier« aufscheuchten. Auf Vorschlag der stärksten Fraktion im Reichstag wurde Göring am 30. August 1932

Hitler in Begleitung Görings bei einer seiner Wahlkampfreisen auf dem Flugplatz Berlin-Tempelhof, 1932.

Schrein für die verstorbene Carin in Görings neuer Wohnung am Berliner Kaiserdamm, um 1932.

zum Reichstagspräsidenten gewählt. Er hatte damit nach dem Reichspräsidenten und dem Reichskanzler das dritthöchste Amt inne. Göring fühlte sich auf der Siegerstraße, zumal ihm nun aufgrund seines Amtes auch ein eigenes Jagdgebiet zustand. Doch vonseiten des Staates wurde ihm ein enttäuschendes Revier angeboten, das er brüskiert ablehnte. Er weissagte, dass man ihn innerhalb eines Jahres im Amt des preußischen Ministerpräsidenten sehen werde und er »sich dann die schönsten staatlichen Wälder aussuchen« könne. Genau das tat er dann auch.[6]

Den »Tag der Machtübernahme«, den 30. Januar 1933, muss Göring geradezu genossen haben. Der sonst mit Lob sparsame Berliner Gauleiter der NSDAP und NS-Propagandachef Joseph Goebbels (1897–1945)[7] vermerkte jedenfalls in seinem Tagebuch 1933, der Einzug in das Regierungskabinett sei »Görings schönste Stunde« gewesen. Weiter notierte Goebbels: »In jahrelangen aufreibenden Verhandlungen hat Göring dem Führer den Boden diplomatisch und politisch vorbereitet. Seine Umsicht, seine Charakterfestigkeit und seine Treue zum Führer waren echt, stark und bewundernswert.«[8]

In den folgenden Wochen und Monaten machte sich Göring endgültig bei Hitler unentbehrlich. Bei der machtpolitischen »Gleichschaltung« erwies er sich als ein effizient, rücksichtlos und verschlagen agierender Manager der Macht. Seine Brutalität und Skrupellosigkeit brachten ihm den Spitzennamen »Der Eiserne« ein. Was ihn gefährlich machte, war seine in Leibesfülle gepackte Jovialität, die ihn in der Öffentlichkeit weniger bedrohlich erscheinen ließ. Der zweite Mann hinter Hitler symbolisierte das NS-Regime in seiner korruptesten und trügerischsten Form.[9] Hitler erklärte noch im Juli 1943 bei einer Lagebesprechung: Göring »ist in Krisenzeiten brutal und eiskalt. Ich habe immer gemerkt: wenn es auf Biegen und Brechen kommt, ist er der rücksichtslose, eisenharte Mensch. Also da kriegen Sie gar keinen Besseren, einen Besseren können Sie gar nicht haben. Der hat mit mir noch alle Krisen durchgemacht, die schwersten Krisen, da ist er eiskalt. Immer, wenn es ganz schlimm wurde, ist er eiskalt geworden.«[10]

In den kommenden Jahren häufte Göring eine Vielzahl Ämter an, die von einer gewaltigen Machtkonzentration in den Händen eines Mannes zeugten. Göring wurde neben seiner Funktion als Reichstagspräsident (1932–1945) nach 1933 unter anderem Preußischer Ministerpräsident (1933–1945), Reichsstatthalter von Preußen (1933–1945), Präsident des Preußischen Staatsrates (1933–1945), Preußischer Minister des Innern (1933/34), Oberbefehlshaber der Preußischen Polizei (1933–1936), Oberbefehlshaber der Geheimen Staatspolizei (Gestapo[11]) in Preußen (1933/34), Reichsluftfahrtminister (1933–1945), Reichsforstmeister (1934–1945), Reichsjägermeister (1934–1945), Oberbefehlshaber der Luftwaffe (1935–1945), Mitglied des Geheimen Kabinettsrats (1938–1945), Beauftragter für den Vierjahresplan (1936–1945), Hauptleiter der »Reichswerke Hermann Göring« (1937–1945) und schließlich auch noch Präsident des Reichsforschungsrates (1943–1945). Das waren nur die wichtigsten seiner weit mehr als 20 Ämter, Titel, Ränge und Funktionen.

Zielstrebig baute Göring in Preußen innerhalb kürzester Zeit eine Terrorstruktur auf, die Vorbild für den Rest des Reiches wurde. Unter seiner Regie entstanden Konzentrationslager für politische Gefangene und die Geheime Staatspolizei. Schon am 13. Februar 1933 schrieb der sich sonst Göring gegenüber distanziert verhaltende Goebbels bewundernd in sein Tagebuch: »Göring räumt in Preußen auf mit einer herzerfrischenden Forschheit. Er hat das Zeug dazu, ganz radikale Sachen zu machen, und auch die Nerven, um einen harten Kampf durchzustehen.«[12] Genau genommen bestanden im Februar 1933 noch zwei Regierungen: die von Otto Braun, die pro forma noch nicht abgesetzt war, und die nach dem »Preußenschlag« von 1932 eingesetzte kommissarische Regierung, in der Göring nun als Reichskommissar Jagd auf Kommunisten,

Sozialdemokraten, Gewerkschafter, bürgerliche Oppositionelle, kirchliche NS-Gegner und Juden machte.[13] Am 17. Februar 1933 verfügte Göring den sogenannten »Schießerlass« und erklärte gegenüber der Preußischen Polizei: »Gegen kommunistische Terrorakte und Überfälle ist mit aller Strenge vorzugehen und, wenn nötig, rücksichtslos von der Waffe Gebrauch zu machen. Polizeibeamte, die in Ausübung dieser Pflichten von der Schußwaffe Gebrauch machen, werden ohne Rücksicht auf die Folgen des Schußwaffengebrauchs von mir gedeckt; wer hingegen in falscher Rücksichtname versagt, hat dienststrafrechtliche Folgen zu gewärtigen.«[14]

Göring instrumentalisierte für sich nicht nur die Polizei, sondern er schuf sich mit Billigung Hitlers auch seinen persönlichen Geheimdienst, das sogenannte »Forschungsamt«, das ihn mit den nötigen Informationen für seine innen- und außenpolitischen Ränkespiele versorgte. Von Görings Forschungsamt stammten im Frühjahr 1934 beispielsweise die Informationen über die immer stärker werdende Unzufriedenheit in der SA-Spitze. Obwohl Göring die SA noch ein Jahr zuvor dazu ermuntert hatte, Angst und Schrecken zu verbreiten, gingen ihm jetzt die Machtansprüche des SA-Führers Ernst Röhm (1887–1934) und dessen Gerede von einem »Volksheer« und der »sozialen Revolution« viel zu weit. Besonders wurden die noch höchst »fragilen Beziehungen« zum Militär und der Wirtschaft dadurch gefährdet. Die SA störte aber auch den »Reichsführer« der SS, Heinrich Himmler (1900–1945)[15], der seine SS, die formal der SA unterstellt war, als eigenständige Organisation etablieren wollte. Gemeinsam mit Himmler und Goebbels organisierte Göring den ersten politischen Massenmord des NS-Regimes. Göring ließ zielgerichtet weiter belastendes Material über die SA-Führung sammeln. Als ihm das Forschungsamt genug

Auf Görings Weisung hin entstanden nach der Machtübernahme 1933 Konzentrationslager und die berüchtigte Geheime Staatspolizei.

Links: Wachtposten der SA vor dem KZ Sachsenhausen bei Oranienburg.

Rechts: Sozialdemokraten im KZ Sachsenhausen, August 1933.

geliefert hatte, ging er zu Hitler und der stimmte dem Mordplan schließlich zu. Am 30. Juni 1934 wurde mit der Ausführung begonnen. In Berlin leitete Göring gemeinsam mit Himmler die »Nacht der langen Messer« von seinem Dienstpalais am Leipziger Platz aus. Während Himmler die Namen der auf den »schwarzen Listen« stehenden SA-Leute laut vorlas, nickte Göring entweder bejahend (Tod) oder er schüttelte verneinend den Kopf (Leben). Bis zum 2. Juli 1934 wurde fast die gesamte SA-Führung ermordet. Insgesamt starben mehr als 200 SA-Leute.[16]

Nach dem Röhm-Putsch wagten nur noch wenige, die Autorität Görings infrage zu stellen. Vom britischen Diplomaten Sir Edmund Phipps (1875–1945), der zwischen 1933 und 1937 britischer Botschafter in Deutschland war, ist dabei eine Anekdote überliefert. Der Botschafter hatte Göring zu sich eingeladen, aber dieser verspätete sich. Als Göring endlich kam, bat er den Botschafter um Nachsicht, da er eben erst von der Jagd zurückgekehrt sei. Botschafter Phipps soll daraufhin sarkastisch bemerkt haben: »Auf Tiere, wie ich hoffe.« (»Animals, I hope.«)[17]

Die Schergen der von Göring gegründeten Gestapo behandelten nicht nur »die Juden als Freiwild«, sondern machten in den ersten Jahren des NS-Regimes vor allem intensiv »Jagd« auf Kommunisten – auch in der Schorfheide. Einige von ihnen beschuldigte man beispielsweise der Wilderei, erpresste Aussagen im Konzentrationslager Sachsenhausen bei Oranienburg und machte ihnen den Prozess. Göring sah im Reichstagsbrand Ende Februar 1933 das Signal zum Beginn eines kommunistischen Aufstands; Hitler drohte mit der Erschießung eines jeden kommunistischen Funktionärs und der Erhängung eines jeden kommunistischen Abgeordneten.[18] In einer Rede in Frankfurt am Main am 3. März 1933 erklärte Göring mit Bezug auf die Kommunisten: »Ich denke nicht daran, in bürgerlicher Manier und in bürgerlicher Zaghaftigkeit nur einen Abwehrkampf zu führen. Nein, ich gebe das Signal, auf der ganzen Linie zum Angriff vorzugehen! Volksgenossen, meine Maßnahmen werden nicht angekränkelt sein durch irgendwelche juristischen Bedenken. Meine Maßnahmen werden nicht angekränkelt sein durch irgendeine Bürokratie. Hier habe ich keine Gerechtigkeit zu üben, hier habe ich nur zu vernichten und auszurotten, weiter nichts!«[19]

Die Ausschaltung der SA-Führung im Juni 1934 führte im Einvernehmen zwischen Hitler, Himmler und Göring zu einer Neuverteilung der Posten. Im Zuge einer Zentralisierung und Vereinheitlichung des Polizeiapparates übergab Göring den Oberbefehl der Gestapo an die SS und er räumte den Posten des Preußischen Innenministers. Im Gegenzug übernahm er am 3. Juli 1934 die Führung des neu geschaffenen Reichsforstamtes. Er war nun »Reichsforstmeister« und zugleich »Reichsjägermeister«, also der oberste Jagdherr des Landes. Zu einer seiner ersten Amtshandlungen gehörte, dass er sich das Jagdrevier Rominter Heide in Ostpreußen für seine Jagdbedürfnisse reservierte. Maßgeblich war für Göring wohl, dass er sich als Reichsjägermeister und oberster Herr aller Staatswälder nun wieder stärker den repräsentativen Aufgaben und seiner Rolle als »Sonderbotschafter« Hitlers widmen konnte.[20] Sein Ruf als harter und rücksichtsloser Innenminister sowie Chef der Polizei war dabei hinderlich und ließ ihn auf dem diplomatischen Parkett nicht gut aussehen.

DER WALDHOF UND GÖRINGS POLITIK IM GRÜNEN

Als Göring 1933 Ministerpräsident von Preußen wurde, machte er seine Weissagung vom Herbst des Vorjahres wahr. Er wählte sich in der Schorfheide, rund zwölf Kilometer nördlich von Groß Schönebeck, ein etwa 1.000 Hektar großes Gelände aus.[21] In diesem Gebiet stellte ihm die Preußische Staatsregierung wiederum eine Fläche von etwa 120 Hektar für die Errichtung eines großzügigen Anwesens zur unentgeltlichen Nutzung auf Lebenszeit zur Verfügung. Im Frühjahr 1933 hatte Hitler für Göring einen Sonderfonds geschaffen, »aus dem dieser die Ausgaben für eine angemessene Repräsentation von Partei und Reich bestreiten sollte. Ferner, so war es Hitlers Wunsch, sollte Göring auf Staatskosten ein Haus erhalten, in dem er führenden deutschen Persönlichkeiten, Diplomaten, Künstlern und ausländischen Staatsgästen Gastgeber sein konnte. Göring nutzte dieses ihm auf ›Führerbefehl‹ zugekommene Privileg nach Kräften aus.«[22] Inmitten von bis zu 200 Jahre alten Kiefern, Buchen und Eichen sollte nun auf einer schmalen, leicht hügeligen Landzunge zwischen dem Großen Döllnsee und dem Wuckersee ein repräsentatives Anwesen entstehen. Im Juni 1933 wurde der damals renommierte Berliner Architekt Werner March (1894–1976), der auch die Entwürfe für das olympische Dorf und das Olympiastadion für die Spiele 1936 lieferte, von Göring beauftragt, in der Schorfheide ein Jagd- und Landhaus im nordischen Stil zu bauen.[23]

Die märkische Schorfheide erinnerte Göring an die Wälder und Seen der schwedischen Heimat seiner verstorbenen Frau Carin. Das Stück Land zwischen den beiden Seen, auf dem nun das Anwesen errichtet wurde, war für ihn daher zugleich der geeignete Ort für eine Erinnerungsstätte an sie. Seit Januar 1933 lebte Göring zwar offiziell mit der Schauspielerin Emmy Sonnemann (1893–1973) zusammen, die er dann im April 1935 heiratete. Aber er ließ keinen Zweifel daran, dass ihm der »Geist Carin von Focks« überallhin folgte und sie in seinen Erinnerungen sehr lebendig war. Sein erstes Geschenk an Emmy soll ein Foto seiner ersten Gattin gewesen sein. Im Hinblick auf das neue Haus in der Schorfheide ließ sich Göring von einer Jagdhütte in den Wäldern bei Schloss Rockelstad in Schweden inspirieren, wo er Carin zum ersten Mal begegnet war.

Am 20. Juni 1934 fand in der Schorfheide unter großer öffentlicher Beachtung die Bestattung der aus Schweden überführten sterblichen Überreste von Görings verstorbener Frau statt. Aus dem »Waldhof« mit Gedenkstätte wurde der »Waldhof Carinhall«. Als der Sarg durch Deutschland fuhr, waren alle Bahnhöfe schwarz verhängt und die Bevölkerung erhielt frei, um sich an der Bahnstrecke zur Trauerbekundung einzufinden. Entlang der Bahnlinie stellte man schwarze Obelisken auf und überall wurden die Glocken geläutet. Die Umbettung und die Bestattung wurden ab der Ankunft in Eberswalde wie ein Staatsakt inszeniert.[24]

Der Eberswalder »Märkische Stadt- und Landbote« berichtete ausführlich über das Ereignis: »Die Stadt

Oben: Der Sarg von Carin Göring auf dem Weg zum Leichenwagen am Bahnhof Eberswalde, 20. Juni 1934.

Unten: Die feierliche Überführung des Sargs von Eberswalde in die Schorfheide wurde als Staatsakt inszeniert, 20. Juni 1934.

Oben: Der Sarg Carin Görings mit dem Pfarrer auf dem Weg zum Mausoleum, 20. Juni 1934.

Unten: Hitler und Göring gemeinsam in Carinhall, 20. Juni 1934.

Eberswalde hatte zum Empfang der sterblichen Überreste Carin Görings ein festliches und ernst-feierliches Gewand angelegt. In ehrfurchtsvollem Schweigen wartete die Menschenmenge, bis gegen 8.30 Uhr unter dem Geläut der Kirchenglocken Eberswaldes der fahrplanmäßige Schwedenzug mit besonders angehängten Wagen eintraf. Der Sarg Carin Görings wurde, getragen von Mitgliedern der Landespolizei, des Fliegersturms und Forstbeamten, vom Bahnhof zum Leichenauto gebracht. Ob in Eisenspalterei, Finow, Schöpfurth, Marienwerder oder Groß Schönebeck, überall das gleiche Bild. Die ganze Bevölkerung war da, die große Tote zu ehren. Alle Dörfer trugen Grünschmuck, frisches Grün war auf die Straße gestreut, die der Wagen nahm. An der Ruhestätte hatte eine Ehrenkompanie der Landespolizei und der Flieger Aufstellung genommen. Dumpfer Trommelwirbel rollte, und dann erschien von einer Reitereskorte begleitet auf einem sechsspannigen mit frischem Eichenlaub geschmückten Wagen der Sarkophag. Getragen klang der Trauermarsch aus ›Götterdämmerung‹ und fest, vertrauend stieg das alte Luther-Lied ›Ein feste Burg ist unser Gott‹ zum Himmel empor. Der Pfarrer verkündete, daß die Tote nun in dieser Erde, die ihr eine zweite Heimat geworden sei, für immer ruhen solle.«[25]

Bei der Zeremonie war eine große Zahl hochrangiger Gäste aus Regierungskreisen, dem diplomatischen Corps und der feinen Gesellschaft geladen. Göring hatte an alles gedacht und bis ins Kleinste vorbereiten lassen. Das Zeremoniell begann mit dem Erscheinen Hitlers, der übrigens die verstorbene Carin sehr geschätzt und Göring ausdrücklich zur Heirat mit ihr geraten hatte. Sein öffentlicher Auftritt in der Schorfheide hatte natürlich eine enorme Signalwirkung im Hinblick auf die Stellung Görings im NS-Staat. Doch insgesamt hielt sich Hitler nur wenige Male in der Schorfheide bei Göring auf. Nach dem 20. Juni 1934 kam er nur noch zu Besprechungen am 5. Juli 1935, 2. Oktober 1937, 21. Mai 1938 und am 16. August 1938 zum Waldhof. Hitlers letzter nachweislicher Besuch fand am 4. November 1938 statt und galt der Taufe seines Patenkindes, Görings Tochter Edda, die aus der Ehe mit Emmy stammte, die Göring im Juni 1934 noch als seine Privatsekretärin »Fräulein Sonnemann« vorstellte.[26]

Mit Hitlers Ankunft am Mittag begann das offizielle Trauerzeremoniell. Göring und Hitler führten die feierliche Prozession an. Es waren 20 Männer erforderlich, um den Sarg zur Grabanlage zu bringen. Als er in die Grabstätte hinabgelassen wurde, standen Hitler und Göring Seite an Seite. Ihre Kränze wurden gleichzeitig

Göring am Mausoleum seiner Frau Carin am Wucker See, 1934.

niedergelegt. Görings Kranz trug die Inschrift: »In ewiger Liebe und Loyalität und aufrichtiger Dankbarkeit. Hermann.« Nach einem kurzen Gottesdienst ertönten vom anderen Ufer des Wuckersees die Jagdhörner der Schorfheideförster – ein Tribut an den Reichsjägermeister. Göring versuchte mit diesem feierlichen Gedenken, Carin als eine große Heroine der NS-Bewegung zu verewigen. Seiner »persönlichen Dame vom See« setzte er so ein Denkmal. Trotz allem zeremoniellen Pomp, war die Bestattung Carins ein Ausdruck der tiefen Zuneigung, die Göring für sie empfand. Von allen Menschen in seinem Leben war allein sie es, die ihn wirklich berührt hatte. Görings Erinnerung an Carin kam einer Heiligenverehrung nahe. Mit dem Namen Carinhall wollte er auch an »Walhalla«, die Ruhmeshalle der nordischen Sagenwelt, erinnern, in der die gefallenen Helden vom Gott Odin zu einem Festmahl empfangen werden. Göring zeigte sich beim Trauerzeremoniell sichtlich bewegt, aber als sich Hitler nachmittags verabschiedete, war er schon wieder bei der Sache und widmete sich den Machtintrigen. Gegenüber Hitler erwähnte er, dass es nun Zeit sei, etwas gegen die SA-Führung zu unternehmen. Er habe genügend Beweise zusammen und alles sei soweit bereit. Doch an diesem Tag blieb Hitler noch stumm und fällte keine Entscheidung für die »Nacht der langen Messer«.[27]

Die Trauerfeier in der Schorfheide, bei der Hitler und Göring Seite an Seite gingen und standen, veranschaulichte der Öffentlichkeit die offensichtliche Sonderstellung Görings in der NS-Hierarchie und seine privilegierte Position bei Hitler. Der sprach über Göring mit viel Respekt, Bewunderung und Dankbarkeit. Hitler soll einmal emotional übersteigert gefragt haben: »Was wäre ich ohne Göring? Was hätte ich ohne ihn zustande gebracht?« Als Antwort erklärte er selbst die Rollenverteilung: »Ich habe große Ideen, aber

Oben: Hitler und Göring beim Verlassen der Gruft, 20. Juni 1934.

Unten: Steinobelisk (Menhir) mit dem Wappen der Familie Göring in Carinhall, Juni 1934.

Göring setzt sie in die Wirklichkeit um.«[28] Am 7. Dezember 1934 ordnete er in zwei geheimen Erlassen an, dass Göring sein Stellvertreter und im Falle seines Todes sein Nachfolger werden sollte. Wie Hitler glaubte auch Göring, in allen Bereichen der Politik kompetent zu sein. In seinem Streben nach Statuserhöhung und Machterweiterung beanspruchte er die Außenpolitik, die »Königsdisziplin des Staatsmannes«, für sich und wurde faktisch zum zweiten Außenminister Hitlers. Sein pseudodiplomatisches Vorgehen schien dilettantisch zu sein, aber sehr zum Ärger des Auswärtigen Amtes funktionierte Görings Jagd-, Party- und Reisediplomatie oft ganz gut. Der Außenminister Konstantin von Neurath (1873–1956) musste in seiner Amtszeit (1932–38) »zähneknirschend« dessen ständige Einmischungen abseits der offiziellen Kanäle hinnehmen, da Göring bei Hitler Narrenfreiheit besaß. Hitler setzte Göring bevorzugt für Sondermissionen ein, da er von den Berufsdiplomaten wenig hielt und sie schlicht für unfähig erachtete.[29]

Über Carinhall knüpfte Göring erfolgreich Kontakte zu den ausländischen Diplomaten in Berlin. Die folgten seinen Einladungen sehr gern, da sie Göring wiederum als einflussreiche Informationsquellen schätzten. Der französische Botschafter André François-Poncet (1887–1978), der von 1931 bis 1938 Botschafter in Berlin war, erklärte in seinen nach dem Krieg veröffentlichten Erinnerungen Folgendes zur Einladungspolitik Görings: »Für uns Diplomaten war er von großem Wert. Nicht nur vermied er es nicht, mit uns zusammenzutreffen, er suchte unseren Verkehr. Er nahm unsere Einladungen an und erwiderte sie. An diesen Abenden, deren Glanz und Aufmachung er ebenso schätzte wie das gute Essen und Trinken, plauderte er vertraulich und antwortete auf indiskrete Fragen. Er verabscheute vorsichtige Formulierungen und Umschreibungen, er sprach geradeheraus und frei, er lüftete einen Zipfel des Schleiers, mit dem die Wilhelmstraße und die Goebbelspresse die Wirklichkeit umhüllten. Wir wussten ihm Dank dafür und taten gern seiner Eitelkeit genüge, wofür er sehr empfänglich war.«[30]

Görings Grundsatz lautete hinsichtlich der Jagddiplomatie: »Die Jagd ist auch in politischer Hinsicht wichtig. Diplomaten folgen gern einer Jagdeinladung. Auf der Pirsch lassen sich die Probleme oft leichter meistern als am grünen Tisch.«[31] Nicht von ungefähr »wimmelt« es in den Nachlässen von Diplomaten, Militärs und Wirtschaftsgrößen von Jagdeinladungen und Dankschreiben für »schöne Hirschbrunfterlebnisse«. Auf der Klaviatur von Jagd und Macht spielte Gö-

Links: Erbprinz Gustav Adolf von Schweden mit Göring in Carinhall, August 1936.

Rechts: Besuchsprogramm in Carinhall im Rahmen der der großen Jagdausstellung: Lord Edward Frederick of Halifax und Göring bei einer Kutschfahrt in die Schorfheide, 20. November 1937.

ring gekonnt.[32] Hitler bezeichnete seine Passion zwar geringschätzig als »grüne Freimaurerei«, aber im Hinblick auf die hohe Politik war er mit seinem »zweiten Außenminister« nachsichtig. Als Göring einmal gefragt wurde, warum Hitler keinen Gefallen an der Jagd finden würde, soll er gesagt haben: »Nun, Sie wissen doch, als Jäger steht man vor dem Hahnenschrei auf, aber der Führer pflegt um diese Zeit erst schlafen zu gehen. Er arbeitet jede Nacht bis in den Morgen hinein. Wie sollte er da zur Frühpirsch gehen? (...) Nun, meine Herren, er kann ja nicht alles auf einmal, er hat das braune und ich das grüne Revier übernommen.«[33]

Die Jagd ermöglichte es Göring, als Gleichgestellter mit den gekrönten Häuptern zu verkehren. Dazu zählten Zar Boris von Bulgarien (1894–1943), die Könige von Griechenland und Rumänien und der Prinzregent von Jugoslawien. Gute Jäger waren bei Göring im Vorteil. Alle seine hohen Luftwaffenoffiziere erwiesen sich beispielsweise als ausgezeichnete Schützen. Wer die Jagd nicht schätzte, »hatte es nicht so leicht, denn Interesse an der Jagd war bei der Luftwaffe, wenn es um Beförderungen ging, ebenso wichtig wie Polo in der britischen Armee. In Görings Tagebüchern sind ganze Kavalkaden ausländischer Diplomaten und Militärs verzeichnet, die seine Einladungen zur Jagd angenommen hatten.« Die Jagdleidenschaft Görings konnte aber auch Beziehungen und Kontakte blockieren, wenn jemand seine Jagdeinladung nicht hoch genug einzuschätzen wusste.[34]

Eine Art großer Test war die am 3. November 1937 unter Görings Schirmherrschaft eröffnete Internationale Jagdausstellung in Berlin. Es beteiligten sich mehr als 20 Staaten an der Ausstellung, die zu einer »Exposition der Superlative« wurde. Das bedeutete für Carinhall und die Schorfheide schon im Vorfeld der Eröffnung und natürlich während der Ausstellung regen Besuchsverkehr. Während der gesamten Brunftdauer waren ausländische Jagdgäste geladen. Zudem veranstaltete Göring zum Auftakt einen großen Empfang mit rund 300 Gästen in seiner Dienstvilla am Leipziger Platz. Hitler besuchte die Ausstellung am 6. November und ließ misslaunig beim Durcheilen der Ausstellungshallen erneut erkennen, dass er für die Jagd wenig übrig hatte und er den Besuch für reine Zeitverschwendung hielt. Der Besucherandrang war beachtlich, und Göring verfügte eine Verlängerung der Ausstellung auf drei Wochen. Es kamen an manchen Tagen bis zu 40.000 Menschen.

Die Ausstellung war einerseits eine Musterschau der Fortschritte und Neuerungen im deutschen Jagdwesen; andererseits verdeutlichten die überzogene Ausstellungsarchitektur und die Masse an kapita-

Göring bei einem Rundgang zur Eröffnung der Internationalen Jagdausstellung in der Halle I der polnischen Ausstellung, 2. v. l. Adjutant P. Menthe; 3. v. l. Jerzy Potocki; 6. v. l. Botschafter Józef Lipski; 8. v l. Knothe, November 1937.

len Trophäen puren Gigantismus und Trophäenkult. Später wurde die Jagdausstellung von 1937 auch als die »größte Knochenolympiade der Geschichte« bezeichnet. Die Jagdgroßveranstaltung vom November 1937 zeigte außerdem ähnliche Effekte wie die im Jahr zuvor durchgeführten Olympischen Spiele. Göring konnte einen beachtlichen internationalen Prestige-Erfolg verbuchen. Wie die Olympischen Spiele so lenkte auch die Internationale Jagdausstellung die Welt von den politischen Machenschaften des NS-Regimes vorübergehend ab. Göring hatte keine Kosten und Mühen gescheut, um der weltweiten Jagdanhängerschaft in Berlin eine reibungslose »Show« zu präsentieren. Der NS-Propaganda gelang erneut eine beinahe perfekte Machtinszenierung. Der »schöne Schein« blieb im November 1937 gewahrt.[35]

Hinsichtlich seiner Jagddiplomatie befasste sich Göring in Carinhall maßgeblich mit Polen, Österreich und der Tschechoslowakei. Dabei ging es natürlich auch immer um Großbritannien und Frankreich, das heißt, um die Auflösung von Bündnisbeziehungen, das Ausspielen von Interessen und die Frage nach der Haltung bei einem militärischen Vorgehen der Deutschen. Der zwischen 1936 und 1939 im Auftrag des französischen Geheimdienstes »Deuxième Bureau« als Militärattaché an der Botschaft in Berlin tätige Fliegeroffizier Paul Stehlin (1907–1975) stellte in seinen Erinnerungen fest, dass die von der französischen Außenpolitik seit dem Ende des Ersten Weltkriegs betriebene »Einkreisung Deutschlands« über Bündnissysteme im Jahr 1937 weitgehend zusammengebrochen war bzw. sich die Bündnispartner von Frankreich lösten. Göring spielte als Sonderemissär Hitlers in Polen eine wichtige Rolle. Hilfreich war dabei einmal mehr, dass der neue polnische Botschafter Jósef Lipski (1894–1958) ein passionierter Jäger war. Der Botschafter lud Göring im März

1934 zur Staatsjagd in das alte Zarenrevier Białowieska (Bialowies) ein. Bis 1938 fuhr Göring nun jedes Frühjahr dorthin und versuchte bei seinen Jagdaufenthalten die Polen davon abzubringen, sich außenpolitisch wieder Frankreich oder gar der Sowjetunion zu nähern. Natürlich gab es im Gegenzug Jagdeinladungen in die Schorfheide.[36] Bekanntermaßen war Göring in seinen Gesprächen mit ausländischen Besuchern erstaunlich offenherzig: »Er machte Äußerungen gegenüber Industriellen, Aristokraten und Jagdgenossen, die in ihrer Offenheit fast an Landesverrat grenzten. Aber es war Teil einer großangelegten Nazistrategie, Göring als den konservativen, zugänglichen zweiten Mann vorzuführen, während Hitler und Ribbentrop als die geheimnisvollen, unkalkulierbaren und unzulänglichen Elemente agierten. Dieses unorthodoxe zweigleisige Vorgehen, diese Linke-Rechte-Linke-Boxerdiplomatie, zahlte sich für das Deutsche Reich bis 1939 gewaltig aus.«[37]

Eine zentrale Rolle bei Görings Diplomatie spielte Österreich. Zum einen waren seine beiden Schwestern mit Österreichern verheiratet, es gab also ein privates Interesse; zum anderen wollte er derjenige sein, der für Hitler die »Österreichfrage« aus der Welt schaffte. Göring lud hierzu den Staatssekretär des Äußeren und späteren kurzeitigen Außenminister Österreichs, Guido Schmidt (1901–1957), nach Carinhall ein. Göring hatte Sympathien für den Österreicher. Am 7. September 1937 besuchte Schmidt die Schorfheide und erhielt die Gelegenheit, einen Hirsch zu erlegen. Der Diplomat schoss einen Rothirsch, der eigentlich für Göring reserviert gewesen war und den Namen »Hermann« trug. Als man Göring davon in Kenntnis setzte, sprach er Schmidt darauf an: »Was, Sie haben mich zur Strecke gebracht?« Worauf Schmidt konterte: »Ich wollte, es wäre soweit.« Göring erwiderte daraufhin: »Höflich sind Sie gerade nicht!« Demonstrativ ließ er sich einen der Löwen bringen, der dem nun leicht verunsicherten Österreicher die Schuhe intensiv ableckte. Schmidt erzählte bei seiner Rückkehr einem Zeitungsredakteur davon, dass Göring an ihm wohl einen Narren gefressen habe. Doch der Zeitungsmann sah das anders und wohl auch richtig. Er verglich Göring mit einer »dicken großen Bulldogge« und Schmidt mit »einem springlebendigen Katzerl«. Zwar würde die Katze geschickt der Bulldogge ausweichen, doch das würde ihr nur deshalb gelingen, weil die Bulldogge mit ihr spielen wolle.

Wenige Wochen später, zur Internationalen Jagdausstellung, am 7. November 1937, war der Diplomat erneut in Carinhall zu Besuch. Inzwischen hatte Göring von einem Künstler eine große Europakarte im Stil eines mittelalterlichen Freskos anfertigen lassen. Auf der Karte gab es keine Grenze mehr zwischen Österreich und Deutschland. Göring zeigte Schmidt die Karte ganz beiläufig und bemerkte: »Für Jäger gibt es nur eine Grenze, die Reviergrenze, und nur ein Gesetz, nicht zu wildern.« Worauf der sichtlich verstimmte Schmidt erwiderte: »Auch in der Politik ist das Wildern verboten.« Göring meinte dann: »Es ist eine so schöne Karte und ich möchte sie nicht ständig ändern müssen: Deshalb habe ich sie so anfertigen lassen, wie es ohnehin bald aussehen wird.«

Noch im Herbst 1937 beabsichtigte die Regierung von Österreich, Göring mit einer Jagdeinladung zur Rothirschjagd ins Karwendelgebirge günstig zu stimmen und möglicherweise eine Invasion Deutschlands noch abwenden zu können. Fünf Monate später gab es bereits kein freies Österreich mehr. Am 12. März 1938 überschritten deutsche Truppen die Grenze zu Österreich und das einst freie Land wurde ein Teil Deutschlands.[38]

Am 28. Juni 1939 zeigte Göring noch einmal, dass er ein Meister der Kunst war, wie man Empfänge und große Feierlichkeiten veranstaltete.[39] In Berlin gab es die Tagung des Deutschen Forstvereins und Göring lud die mehr als 2.000 Teilnehmer im grünen Rock in die Schorfheide zu einem mittelalterlichen Jagdlager ein. In mehr als 40 Omnibussen wurden sie aus Berlin angefahren, wo man eigens die Straßen für den allgemeinen Verkehr sperrte. Zwei Zeitzeugen berichteten über das Gelage später Folgendes: »Am Nordwestufer

Görings Bibliothek 1939 mit der Karte von Deutschland inklusive Österreichs.

des Werbellinsees wurden Ochsen sowie unzählige Schweine und Hähnchen am Spieß gebraten, und mit Pfeil und Bogen wurde unter Görings kritischen Augen auf laufende Wisentscheiben geschossen. Das Ballett der Staatsoper tanzte auf einem Floß, das auf dem See vorbeizog. Die Rückfahrt nach Berlin und die Teilnahme an der für abends angesetzten Festveranstaltung des Forstvereins in der Krolloper sind manchem wegen des Alkohols schwergefallen. Übrigens beschwerten die Rechnungen für das in Görings persönlichem Namen veranstaltete Fest in der Heide noch mehrere Jahre danach die Schreibtische verschiedener im Kompetenzstreit um die Bezahlung stehender Dienststellen, denen Mittel dafür weder der Höhe noch der Art nach zur Verfügung standen.«[40]

Im Januar 1939 begann zudem die Arbeit an der zweiten Ausbaustufe des Anwesens, das um etwa das Doppelte erweitert werden sollte. Die Finanzierung in Millionenhöhe wickelte der inzwischen zum Generalfeldmarschall aufgestiegene Göring als »Beauftragter des Vierjahresplans« über den Haushalt des Vierjahresplans ab.

In einem hohen Bautempo wurden die Erweiterungsbauarbeiten durchgeführt und 1940 abgeschlossen. Für die am 2. Juni 1938 geborene Tochter Edda ließ der Vater etwa 200 Meter abseits der Hauptanlage ein verkleinertes Modell des Potsdamer Schlosses Sanssouci errichten. Es war ein Geschenk der Firma Philipp Holzmann. Alles in diesem »Edda-Schlösschen« – etwa 50 Meter lang, 3,5 Meter hoch und sieben Meter breit – war in der Größe eines Kindes gebaut und eingerichtet. Das prunkvolle Anwesen nahm nun eine Fläche von fast 16 Hektar ein. Allein für die Außenanlagen wurden mehr als 15 Kilometer Waldwege angelegt und rund 9.300 Bäume gefällt. Für das Jahr 1941 wurden für die Bepflanzung von Carinhall

185.000 Blumenzwiebeln aus Holland, 54.000 weitere bodenbedeckende Pflanzen, 28.000 Stauden für den Heidegarten, 12.000 Sommerblumen, 10.000 Blüten- und Schlinggehölze, 4.400 Rosen, 290 Stück Rhododendron, 250 Beerenobstgehölze und 175 Obstgehölze verwendet. Zur Düngung waren 475 Tonnen Dung notwendig und für den Rasen des »Waldhofes« mussten sieben Tonnen Grassamen beschafft werden. Nach dem Umbau erklärte Göring seinen Gästen, dass es Tage dauern würde, wenn sie alles sehen wollten, was es in Carinhall gab. In welcher Dimension sich die Baukosten und angehäuften Werte bewegten, lassen die Versicherungssummen für Carinhall erahnen. Nach der ersten Ausbaustufe, im Jahr 1937, wurde der Versicherungsschutz bei rund 2,5 Millionen Reichsmark (RM) festgelegt. Im Jahr 1944 hatte sich die Summe dann auf fast 19 Millionen RM erhöht.

Mit Beginn des Zweiten Weltkriegs wurden ein privater unterirdischer Luftschutzbunker, ein sogenannter »Pilzbunker«, und zahlreiche betonierte Unterstände gebaut. Hinzu kamen Fliegerabwehrgeschütze und sieben Kilometer nördlich von Carinhall entstand zur Täuschung bei Luftangriffen nahe der Ortschaft Ahlimbsmühle ein »Schein-Carinhall« aus Holz. Einen Luftangriff auf Carinhall gab es aber nie.[41] Der Fotograf Görings, Eitel Lange, sah das erweiterte und umgebaute Carinhall im Sommer 1940 zum ersten Mal. In einem 1950 erschienen Buch beschrieb er seinen damaligen Eindruck: »Von jetzt an sollte ich regelmäßig dieses sagenhafte Carinhall betreten, von dem so unzählige Gerüchte im Land umhergingen und von dem bisweilen gesprochen wurde wie von der Hofhaltung Neros. (...) Zwischen dem Wuckersee und dem Großen Döllnsee lag das langgestreckte, wuchtige Landhaus mit den drei Flügeln, umgeben von herrlichen Gartenanlagen, Blumenbeeten, steinernen Brunnen, Tierfiguren aus Bronze, weißen Kieswegen, von polierten Gehplatten durchzogen. (...) Schon auf den ersten Blick war es der Landsitz eines Potentaten. (...) Ich spürte: Hier herrscht Hofluft. Ich befand mich in einer Welt, die um einen regierenden Fürsten zu kreisen schien. (...) Es war das Haus eines Monarchen oder Milliardärs.«[42]

VORREITER DES NATURSCHUTZ

Mit der einzigartigen Waldlandschaft vor den Toren Berlins verfolgte Göring seine ganz eigenen Pläne. Er stellte sich die Schorfheide nicht nur als sein persönliches Waldreich vor, sondern träumte auch von »brausenden Urwildherden« im größten Naturschutzpark Europas. Das seit dem 12. April 1930 unter der Leitung von Dr. Erhard Hausendorff bestehende »Naturschutzgebiet Schorfheide« sollte nach 1933 eine gesetzlich »neue und straffere Form« bekommen, damit Göring seine Pläne besser umsetzen konnte und die Schorfheide am Ende ihm gehörte. Doch sie blieb immer Eigentum des preußischen Staates. Görings Ziel war nicht nur eine juristische Absicherung in seinem Sinne, sondern auch eine Vergrößerung des Gebiets, die Züchtung von vom Aussterben bedrohter Großtierarten und die Verdrängung der angestammten Bevölkerung aus der Schorfheide. Hierfür musste Göring zunächst einmal die geltenden Bestimmungen aushebeln, die Strukturen verändern und neue Gesetze in Kraft setzen. Zudem galt es die Interessen anderer Reichsministerien, Behörden und der Kommunen auszuschalten.[43]

Am 9. Mai 1933 ließ sich Göring in Sachen Jagd, Wald und Landschaft bei einer Besprechung mit Vertretern des Reichsjagdbundes auf den neuesten Stand bringen. Zu seinem Hauptansprechpartner wurde der Geschäftsführer des Reichsjagdbundes Ulrich Scherping (1889–1958), der ab 1934 zum Leiter des Reichsjagdamtes, Oberstjägermeister und Ministerialdirektor im Reichsforstamt aufstieg und ab 1936 auch im persönlichen Stab des Reichsführers-SS Heinrich Himmler Karriere machte. Nach der Besprechung war Scherping guter Dinge, da sich Göring »überraschend aufgeschlossen« gezeigt hatte. Der »jagdliche Genera-

Der Maler Kallmeyer macht Skizzen von einem von Göring erlegten Elch.

list« hatte kein Problem damit, sich von kompetenten Forstbeamten wie Scherping jagdpolitisch »programmieren« zu lassen. Sein Fachwissen war zwar lückenhaft, aber er verstand schnell die Vorteile der ihm von Scherping vorgeschlagenen Neuerungen auf dem Gebiet des Jagd- und Forstwesen sowie des Natur- und Artenschutzes. Göring erklärte unmissverständlich, was er wollte: »entscheidenden Einfluss auf die Neugestaltung des Jagdwesens des gesamten Deutschen Reiches« nehmen. Er forderte in kürzester Zeit die Schaffung einer »straffen Reichsorganisation« und die Ausarbeitung eines neuen preußischen Jagdgesetzes, das dann auf ganz Deutschland ausgeweitet werden sollte: »Ich will ein neues Jagdgesetz für Preußen, das später für das ganze Reich gelten kann!«[44]

Das Jagdgesetz musste nicht erst ausgearbeitet werden. Über alle wesentlichen Elemente des Gesetzes hatte man schon vor 1933 eingehend diskutiert und es gab hierzu Entwürfe, die nur aus der Schublade gezogen und mit NS-Ideologie ummantelt wurden. Ähnlich wie bei der Inbetriebnahme des Schiffshebewerks Niederfinow am 24. März 1934 oder beim Bau der Reichsautobahn nach Stettin 1936 konnten die Aktivitäten und Planungen aus der Zeit vor 1933 von den Nationalsozialisten genutzt und dann als eigene Errungenschaften ausgegeben werden. Göring definierte seine künftige Rolle im Ressort Jagd und Wald als die eines Initiators und Antreibers. Er wollte dafür sorgen, dass die Dinge in Gang kamen oder wenn nötig wieder in Schwung gebracht wurden. Scherping beauftragte er mit der Umsetzung folgender Aufgaben: Bildung einer jagdlichen Einheitsorganisation, Vereinheitlichung der Fachpresse, das Wild sollte zum »Allgemeingut des Volkes« werden, Schaffung einer eigenen Gerichtsbarkeit, Einführung von Beschussplänen für alle Reviere, Verbot tierquälerischer Jagdmethoden, Bildung einer Fachbehörde und die Einsetzung geeigneter Führungspersönlichkeiten. An kontinuierlicher Arbeit, Koordinierung und Lenkung war Göring schon aufgrund seiner Ämtervielfalt kaum gelegen. Zu den ihm vorbehaltenen Aufgaben als »Führer« der Deutschen Jägerschaft zählte er vor allem repräsentative Pflichten: Einweihungen, Besichtigungen, Teilnahme an Feierlichkeiten, Besuche von Trophäenschauen und Jagdausstellungen. Eine seiner gängigen Formulierungen lautete dabei: »Ich weiß, dass ich mich auf meine Deutsche Jägerschaft verlassen kann.«[45]

Das preußische Jagdgesetz lag am 18. Januar 1934 vor und ging am 3. Juli des gleichen Jahres im Reichsjagdgesetz auf. Zugleich wurde das gesamte Jagd- und Forstwesen auf das Reich übergeleitet. Parallel dazu sollten 1934 nach dem Vorbild der amerikanischen Nationalparks deutschlandweit Reichsnaturschutzparks geschaffen werden. Aber auf Reichsebene stieß Göring mit diesem Ansinnen auf erheblichen Widerstand, sodass er in seiner Funktion als Preußischer Ministerpräsident zunächst auf der Grundlage der preußischen Gesetzgebung im Jahr 1934 den »Natur- und Urwildpark

Schorfheide« gründen ließ. Dieser Park war mit dem im April 1930 geschaffenen Naturschutzgebiet »Schorfheide« mit den staatlichen Oberförstereien Grimnitz, Pechteich, Reiersdorf, Groß Schönebeck und Zehdenick weitgehend identisch. Im Juni 1934 wurde als publikumswirksamer Auftakt ein Schaugehege für Wisente eröffnet. Der Park und das Gehege erwiesen sich schnell als Besuchermagnet. Allein 1936 kamen 140.000 Menschen in die Schorfheide und zahlten 2 Pfennig für eine Besichtigung des Naturschutzparks.[46]

Beim Naturschutz zeigte sich, dass zwar für Preußen seit 1930 eine fortschrittliche Naturschutzverordnung vorlag, aber die generelle Zuständigkeit beim Reichserziehungsministerium lag und es bei diesem Thema Kompetenzgerangel gab. Die Erkenntnis, dass Naturschutz, Wald und Wild eine Einheit bilden, setzte Göring in einem für ihn typischen Telefongespräch durch. Dem Reichserziehungsminister Bernhard Rust erklärte er am 30. April 1935: »Hören Sie mal, Herr Rust, wie ist das nun mit dem Naturschutz? Ich bin doch der einzige, der richtigen Naturschutz treibt. Sie sind doch einverstanden, daß er auf mein Ressort übergeht ... Ach was, ich habe doch den Wald und die Tiere, da paßt der Naturschutz doch viel besser hinein als in Ihr Ressort... Nicht wahr, Sie sind einverstanden? ..., danke!«[47] Doch auch das Innenministerium und die Reichswehr wollten beim Natur- und Landschaftsschutz ein gewichtiges Wort mitreden, da sie im Rahmen der geheimen Aufrüstung große Truppenübungsplätze sowie moderne Forschungs-, Versuchs- und Erprobungseinrichtungen benötigten, die sich freilich am besten im Wald vorteilhaft verstecken ließen. Der Umfang der militärisch genutzten Waldflächen nahm nach 1933 enorm zu. Im Jahr 1937 gab es bereits 50 Heeresförstereien. Militär und Schutzstaffel schufen sich zudem die »Reichsstelle für Landbeschaffung« und auch über den Autobahnbau gab es Begehrlichkeiten.[48]

Innerhalb von drei Jahren ließ Göring die Strukturen des Jagd- und Forstwesens sowie des Naturschutzes verändern und neue Gesetze in Kraft treten, um seine Träume und Visionen von der Jagd, seinem persönlichen Waldreich und einer Urwildlandschaft Wirklichkeit werden zu lassen. So rigoros, wie er bei der Etablierung des Terrorsystems vorgegangen war, so sorgte er auch für die Umgestaltung des Jagd- und Forstwesens sowie des Naturschutzes.

Zunächst wurde Ende 1933 ein neues Tierschutzgesetz erlassen. In einer Rundfunkrede gegen Tierversuche erklärte er hierzu offen, dass er diejenigen in das Konzentrationslager bringen werde, »die da immer noch glauben, Tiere als eine leblose Ware behandeln zu können«. Nur wenige Jahre später leitete Göring höchstpersönlich die millionenfache Auslöschung von Juden in die Wege und er trug auch Verantwortung dafür, dass Luftfahrtmediziner skrupellose Menschenversuche an KZ-Häftlingen durchführten. Generell sorgten Fachleute und Staatssekretäre in allen Bereichen meist kompetent und geflissentlich dafür, dass

Göring an der Rominte am Jägerhof Rominten.

Görings politische Vorgaben, fachliche Prioritäten und auch seine Naturvisionen umgesetzt wurden.[49]

Am 3. Juli 1934 trat das Reichsjagdgesetz in Kraft und es wurden neue Behörden in Gestalt des Reichsforstamtes und Reichsjagdamtes geschaffen. Ein neues Reichsnaturschutzgesetz folgte dann 1935 und im Januar 1936 wurde das Gesetz zur »Errichtung der Stiftung Schorfheide« verabschiedet. Damit verbunden war wiederum die Bildung einer gesonderten Naturschutzabteilung innerhalb des Reichsforstamtes.[50] Göring hielt als »Reichsforstmeister« (1934), »Reichsjägermeister« (1934) und »Oberster Beauftragter für Naturschutz« (1935) alle wichtigen Fäden in Sachen Jagd, Wald und Naturschutz in der Hand. Seine Funktion bestand – wie auch bei der Luftwaffe oder dem Vierjahresplan – im Wesentlichen darin, moralische Hemmungen und normativ-juristische Grenzen leichter überwindbar zu machen, um die politischen Ziele zu realisieren. Wie die konkrete Umsetzung auszusehen hatte, welche Prioritäten zu setzen und welche Verfahren anzuwenden waren, das überließ er seinen Fachleuten.[51]

Göring hatte die Schorfheide bald fest im Griff. Propagandistisch geschickt wurde sein »Anspruch« unter anderem mit der Bestattung seiner ersten Frau Carin in Zusammenhang gebracht. In einer zeitgenössischen Darstellung begründete ein Schorfheideförster die »besondere Verbundenheit Hermann Görings mit der Heide« etwa mit der Tatsache, dass seine erste Frau Carin »in unmittelbarer Nähe des Waldhofes eine würdige schlichte Ruhestätte gefunden hat«. Zum Zeitpunkt, als der Zweite Weltkrieg ausbrach, waren Görings Name, Carinhall und die Schorfheide »untrennbare Begriffe« im öffentlichen Bewusstsein geworden. Zwar war man dem Vorschlag der Umbenennung in »Göringheide« nicht gefolgt, aber viele Deutsche dachten in der NS-Zeit genau an diesen Namen, wenn es in der Presse und in den Wochenschauen um die Schorfheide ging.[52]

Doch wie stellte sich Göring die künftige Schorfheide vor? Von welchen Vorbildern ließ er sich leiten? Eine große Rolle spielten für seine Planungen die Nationalparks in den USA und in Schweden. Die seit 1909 bestehenden ersten europäischen Nationalparks in Schweden kannte Göring aus eigener Anschauung, aber nordamerikanischen Boden hatte er nie betreten. Seine Vorstellung von einem Nationalpark nach amerikanischem Vorbild prägte vor allem der Berliner Zoodirektor Lutz Heck (1892–1982), dem Göring später die fachliche Verantwortung für den gesamten Naturschutz in Deutschland übertrug. Die Beziehungen der Familie Göring zum Zoodirektor gestalteten sich über Jahre hinweg herzlich. So ließ es sich Heck nie nehmen, die von Göring in Carinhall gehaltenen Löwen persönlich abzuholen, wenn sie zu groß geworden waren und in den Zoo überführt werden mussten. Der Berliner Zoodirektor war von den Vorstellungen »nationaler Natur in den USA« beeindruckt. Vor dem Ausbruch des Krieges hatte man beabsichtigt, in allen wichtigen deutschen Landschaftstypen – vom Hochgebirge bis zum Meer – insgesamt fünf Nationalparks einzurichten, aber der Krieg verhinderte die praktische Umsetzung solcher Planungen.[53]

Am 25. Januar 1936 erfolgte die Gründung der »Stiftung Schorfheide«, die ihren Sitz zuerst in Joachimsthal und später in Groß Schönebeck hatte. In der Begründung des entsprechenden Gesetzes hieß es am 11. Januar 1936: »Die Schorfheide ist ein Waldgebiet von besonderer Schönheit und Eigenart, das als Reichsnaturschutzgebiet in Aussicht genommen und hervorragend geeignet ist, der Bevölkerung, insbesondere auch der großstädtischen, die Bedeutung des Waldes als eines wesentlichen Bestandteil der deutschen Landschaft vor Augen zu halten. Um diesen Charakter zu bewahren und zu erhalten, bedarf die Schorfheide einer besonderen Pflege, die nicht nur nach rein forstwirtschaftlichen Gesichtspunkten durchgeführt werden kann. Es empfiehlt sich deshalb, sie aus dem Rahmen der allgemeinen Staatsforstverwaltung zu lösen und aus ihr ein Sondervermögen zu machen, für das als Rechtsträger zweckmäßig eine Stiftung gegründet wird.«[54]

Links: Wisent »Schalk« (später »Iwan«) im neu eröffneten Wisentgehege, 1934.

Rechts: Hermann Göring gemeinsam mit dem Direktor des Berliner Zoos, Lutz Heck, auf Schwarzwildjagd, 14. Dezember 1934.

Mit der Stiftung zeigte sich bald das ambivalente Verhältnis von feudalem Machtgebaren Görings und dem verdienstvollen Landschafts- und Artenschutz. In der Satzung der Stiftung wurde unter anderem festgeschrieben, in der Schorfheide »einzelnen Volksgenossen, die an der Leitung des Staates an hervorragender Stelle mitarbeiten, Erholungsstätten zu schaffen«. Der »Waldfürst« weitete ab 1936 das Stiftungsgebiet stetig aus. Unter Berufung auf den Naturschutz wurden in den Folgejahren gezielt Grundeigentümer aus der Schorfheide verdrängt. Der zum Geschäftsführer der Stiftung ernannte Hausendorff geriet deshalb in Konflikt mit Göring. Zunächst passte Hausendorffs Dauerwaldansatz zu den Waldbauvorstellungen Görings, der sich einen sich stetig verjüngenden Dauerhochwald mit urwaldähnlichem Charakter wünschte. Doch der enorme Holzbedarf während des Krieges widersprach dem und führte zu Hausendorffs Versetzung nach Hangelsberg. Im Jahr der Gründung umfasste das Gebiet der Stiftung mit den Forstämtern Grimnitz, Reiersdorf, Groß-Schönebeck, Pechteich, Zehdenick, Altplacht und Himmelfort fast 51.000 Hektar. Vier Jahre später waren es rund 60.000 Hektar Fläche.[55]

DER SCHREIBTISCHTÄTER

In der ersten Augusthälfte 1936 glänzte das NS-Regime bei den Olympischen Sommerspielen in Berlin. Doch hinter der schönen Fassade bröckelte es. Die deutsche Wirtschaft steckte in Schwierigkeiten, die Rohstoff- und Devisenlage war äußerst angespannt. Wieder einmal griff Hitler auf Göring zurück und ernannte ihn am 4. April 1936 zum »Rohstoff- und Devisenkommissar«. »Um die bevorstehende Katastrophe abzuwenden, ordnete Göring einen drakonischen

Blick in die Kunstsammlung Görings in Carinhall, 1939.

Übergriff auf privates Eigentum an. Jeder Dollar, Franc und jedes Pfund, jedes Gramm Gold und jeder Auslandswert in deutschem Besitz musste dem Reich zur Verfügung gestellt werden.«[56] Göring beauftragte den SS-Gruppenführer Reinhard Heydrich (1904–1942) mit dem Aufbau eines »Devisenfahndungsamtes«. Damit leitete er zugleich den gezielten Angriff auf das Vermögen der Juden ein. Von Heydrich, dem Stellvertreter Himmlers, war Göring übrigens beeindruckt. Er dürfte zu den wenigen NS-Größen gehört haben, die im politischen Spiel mit Göring in Sachen Konspiration, Intrige und Übergriffen mithalten konnten. Bei der Verstaatlichung des jüdischen Eigentums nahmen Göring und Heydrich die führenden Positionen ein und sie trieben die sogenannte »Arisierung« der Wirtschaft ab 1938 systematisch und rücksichtslos voran.[57]

Über Göring setzten Heydrich und Himmler die Ausplünderung, Vertreibung und Vernichtung der Juden in Gang. Im Juli 1941 verfasste Heydrich, der inzwischen zum Leiter des Reichssicherheitshauptamts aufgestiegen war, selbst den Auftrag zur »Endlösung der Judenfrage«, den er dem Reichsmarschall vorlegte. Göring unterzeichnete ihn am 31. Juli 1941. Offiziell begann nun Heydrich, immer mit Hinweis auf den von Göring erteilten Auftrag, die »Gesamtlösung der Judenfrage« herbeizuführen. Was dieser von den Juden hielt, machte er nach der Pogromnacht vom 9./10. November 1938 unmissverständlich deutlich. Auf einer Konferenz forderte er am 12. November kategorisch, dass nun endlich die »Judenfrage« zu koordinieren und zu erledigen sei: »Mir wäre lieber gewesen, ihr hättet 200 Juden erschlagen und hättet nicht solche Werte vernichtet.« Dieser Satz lässt auch erkennen, wo sich der Kunstsammler Göring ausgiebig bediente und woher viele seiner wertvollen Kunstgüter stammten. Er ließ jüdisches Eigentum beschlagnahmen, wo es nur ging

Göring schreitet eine Ehrenformation der Forstwirtschaft aus Anlass der Internationalen Forsttagung 1939 in Berlin ab.

und wo er konnte. Sein Motto »Wer Jude ist, bestimme ich« und die Einzelrettung von Juden aus Neigung, Laune und Eigennutz heraus dürfen nicht darüber hinwegtäuschen, dass er für den millionenfachen Mord als Schreibtischtäter maßgeblich mitverantwortlich war. Wenn ihn etwas an der »Judenfrage« interessierte, dann dass er sich im Zuge der Entrechtung, Verfolgung und Ermordung der Juden an ihrem Besitz bereichern konnte. Den neu umgebauten Waldhof Carinhall füllte er ab 1937 mit wertvollen Kunstgütern aus jüdischem Eigentum. In einem Brief an den Parteiideologen der NSDAP, Alfred Rosenberg (1892–1946), rühmte er sich 1940, »die bedeutendste Privatsammlung zumindest in Deutschland, wenn nicht in Europa«[58] zu besitzen.

Als der erweiterte Waldhof Carinhall im Juli 1937 übergeben wurde, verlagerte Göring immer öfter seine Arbeits- und Lagebesprechungen in die Schorfheide. Hierzu bemerkte ein Schorfheideförster um 1940: In Carinhall »hat der Generalfeldmarschall schon viele Male hohen ausländischen Besuch empfangen und andererseits im Kreise seiner engsten Mitarbeiter in der Abgeschiedenheit des Schorfheidewaldes die Ruhe und Sammlung gefunden, die für die Entscheidung der schwerwiegenden Fragen erforderlich sind, die seine hohen Ämter von ihm erforderten«.[59] In seinen Aufzeichnungen vermerkte Göring auch akribisch, wann er in Carinhall aufstand, jagte, arbeitete, sich ausruhte, mit Edda und den Löwen spielte und ins Bett ging. Göring galt als Frühaufsteher und er holte sich seine engen Mitarbeiter mehr als einmal noch vor dem Frühstück zum Rapport nach Carinhall.[60]

Die Rolle Görings bei der Vorbereitung und Entfesselung des Zweiten Weltkriegs steht außer Frage. Der Schreibtischtäter Göring hatte lediglich andere Vorstellungen davon, wann es zum Krieg kommen sollte.[61] So wusste er 1939 nur zu gut, dass seine Luftwaffe für den

Krieg noch nicht reif war. Bei Ausbruch des Zweiten Weltkriegs war Deutschland »wohl militärisch und wirtschaftlich für einen Krieg gegen Polen, nicht aber für einen europäischen Krieg genügend vorbereitet«.[62] Nach Carinhall holte sich Göring beispielsweise mehrfach die Führungsspitzen der Flugzeugindustrie und seine leitenden Mitarbeiter aus dem Reichsluftfahrtministerium. In der Schorfheide versuchte er, deren unterschiedlichen Interesse unter einen Hut zu bringen, die Luftrüstung zu organisieren und zu beschleunigen. Hierbei wurden fatale Fehlentscheidungen getroffen, die dazu führten, dass zwar die Luftwaffe für die operative Unterstützung des Heeres brauchbar war, aber das Potenzial für eine strategische Luftkriegsführung zur Ausschaltung der gegnerischen Wirtschaftskraft fehlte.[63]

In welchem Maße Göring die Möglichkeiten seiner Luftwaffe falsch einschätzte, zeigte sich bei der Luftschlacht um England im Sommer 1940. Hierfür hatte er seine Luftwaffenführung Ende Juli 1940 in Carinhall versammelt. Von der Schorfheide aus wurde nun der Luftkrieg gegen die britische Insel koordiniert. Am 1. August befahl Göring, »die britische Luftwaffe zu zerschlagen«. Doch es fehlte an einer straffen Führung und exakten Lageanalysen. Zudem ahnte in Carinhall niemand, dass die Briten in ihrem Entschlüsselungszentrum Bletchley Park am 6. Januar 1940 erstmals den Universalcode der Luftwaffe (Enigma-Code) geknackt hatten. Nach einiger Zeit konnte man in Bletchley Park die deutschen Funksprüche entschlüsseln, sobald sie empfangen wurden. Zum Höhepunkt der Luftschlacht um England reiste Göring mit seinem Sonderzug an die französische Kanalküste und führte seine Luftwaffe von Frankreich aus. Ab und zu fuhr er nach Paris und deckte sich »preiswert« mit Kunst für seine Sammlung in Carinhall ein. Als sich im September 1940 zeigte, dass die Deutschen keine Luftüberlegenheit erreichen konnten, verzichtete man auf den Plan einer Landung in England. Hitler kritisierte Göring am 4. November 1940 erstmals scharf wegen des Misserfolgs. Zehn Tage später meldete sich Göring in den Urlaub ab und fuhr zu seinem Jagdhaus in die Rominter Heide. Genau an diesem Tag, am 14. November, flog die deutsche Luftwaffe mit 450 Bombern ihren größten Luftangriff des Krieges auf Coventry. Bis zum Mai 1941 folgten weitere Angriffe gegen England. Danach wurden sie wegen des bevorstehenden Überfalls auf die Sowjetunion eingestellt. Bis März 1941 hatte die Luftwaffe mehr als 2.200 Kampfmaschinen verloren. Insgesamt waren beim fliegenden Personal bis zu diesem Zeitpunkt 1.995 Tote, 1.313 Verwundete und 2.591 Vermisste oder Gefangene zu beklagen. Die Verluste der Royal Air Force waren deutlich geringer. Doch der deutsche Bombenkrieg über Englands Städten hatte etwa 43.000 Zivilisten das Leben gekostet. Der Ruf Görings war erheblich angekratzt, aber er versuchte in weiteren Unternehmungen zu beweisen, dass seine Luftwaffe trotzdem eine überlegene Angriffswaffe war. Doch schon im Mai 1941 erfolgte der nächste Tiefschlag für den Reichsmarschall. Durch die Entschlüsselung des Enigma-Codes hatten die Briten rechtzeitig von der deutschen Luftlandeoperation über Kreta erfahren und waren vorbereitet. Am 20. Mai 1941 sprang die 7. Fallschirmjäger-Division über der Insel ab. Allein in der ersten Stunde wurden 2.000 Mann getötet, viele davon noch in der Luft.[64]

Görings Rolle als »Schreibtischtäter« sollte sich auch beim Überfall auf die Sowjetunion wiederholen. Er stimmte mit dem von Hitler erklärten Ziel vollends überein und sah auf sein Wirtschaftsimperium goldene Zeiten zukommen. Hitler hatte am 30. März 1941 in einer Ansprache seine Generalität auf den Überfall eingeschworen. Der Chef des Generalstabes des Heeres, Generaloberst Franz Halder, notierte darüber in seinem Kriegstagebuch: »Unsere Aufgaben gegenüber Rußland: Wehrmacht zerschlagen, Staat auflösen … Kampf zweier Weltanschauungen gegeneinander … Kommunismus ungeheure Gefahr für die Zukunft … Es handelt sich um einen Vernichtungskampf … Wir führen nicht Krieg, um den Feind zu konservieren.«[65]

In den frühen Morgenstunden des 22. Juni 1941 überfiel die modern ausgerüstete deutsche Wehrmacht mit rund drei Millionen eigenen Soldaten und 690.000 Mann aus verbündeten Truppen die Sowjetunion. Innerhalb kurzer Zeit wurden die zuvor an der sowjetischen Westgrenze konzentrierten und in Alarmbereitschaft befindlichen Verbände der Roten Armee in einer Truppenstärke von 2,9 Millionen Mann aufgerieben, überrollt, eingekesselt, versprengt und zum Rückzug gezwungen. Der erste Schlag der Wehrmacht fügte der Roten Armee innerhalb von nur vier Wochen schwere Niederlagen zu. Doch nachdem die erste Front zusammengebrochen war, gelang der sowjetischen Seite unter weiteren großen Verlusten die Neuformierung der Truppen und die Mobilisierung der Kräfte des Landes zur Verteidigung. Der deutsche Blitzkriegsplan scheiterte zwar im August 1941, aber der weitere Kriegsverlauf bedeutete für die Sowjetunion zunächst die größte militärische Katastrophe der russischen Geschichte.

Drei Tage nach dem Überfall auf die Sowjetunion hatten deutsche Truppen die polnische Urwaldlandschaft Białowies, das frühere Jagdgebiet der polnischen Könige und russischen Zaren, eingenommen. Göring beorderte umgehend seine Forstoberen Scherping und Walter Frevert (1897–1962) dorthin, um auf einer Fläche von 260.000 Hektar ein neues Reichsjagdrevier einzurichten. Damit begann eines der dunkelsten Kapitel der deutschen Jagd- und Forstgeschichte. Unter der Mitverantwortung der beiden Forstbeamten wurden Zwangsaussiedlungen und Massenerschießungen vorgenommen. Innerhalb weniger Wochen waren über 100 Dörfer ausgelöscht. Etwa 7.700 Menschen wurden deportiert und alle männlichen Juden im Alter zwischen 15 und 45 Jahren erschossen. Göring besuchte das neue Reichsjagdgebiet nie, da ein Forstmeister ihn warnte, dass es dort mehr Partisanen als Wild gebe. Nach dem Krieg stellte Polen 1959 einen Auslieferungsantrag an die Bundesrepublik wegen Scherpings und Freverts Rolle in Białowies, aber Scherping war schon 1958 gestorben und Frevert hatte 1962 einen tödlichen »Jagdunfall«.[66]

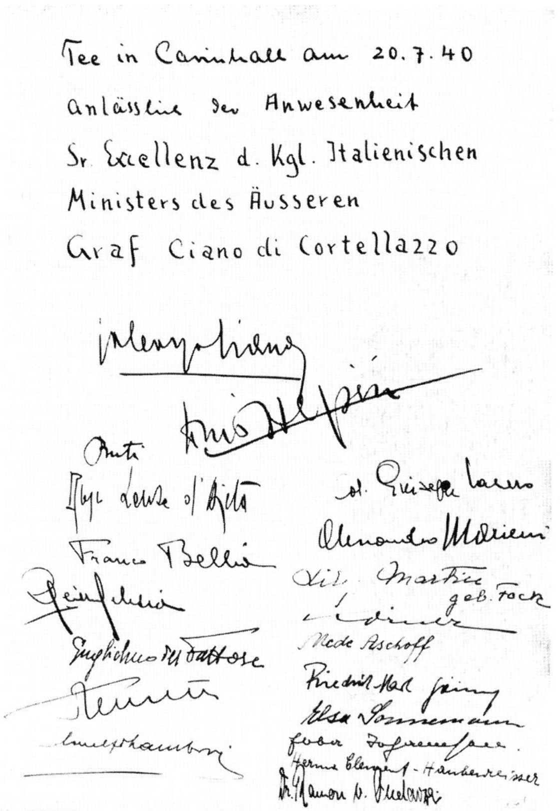
Tee in Carinhall am 20.7.40
anlässlich der Anwesenheit
Sr. Excellenz d. Kgl. Italienischen
Ministers des Äusseren
Graf Ciano di Cortellazzo

Auszug aus dem Gästebuch von Carinhall, Besuch des italienischen Außenministers Graf Ciano di Cortellazzo am 20. Juli 1940 auf Carinhall.

Bei der detaillierten Planung des Völkermords im Osten übernahm die deutsche Ministerialbürokratie die Regie. Im Mai 1941 legten die »Vordenker der Vernichtung« die Eckpunkte der wirtschaftlichen Ausplünderung der Sowjetunion fest, wobei man das zu erwartende Leid der dortigen Bevölkerung billigend in Kauf nahm. Göring war in diesem ganzen Prozess eine der zentralen Größen. Als ihn im November 1941 der italienische Außenminister Graf Ciano (1903–1944) in der Schorfheide besuchte, erklärt er ihm seelenruhig, dass in diesem Jahr 20 bis 30 Millionen Menschen in Russland verhungern würden.[67] Die zentralen Motive der deutschen Besatzungspolitik lauteten: Terror, rücksichtslose Ausbeutung, Hunger, Versklavung und Ausrottung. Mit dem Überfall auf die Sowjetunion wurde ein Völkermord entfesselt, der mit den Festlegungen zur Vernichtung der Juden auf der Wannseekonferenz am 20. Januar 1942 eine unfassbare Dimension erreichen sollte. Unfassbar nicht zuletzt deshalb, weil deutsche Bürokraten mit ihren Fähigkeiten und ihrem Sachverstand – auch im Beratungsaal von Carinhall in der Schorfheide – diesem Völkermord die Effizienz einer »modernen« Planung und Organisation verschafften.[68]

DER WEG IN DEN UNTERGANG

Im Verlauf des Kriegsjahres 1942 begann der Machteinfluss Görings über die gesamte Wirtschafts- und Rüstungsindustrie zu schwinden. Nachdem Fritz Todt (1891–1942), der Reichsminister für Bewaffnung und Munition, am 7. Februar 1942 bei einem mysteriösen Flugzeugabsturz ums Leben gekommen war, setzte Hitler ohne Abstimmung mit dem dafür zuständigen »Beauftragten des Vierjahrplanes«, also Göring, seinen Leibarchitekten Albert Speer (1905–1981) als Nachfolger ein. Mit Rückendeckung von Hitler und Unterstützung von Görings Generalluftzeugmeister Erhard Milch (1892–1972) konnte sich Speer bald gegen Göring wirkungsvoll durchsetzen. Während Görings Einfluss in der Wirtschaft weiter abnahm, steuerte die Luftwaffe aufgrund seiner haltlosen Versprechungen gegenüber Hitler auf die nächsten militärischen Katastrophen zu.[69]

Den Jahreswechsel 1942/43 verlebte Göring in Carinhall. Es gab Schlittenfahrten oder den »Gang durchs Haus« mit dem Blick auf die angesammelten Kunstgegenstände. Als stolzer Vater beobachtete er Tochter Eddas Fortschritte beim Ballettunterricht, hörte Schallplatten mit Rosita Serrano und ging auf die Jagd. Göring steckte in einer Lebenskrise. In seinem Tagebuch finden sich öfter Eintragungen wie »krank« oder »Bettruhe wegen Herzflattern«. Wichtige Besprechungstermine sagte er einfach ab. Die aufziehende »Götterdämmerung« ignorierte er. Ausdruck davon waren auch seine Reaktionen auf die Meldungen, die über die Luftwaffe von den Fronten bei ihm auf dem Schreibtisch in Carinhall landeten.[70] Am 4. Januar 1943 studierte er in Carinhall gemeinsam mit seinen Beratern die Produktionsdaten der gegnerischen Luftrüstung. Als er sah, wie überlegen die Alliierten waren, blendete er diese verhängnisvolle Tatsache einfach aus und erklärte unwirsch: »Lassen Sie mich bloß mit diesem Quatsch in Ruhe. Die können auch bloß mit Wasser kochen!«[71]

Am 12. Januar 1943 feierte Göring in Carinhall seinen 50. Geburtstag, während »die verlausten, frierenden deutschen Soldaten, die in Stalingrad eingekesselt waren, auf die Erlösung durch den Tod oder die Kapitulation warteten und nur von Brot träumten«[72], und sich auch die Niederlage des Afrikakorps abzeichnete, die alle von der Versorgung durch Görings Luftwaffe abhängig waren.[73] Doch schon einen Tag später begann Hitler, Görings Machtbefugnisse weiter einzuschränken. Maßgebliche Ursache für die fortschreitende Degradierung war unter anderem das Versagen der Luftwaffe in Stalingrad. Am 11. Januar 1943 hatte das Oberkommando der 6. Armee aus dem Kessel von Stalingrad gefunkt, dass nur noch wenig Treibstoff und keinerlei Artilleriemunition mehr zur Verfügung stehen würden: Die »Armee werde in wenigen Tagen völlig unbeweglich sein und sich nur noch mit Infanteriemunition wehren können. Dann sei das Ende des Widerstandes nur eine Frage von Tagen.«[74] Hitler hatte bis dahin unnachgiebig darauf bestanden, dass keine deutsche Armee sich zurückziehen dürfe und Göring sicherte ihm daraufhin großspurig die Versorgung der 6. Armee aus der Luft zu.

Statt sich mit der tatsächlichen Lage bei der Luftwaffe zu befassen oder zumindest auf den Rat seiner Experten zu hören, war Göring noch im Spätherbst 1942 mit seinem Sonderzug unterwegs gewesen – zum »Einkaufen« von Kunst für seine Sammlung in Carinhall und zur Jagd in Rominten. Im November 1942 ignorierte er die ihm vorgelegten Zahlen, nach denen die 6. Armee täglich 500 Tonnen Munition, Treibstoff, Verpflegung und Sonstiges gebraucht hätte. Hierfür wären hochgerechnet zwischen 600 und 800 Transportmaschinen vom Typ Junkers Ju 52 notwendig gewesen. Doch die Luftwaffe verfügte insgesamt nur über 750 Stück und eine große Zahl von ihnen wurde für den Nachschub in Nordafrika gebraucht.

Zwei Wochen nach Görings 50. Geburtstag kapituliert die 6. Armee. Nach der verlorenen Luftschlacht über England hatte Göring in Stalingrad ein zweites Mal folgenschwer versagt. Die dritte große Niederlage folgte bald, als die Amerikaner und Briten im Frühjahr 1943 den alliierten Luftkrieg intensivierten.[75] Goebbels notierte Anfang Mai 1943 in sein Tagebuch: »Auf Göring ist kein richtiger Verlaß mehr. Er ist müde und etwas verbraucht.«[76]

Unbeeindruckt vom Verlauf des Krieges ließ Göring 1942 die Jagd- und Forstverwaltung in den Staatsjagdgebieten und damit auch bei der Stiftung Schorfheide neu ordnen. Danach wurde mit der Verwaltung der Oberstjägermeister beauftragt, der Göring unmittelbar unterstellt war. In den Staatsjagdrevieren behielt sich der Reichsjägermeister unter anderem die Genehmigung der Abschusspläne, die Einladung der Jagdgäste sowie die Ernennung, Beförderung, Versetzung und Entlassung des jagdlichen und forstlichen Personals persönlich vor. Die Festlegung des Abschusses von starken Trophäenträgern und die Ansetzung von Treib- und Drückjagden durften ebenfalls nur auf Genehmigung Görings erfolgen. Grobe Verstöße gegen die Waidgerechtigkeit waren ihm über den Oberstjägermeister innerhalb von 24 Stunden zu melden. Göring selbst legte fest, welche Jagdgäste welchen Hirsch oder – als höchste Auszeichnung – welchen Wisent sie erlegen durften. Im Juni 1944 gab Göring die Anweisung an den Geschäftsführer der Stiftung Schorfheide: »Für die Kriegszeit muss die Parole lauten, in wenigen besonders guten Stücken den Stamm zu erhalten, auf dem wir nach dem Krieg wieder aufbauen können. Jedes mehr ist vom Übel.«[77]

Göring führt seinen Geburtstagsgästen seine Modelleisenbahn vor, 12. Januar 1943.

Während die deutschen Städte von den alliierten Bomberverbänden in Schutt und Asche gelegt wurden, kümmerte sich in Carinhall immer noch der Luftwaffenbaustab um das Baugeschehen.[78] In Berlin blieb es bis 1943 vergleichsweise ruhig. Den ersten Bombenangriff hatte es zwar schon im August 1940 gegeben, aber trotz vieler Fliegeralarme herrschten bis dahin noch friedensähnliche Verhältnisse. Das änderte sich im November 1943, als die fünf Monate dauernde Luftschlacht um Berlin begann.[79] Zwar wurde Carinhall niemals angegriffen, aber auch in der Schorfheide fielen Bomben, wiewohl kaum gezielt. Berichtet wurde, dass auf einige Waldteile der Schorfheide Brandbomben abgeworfen wurden, die aber nicht immer zündeten.

Der Sonderzug Görings in Frankreich, 1940.

Am 12. Januar 1945, ging nach fünfstündigem Artilleriefeuer die 1. Ukrainische Front unter Marschall Iwan Konew an der Weichsel zum Großangriff über. Am darauffolgenden Tag erfolgte der Angriff der 1. Weißrussischen Front unter Marschall Georgi Schukow. Die Rominter Heide wurde von sowjetischen Truppen überrollt. Innerhalb weniger Tage drangen die »Fronten« Konews und Schukows weit in Richtung Westen vor und erreichten an verschiedenen Stellen die Oder. Doch ein weiteres Vorstoßen der sowjetischen Verbände erwies sich ohne gesicherten Nachschub als militärisch riskant. Die »Fronten« wurden bis zum März 1945 an der Oder-Neiße-Linie zum Stehen gebracht und neu formiert. Über mehrere Wochen hinweg liefen die Vorbereitungen für den »Sturm auf Berlin«, der am 16. April 1945 mit dem Durchbruch an der Oderfront begann.[80]

Während an der Weichsel die sowjetische Großoffensive begann, feierte Göring am 12. Januar wie gewohnt seinen Geburtstag in Carinhall. An diesem Tag versammelte sich die NS-Prominenz ein letztes Mal in der Schorfheide: »Nach dem Gratulationsparcours seit dem frühen Morgen und der Besichtigung der Geschenke ging es am Abend zum Festtagsessen unter dem Titel ›Würstchen mit Kartoffelsalat‹. Für das Mahl hatte Göring ›100 Flaschen französischen Champagner, 180 Flaschen besten Rot- und Weißwein, 85 Flaschen französischen Kognak, 50 Flaschen ausländischen Likörs, 5000 Zigarren bester, ausländischer Qualität und 4000 Zigaretten‹ herbeischaffen lassen. Carinhall war bis in die frühen Morgenstunden hell erleuchtet.«[81] Bei dieser Gelegenheit präsentierte Göring seine Pläne für ein »Hermann-Göring-Museum« in Carinhall, das zu seinem 60. Geburtstag, am 12. Januar 1953, eröffnet werden sollte. Ein Gebäudeanalage mit gigantischen Ausmaßen: Göring hatte die Absicht, die Unmengen an Kunstgegenständen, die er geschenkt bekommen, gekauft und zusammengeraubt hatte, der Öffentlichkeit zugänglich zu machen. An der Südseite von Carinhall sollte hierfür ein über 320 Meter langes und bis zu 65 Meter breites Gebäude entstehen. Die Vorbereitungsarbeiten waren schon angelaufen. Als Zufahrt wurde eine zehn Meter breite Allee angelegt. Am Eingang baute man 1942 zwei Torhäuser und 1943 auch Gebäude für die Wachmannschaften. Geplant waren zudem ein Bahnanschluss und eine Umgehungsstraße zur Autobahn.[82]

Aufgrund der sowjetischen Winteroffensive ordnete Göring am 30. Januar 1945 die Evakuierung seiner Frau und seiner Tochter sowie von Teilen seines persönlichen Stabs in sein Haus am bayrischen Obersalzberg an. Im Februar 1945 liefen in Carinhall die Vorbereitungen für die Verlagerung der Kunstsammlung. Mehrere Sonderzüge verließen die Schorfheide. Der erste Transport fuhr am 23. Februar, der letzte Sonderzug ging am 15. April 1945 ab. Von den nach Berchtesgaden geleiteten Zügen ist bekannt, dass diese zum Teil von der einheimischen Bevölkerung, den Amerikanern und den am 4. Mai 1945 in die Region einmarschierenden französischen Truppen geplündert wurden.[83]

Die Legende von den in der Schorfheide vergrabenen Kunstschätzen speist sich wohl aus einer Bemerkung Görings bei einem Verhör durch die Amerikaner, bei dem er über den Verbleib der schweren Kunstschätze aus Carinhall bemerkte: »Übrigens mit den Sachen zusammen haben wir auch einige gute Weine dort vergraben. Wo das Zeug vergraben ist, sind die Russen. (...) Ich hoffe, daß wenn die Russen weg sind, ich es ihnen zeigen kann.«[84]

Göring verließ Carinhall am 20. April, gratulierte Hitler zu dessen 56. Geburtstag in der Reichskanzlei und setzte sich in den Morgenstunden des 21. April in den Süden zu seiner Familie ab. Kurz vor seinem endgültigen Verlassen des Waldhofs soll Göring noch in der Schorfheide gejagt und vier Wisente abgeschossen haben. Am 23. April 1945 versuchte er telegrafisch, die »Gesamtführung des Reiches mit voller Handlungsfreiheit nach innen und außen« zu übernehmen. Daraufhin wurde auf Anordnung Hitlers Göring aller seiner Ämter enthoben und seine Verhaftung angeordnet. Am Abend des 23. April stellte ein SS-Kommando den »Hochverräter unter Hausarrest«. Der deutsche Rundfunk meldete am 25. April Görings Rücktritt wegen einer »schweren Herzerkrankung«. Das Gelände des Waldhofs Carinhall wurde am 28. April 1945 zuerst von einem berittenen sowjetischen Spähtrupp erreicht. Daraufhin kam es am späten Vormittag zur Sprengung des Waldhofs mit über 80 Fliegerbomben. Am 9. Mai 1945 stellte sich Göring den Amerikanern und kam auf die Anklagebank in Nürnberg. Seinem Todesurteil entzog er sich am 15. Oktober 1946 durch die Einnahme einer Giftkapsel.[85]

Blick auf die Zufahrt von Carinhall mit dem teilweise erhaltenen Hauptportal um 1949.

Besucher in der dritten deutschen Jagdausstellung im Museum für Naturkunde in Berlin, 1925.

NEUE ZEIT UND ALTER GEIST
Jagd in der Weimarer Republik

Mit der Abdankung von Wilhelm II. als Kaiser am 9. November und als König von Preußen am 28. November 1918 hatte Preußen keinen Ministerpräsidenten mehr. Denn der noch als Reichskanzler fungierende Max Prinz von Baden (1867–1929)[1] hatte dieses Amt nicht übernommen. Robert Friedberg[2], der Vizepräsident des Preußischen Staatsministeriums, sollte die Lücke schließen und die Amtsgeschäfte übernehmen. Doch die schnellläufige Zeit der Revolution machte dies unmöglich und für einige Wochen übte ein Vollzugsrat die Macht aus.

In dieser nicht nur politisch unruhigen Zeit breitete sich im gesamten Deutschen Reich teilweise Anarchie aus und selbst das alte Preußen war politisch führungslos geworden. All das machte sich auch im deutschen Jagdwesen bemerkbar. Entsprechend negativ fällt das Urteil des Jagdhistorikers Andreas Gautschi über diese Zeit aus: »Die Weimarer Republik zeigte sich außer Stande, die erforderliche Reform des Jagdwesens einzuleiten.«[3]

Dabei wiesen die Verantwortlichen des Jagdwesens wiederholt auf bestehende Missstände hin. Das Präsidium des Allgemeinen Deutschen Jagdschutzvereins (ADJV) machte in einer Eingabe vom 10. April 1919 auf das ausufernde Wildererunwesen und den extremen Rückgang der Wildbestände, vor allem beim Elch- und Rotwild, aufmerksam. Die Abgeordneten Neumann und Weissermel stellten daraufhin im Landtag eine kleine Anfrage: »Weiß die Staatsregierung, daß in den Staats-, Kommunal-, und Privatforsten der Wildfrevel einen Umfang angenommen hat, der bis zur Vernichtung des Wildstandes an einzelnen Orten zu geben droht, und (...), daß durch Wilddiebe, die vielfach in bandenstärke in den Forsten auftreten, schon eine erhebliche Anzahl pflichttreuer Forstbeamter meuchlings erschossen worden sind?« Der damalige Landwirtschaftsminister Otto Braun räumte im Namen der Staatsregierung am 26. Mai 1919 ein, dass die Wilderei »seit der Zeit der Demobilisation für den Wildstand in häufig bedrohlicher Weise zugenommen haben und daß sie, (...) die Jagdschutzbeamten angriffen und aus dem Hinterhalt erschießen«.[4] Nach Angaben des Jagdschutzvereins sollen allein im ersten Quartal 1918 sechs und im Juli vier weitere Jagdschutzbeamte erschossen worden sein. Braun teilte weiter mit, dass die Regierung zur Unterstützung der Forstbeamten Militärabordnungen abgestellt und außerdem in den betroffenen Regionen die Förster mit Militärgewehren ausgerüstet habe.

Aus der Oberförsterei Colbitz in der Letzlinger Heide berichtete der spätere Oberforstmeister Bredemeier: »1920 wurde ich Oberförster (...). Die einst so starken Wildbestände des alten Hofjagdreviers waren verschwunden, das Revier war wildleer. 1919 sollen an einem Sonntag 156 Wilddiebsschüsse gezählt worden sein! Wir führten unsere Büchsen in den ersten Jahren nur zum Schutz des Wildes.«[5]

In den Wäldern, vor allem rund um die großen Metropolen, flammte die Wilderei verstärkt auf. Ähnlich wie vormals die kaiserlichen Hofjagden durchzogen

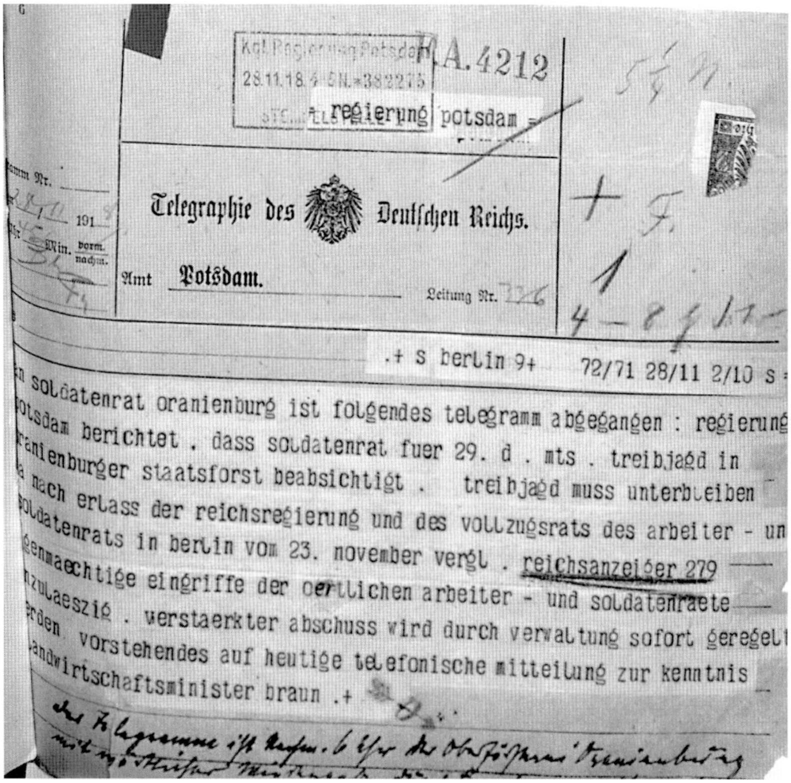

Telegramm von Landwirtschaftsminister Otto Braun an die Oberförsterei Oranienburg, 18. November 1918.

Gruppen von ehemaligen Soldaten den Wald, trieben das Wild zusammen, um es, entgegen jeglicher Waidgerechtigkeit, zusammenzuschießen.

Dieser Zustand dauerte fast ein Jahr lang an. Der erste preußische Ministerpräsident nach dem Krieg, der Sozialdemokrat Paul Hirsch, hatte nicht die Kraft und die Ausdauer, diesem Übel entgegenzutreten. Nach seinem Rücktritt übernahm am 29. März 1920 Otto Braun das oberste Amt in Preußen, führte jedoch gleichzeitig das ihm am Herzen liegende Landwirtschaftsministerium noch ein Jahr weiter. Damit blieb er zunächst auch der Chef der Jagd- und Forstwirtschaft. Allein schon dank seiner Autorität konnte er sich in der Jägerschaft durchsetzen.

Zu der wuchernden Wilderei schrieb Braun in seinen Erinnerungen: »Mit dieser ›Schweinerei‹ habe ich natürlich aufgeräumt, bin selbst nicht davor zurückgeschreckt, den Arbeiter- und Soldatenräten mit Waffengewalt entgegen zu treten, als sie in den Novembertagen 1918 ähnliche Jagden, angeblich im Interesse der Volksernährung, abhalten wollten.«[6]

Otto Braun machte sich mit dieser Haltung freilich nicht nur Freunde. Er sorgte jedoch auf diese Weise dafür, dass das Rotwild und – in der Provinz Ostpreußen – das Elchwild vor der Ausrottung bewahrt wurden.

Umstritten war selbst in den Kreisen der höheren Forstbeamten seine Reform der Jagdausübung durch die Oberförster, die bisher das alleinige Jagdrecht in ihren Revieren ausüben konnten. Sie hatten das Recht, das erlegte Wild, nach Abzug des Schussgeldes, zu ihrem eigenen Nutzen zu verwerten. Braun erweiterte das Jagdrecht für den jeweiligen Revierförster auf zwei Drittel, sodass nur noch ein Drittel bei den Oberförstern und den sonstigen Forstverwaltungsbeamten verblieb. Darüber hinaus musste erstmals der Erlös des erlegten Wildes der Staatskasse zugeführt werden. Während dies dem schwachen Staatshaushalt Mehreinnahmen bescherte und die Revierförster die Maßnahme durchweg begrüßten, sahen die Oberförster darin eine Beschneidung ihrer angestammten Rechte. Immerhin beendete Braun damit ein altes »Herrenrecht«, das den Oberförster über den das Wild hegenden Förster gestellt hatte.

Genauso konsequent wehrte sich Otto Braun gegen »die heftigen Angriffe jener z. T. durch Kriegsgewinne neureich gewordenen Auchjäger (...), die als ein Gebot liberaler Staatswirtschaft die öffentliche Verpachtung der Jagd in den Staatsforsten forderten«.[7] Das hätte zwar kurzzeitig dringend benötigte Mehreinnahmen gebracht, aber Braun sah voraus, dass dies auf lange Sicht eine jagdliche Verwüstung der Reviere bedeutet hätte. Für seinen Einsatz erhielt er im Jahr 1930 vom Vorsitzenden des Deutschen Jagdschutzvereins (DJV), Alfons Prinz von Isenburg, die goldene Ehrenplakette überreicht.[8]

EIN PASSIONIERTER JÄGER: OTTO BRAUN

Otto Braun in seinem Arbeitszimmer noch als Minister für Landwirtschaft, Forsten und Domänen.

Nachdem er am 12. November 1918 das Amt des preußischen Ministers für Landwirtschaft, Forsten und Domänen übernommen hatte, lernte Braun die Schorfheide, zu der er vorher gar keine Beziehung gehabt hatte, kennen und lieben. In dieser Zeit entwickelte sich seine Jagdleidenschaft, die ihn von da an nicht mehr losließ. Der 90-jährige Gustav Tigör erzählte 1981 in einem Interview, wie Braun zur Jagd gekommen war: »Braun war kein Jäger, wir machten ihn dazu, zogen in der Schorfheide einen Papphirsch über die Schneise. Braun mußte schießen. Er schoß, Braun traf und Braun wurde ein passionierter Jäger. Er hat unser Elchwild in Ostpreußen gerettet. Wir Jäger haben ihm vieles zu verdanken. Ehre seinem Gedenken.«[9] Ambitioniert besuchte Braun das kaiserliche Jagdhaus Hubertusstock und nutzte es gern zu Erholungszwecken, obwohl es rechtlich noch dem königlichen Haus Preußen gehörte. Erst nach 1926 fiel es an den Staat Preußen und unterstand fortan dem preußischen Ministerpräsidenten. Das Jagdhaus stand allen Kabinettsmitgliedern offen, genutzt wurde es aber hauptsächlich von Braun und dem seit 1925 als Landwirtschaftsminister fungierenden Heinrich Steiger (1862–1943)[10].

Der Aufenthalt in der freien Natur war für Braun pures Glück. Der gebürtige Ostpreuße liebte die Jagd mit einer fast religiösen Inbrunst.[11] In seinen Erinnerungen schrieb er dazu, sie »entrückte mich jeweilen den Widerwärtigkeiten, die einen republikanischen Minister jener Zeit reichlich umgaben«.[12] Dabei erlebte Braun während seiner Aufenthalte in der Schorfheide genau jene Verquickung von Jagd und Macht, wie sie seit Jahrhunderten praktiziert wurde. So traf er sich zwischen Weihnachten und Neujahr 1928 hier mit dem bayrischen Ministerpräsidenten Heinrich Held (1868–1938)[13] und die beiden diskutierten die prekäre finanzielle Situation beider Länder, ohne allerdings eine gemeinsame Haltung gegenüber der Reichsregierung finden zu können.[14] Dazwischen unternahm Braun mit seinem Hund stundenlange Pirschgänge, um zu entspannen.

Seit 1925 kam auch Steiger, der dem Zentrum angehörte und das Amt des Landwirtschaftsministers bis zum Antritt der Nationalsozialisten innehatte, regelmäßig nach Hubertusstock. Wahrscheinlich entstand hier im Gespräch der beiden der Gedanke, die preußische Tier- und Pflanzenschutzverordnung vom 30. Mai 1921 zu erweitern. In der Liste der darin aufgeführten geschützten Tierarten fehlte das schon damals gefährdete Elchwild. Durch eine ministerielle Ergänzung vom 1. Oktober 1925 wurde der Elch in den Schutzkatalog aufgenommen. Das Recht, Ausnahmegenehmigungen für den Abschuss zu erteilen, wurde darin dem Oberpräsidenten der Provinz Ostpreußen übertragen. Der erließ am 18. Oktober die »Polizeiverordnung zum Schutz und Pflege sowie Jagd auf Elchwild

Links: Zeitungsbericht über ein 1931 geplantes Treffen auf Hubertusstock, das nicht stattfand.

Rechts: Zeitungsartikel über die Duldung von Kroninsignien im Jagdschloss Hubertusstock durch Otto Braun um 1931.

Alte Königsbilder werden fortgeräumt . . .

In dem kleinen Schlößchen Hubertusstock, das Friedrich Wilhelm IV. inmitten der Schorfheide erbauen ließ und das später hauptsächlich den preußischen Prinzen die Flitterwochen verschönern sollte, herrscht Hochbetrieb. Die Gattin des ansässigen Revierförsters, die hohen Besuch gewohnt ist, weil sie dem preußischen Ministerpräsidenten Braun über's Wochenende das Jagdessen kochen darf, läßt den kleinen, im Schweizer Stil erbauten Holzbau von oben bis unten umkrempeln, aus Berlin werden auf einem Lastwagen eine Anzahl Möbelstücke herbeigeschafft, alles wird auf Weekend umgebaut, um den Aufenthalt für die englischen Gäste, die in vierzehn Tagen kommen, gemütlicher zu machen.

Kurios ist es, daß in dem Schlößchen immer noch ein paar alte Königsbilder und Geweihe mit Kroninsignien gehangen haben . . . Der preußische Ministerpräsident, sonst ein scharfer Hohenzollernverächter, hat, froh, sich von der Politik irgendwo ausruhen zu können, diese ziemlich im Dunkeln hängenden Gemälde einfach übersehen. Erst jetzt sind sie von einer strengen Inspektion gesichtet und zurückgezogen worden.

in Ostpreußen«. Übernommen wurde der Schutz des Elchwildes auch in die am 16. Dezember 1929 erlassene Verordnung zum Schutz von Tier- und Pflanzenarten in Preußen.[15] Die von den Jagdverbänden 1928 vorbereitete Gesetzesänderung zum Jagdrecht blieb dagegen in den nicht endenden Diskussionen der im Landtag vertretenen politischen Fraktionen und ihren verschiedenen Interessen stecken.

Wie prominenten Jägern vor und nach ihm wurden auch Braun vor jeder Brunft die Brunftplätze von starken Hirschen gemeldet, zusammen mit den Angaben über ihre Geweihenden. Wenn er sich im Jagdschloss Hubertusstock aufhielt, wurden die Informationen telefonisch direkt dorthin übermittelt.[16] Es soll vorgekommen sein, dass der passionierte Jäger Braun während einer Kabinettssitzung im Berliner Staatsministerium einen Telefonanruf aus der Schorfheide bekam mit der Mitteilung: »Die Sauen sind fest!« Daraufhin habe Braun die Ministersitzung unterbrochen, um unverzüglich nach Hubertusstock zur Jagd zu fahren.[17]

Für seine Jagdleidenschaft wurde Braun auch kritisiert oder sogar angefeindet. In einer Berliner Wochenzeitung hieß es etwa unter der Überschrift »Otto der Schütz«: »Während der Londoner Konferenz hat wohl kein Deutscher daran gezweifelt, daß unsere Minister (…) an der ›Strippe‹ gesessen hätten. (…) Um so erstaunter war ich, als der preussische Ministerpräsident Braun Zeit fand zu einer Sonntagspirsch (…) in der Schorfheide. (…) Jagdruhm ist für die Herren leicht zu haben, da die Tiere, die unter der kaiserlichen Regierung geschont und gepflegt wurden, noch heute vertrauensselig an die neuerstandene Jagdvilla des Herrn Ebert nahe herankommen.«[18]

Als sich 1931 der Premierminister des vereinigten englischen Königreiches Ramsay MacDonald (1866–1937)[19], sein Außenminister Arthur Henderson (1863–

1935)[20] und Reichskanzler Heinrich Brüning (1885–1970)[21] in Berlin trafen, war auch ein Treffen mit Braun im Jagdhaus Hubertusstock vorgesehen. Die Presse titelte sogleich: »Deutsches Chequers am Werbellinsee!« Und weiter: »MacDonald und Heinrich Brüning werden sich in Otto Brauns Jagdhaus unterhalten.« Oder: »Es ist ein Tagesausflug nach dem Jagdgut des preußischen Ministerpräsidenten Braun am Werbellinsee vorgesehen.«[22] Offenbar waren die Zeitungen damit dem Zeitgeschehen etwas zu weit voraus, denn das Treffen fand dann gar nicht in Hubertusstock statt.

Wenn die Presse Braun stichelnd und herablassend als »Jagdminister« bezeichnete, wenn behauptet wurde, dass er 160 Tage im Jahr auf Jagd sei und dabei alles niederknalle, was ihm vor seine Jagdflinte komme, verstand Braun keinen Spaß mehr und es hagelte Beleidigungsklagen. Selbst seine Parteifreunde machten ihm gelegentlich das Leben schwer, da sie ein Problem damit hatten, dass ein Sozialdemokrat wie einst der Kaiser mit der Jagdflinte unterwegs war.[23] Braun resümierte später: »Alle diese Schwätzereien konnten mir die Liebe zum Wald und zur Jagd nicht rauben. Denn die Jagd, nicht aufgefaßt als öde Schießerei, sondern als innigen Naturgenuß, bot mir die einzige Erholung, die ich mir gönnte.« Manche Jagdeinladung sagte er aus Zeitmangel ab und stellte fest: »Wenn draußen im Walde die Hirschbrunft im besten Zuge war, ging in Berlin die politische Brunft los.«[24]

Wie viel Wild Otto Braun in seiner 14-jährigen Amtszeit als Minister und später Ministerpräsident erlegte, ist nicht lückenlos dokumentiert und daher schwer festzustellen. Als bekannt wurde, dass er drei Elche in Ostpreußen zur Strecke gebracht hatte, schrieb er dazu: »Aber das hat auch schon genügt, die hämische Missgunst meiner politischen Widersacher auszulösen.«[25] Später geriet Braun im schweizerischen

Links: Waldbild aus der Zeit von Otto Braun, Schulzekreuz mit Naturkreuz rechts.

Rechts: Ein von Otto Braun in Pait gestreckter Elch.

Links: Otto Braun mit einem erlegten Rothirsch in der Schorfheide.

Rechts: Verwachsene alte Eiche in der Schorfheide.

Exil in finanzielle Schwierigkeiten, da Göring ihm die Auszahlung seiner Dienstansprüche verweigerte, und er sah sich deshalb 1937 gezwungen, seine Jagdtrophäen zu veräußern. Aus der erhaltenen Verkaufsaufstellung geht hervor, dass Braun unter anderem einen Elchschaufler von 20 Enden (15 Kilogramm schwer), einen Elchschaufler von 16 Enden (14 Kilogramm), einen Rothirsch von 22 Enden (neun Kilogramm) sowie zwei Rothirsche von je 18 Enden (sieben und acht Kilogramm) erbeutet hatte. Darüber hinaus wurden 16 Rothirsche, zwölf Damhirsche, 33 Rehgehörne, ein Auerhahn, eine Eule und ein Fischreiher angeboten.[26]

Jagdgefährten, mit denen Braun öfter unterwegs war,[27] waren der preußische Finanzminister und Bankier Hugo Simon (1880–1950)[28] sowie der sozialdemokratische Reichstagsabgeordnete Kurt Heinig[29]. Aber er traf auf seinen einsamen Pirschgängen und stillen Ansitzen auch Waldarbeiter und Forstbeamte und erfuhr dabei von ihren Sorgen und Nöten. Der große Wurf, ein völlig neues Jagdgesetz für Preußen in Kraft zu setzen, blieb Braun versagt, obwohl ihm der damalige Geschäftsführer des ADJV Ulrich Scherping schon einen ersten Entwurf auf den Tisch legen konnte. 1930 trat er selbst dem Verein bei, doch auf Druck des neuen preußischen Ministerpräsidenten Hermann Göring löschte der Landesvorstand des Vereins im April 1933 die Mitgliedschaft ohne Angabe von Gründen.[30]

In einem Brief, den Braun 1953 an den Sohn des ehemaligen Revierförsters Johannes Sieber von Eichheide in der Schorfheide schrieb, resümierte er: »Gern hätte ich noch in meinen Erinnerungen aus der Schorfheide gekramt, aber ich habe niemand, dem ich diktieren kann (…).« Sieber hatte Braun im Revier Eichheide, vermutlich im Herbst 1931, auf seinen letzten Hirsch geführt.[31] Sein Herz für die Jagd, den Wald, die Natur »und seine Fürsorge für die Heide und ihre Forst-

Zwei von Otto Braun gestreckte Rothirsche in der Schorfheide.

beamten bleiben unvergessen«, meinte Förster Ernst Schmidt später.[32]

Nach 1945 suchten einige der damaligen Schorfheider Revierverwalter Kontakt zu Braun und berichteten in ihren Briefen über den fast totalen Verfall der Heide. So schrieb ihm der ehemalige Oberförster Knebusch 1949: »Von unserer alten schönen Heide kann ich Ihnen nichts Erfreuliches berichten, nur, daß sie forstlich gesehen als Trümmerhaufen und jagdlich als restlos vernichtet zu bezeichnen ist. Außer Schwarzwild und einigen ganz vereinzelten Stücken Rot- bezw. Damwild ist sie ausgestorben.«[33] Sehr zutreffend schrieb Hans Sieber 1953 an den hochbetagten Otto Braun: »Unsere herrliche alte Schorfheide, in der Sie so oft Entspannung und Jagdfreude gesucht haben, und deren Schützer Sie waren, ist ihrer grössten Schönheiten beraubt; ihre wunderbaren, einzigartigen Wildbestände sind fast restlos vernichtet.«[34]

JÄGER: MINISTER HEINRICH STEIGER

Als Staatsminister Heinrich Steiger 1925 das Ministerium für Land- und Forstwirtschaft übernahm, war er noch kein leidenschaftlicher Jäger. Dass sich dies bald änderte, zeigte sich wie erwähnt daran, dass auf sein Geheiß hin schon am 1. Oktober 1925 die Polizeiverordnung ergänzt und das Elchwild in den Schutzkatalog der Tier- und Pflanzenschutzverordnung aufgenommen wurden. Unter Steigers Amtsführung wurde die Verordnung am 16. Dezember 1929 noch einmal ergänzt und enthielt nun endlich im § 4 das Verbot des Schrot- und Postenschusses (gehaktes Blei) auf Rot-, Dam- und Rehwild.

Seit dieser Zeit kam Steiger regelmäßig in die Schorfheide, wo er im alten kaiserlichen Jagdschloss Hubertusstock übernachtete und von dort aus zur Pirsch ins Revier fuhr. Geführt wurde er dabei entweder durch

Die alte Kaiserbuche im Revier Altenhof.

den Förster Friedrich Lindner oder den Hegemeister Ernst Scholz.

Alljährlich nahm er hier die schon zur Tradition gewordene »Stangenparade« ab. Alle Revierförster der Schorfheide trafen sich im Frühjahr mit den von ihnen gefundenen Abwurfstangen, werteten sie aus und legten fest, welche Hirsche geschont und welche für Gäste reserviert werden sollten. Dabei waren die einzelnen Förster in der Lage, sich die Geweihform einiger Hirsche so einzuprägen, dass sie noch Jahre später die jeweiligen Abwurfstangen einem bestimmten Hirsch zuordnen konnten.

Nach wie vor wurde das Wild in den Wintermonaten, die damals deutlich kälter waren als heute, zusätzlich gefüttert. Dabei entwickelte vor allem das Rotwild eine inzwischen unbekannte Zutraulichkeit. Wenn Hegemeister Scholz mit dem Pferdewagen ins Revier Hubertusstock fuhr und mit einer Schaufel an den Wagen klopfte, dauerte es nicht lange und das Rotwild erschien in heute unvorstellbarer Stückzahl.

Zur Jagd fuhr man damals noch mit dem Pferdewagen, von dem aus teilweise auch geschossen wurde. In der Schorfheide streckte Steiger am 27. September 1928 seinen ersten Rothirsch von ungeraden 14 Enden, auf den ihn Förster Linder geführt hatte. Als Minister stand ihm aber auch die Rominter Heide in Ostpreußen zur Jagdausübung zu Verfügung. Als er dort im Herbst 1929 drei Tage lang von einer Oberförsterei zur nächsten fuhr, hatte er jedoch kein Jagdglück. In seinen Erinnerungen heißt es dazu: »Am Nachmittag in die dritte Oberförsterei Szitkehmen. Der Oberförster hat in seinem Zimmer Geweihe, wie ich sie niemals mir denken konnte, – Riesen. Er ist fest überzeugt, daß ich zum Schuss komme, mindestens auf einen Vierzehnender. Aber er kommt nicht. Zuletzt steht ein Zwölfer auf der Wiese, aber aus Rominten mit einem Zwölfer nach Hause: nein!« Dem damaligen Mythos, dass in der Rominter Heide Deutschlands stärkstes Rotwild stehen würde, erlag auch Steiger und reiste enttäuscht nach Berlin zurück. Dort wurde ihm aus dem Schorfheider Revier Reiersdorf ein Rothirsch von 14 Enden gemeldet, den er jedoch, noch verstimmt nach dem Misserfolg in Rominten, ziehen ließ.[35]

Mit Beginn der Brunftzeit im September zog es Steiger, wie alle seine Vorgänger, hinaus zur Jagd. Am 11. und 12. September 1929 hielt er sich in der ostpreußischen Oberförsterei Tawelningken auf, um im großen Moosbruch auf die Elchjagd zu gehen. Vom Jagdhaus Pait aus ging es am 13. kurz nach drei Uhr in der Früh auf die Kanzel. »Auf einmal schiebt sich vor mir aus dem Graben durch die Weiden, welche längs des Grabens als Elchnahrung gepflanzt sind, der graue Kopf des Elches mit dem schwarzen Hals – ein gewaltiger Eindruck.« Nach seinem Schuss lag auf der Strecke ein starker Schaufler von 14 Enden.

In seinen Erinnerungen schrieb Steiger 1930, als er sich wieder zur Brunft in der Schorfheide aufhielt: »Am Donnerstagmittag fahre ich zur Rothirschpirsch nach

Stangenschau mit dem Oberförster von Grimnitz Dr. Hausendorff auf Hubertusstock.

V. l. Marie-Louise Steiger, Minister Dr. Heinrich Steiger und Hegemeister Scholz beim Füttern, Pfingsten 1931.

Links: Heinrich Steiger mit seinem am 27. September 1928 in der Schorfheide erlegten ersten Rothirsch.

Rechts: Der Sohn von Dr. Hausendorff mit einem Zehnender-Rothirsch.

Hubertusstock, und zwar in die Oberförsterei Reiersdorf. (…) Es soll ein Sechzehner festgestellt worden sein. Die Brunft aber noch kaum im Gange. Wir pirschen lange und sehen ihn von ferne. Am 20. morgens um 4 Uhr wieder in das Revier. Kein Hirsch zu sehen. Am Nachmittag weitergepirscht. Wir sehen nur einen Zwölfer, den ich aber nicht schießen will.«

Es kam auch vor, dass Braun und Steiger im selben Revier gemeinsam zur Jagd verweilten. Steiger schilderte eine Begegnung, nachdem er im Oktober 1930 einen Damhirsch erlegt hatte: »(…) ich bleibe bei dem toten Schaufler stehen, sehe in einiger Entfernung einen Einspänner und erkenne sofort den Ministerpräsidenten mit seiner Gattin. Ich gehe ihm entgegen, um ihn zu begrüßen.«[36] Braun hatte aus einiger Entfernung beobachtet, wie sich Steiger bemühte, an den Hirsch heranzupirschen, und sprach ihm sein Waidmannsheil aus.

Als Steiger am 14. September 1931 erneut auf einen Elch in Ostpreußen waidwerkte, ahnte er noch nicht, was für ein Ärger sich daraus für ihn entwickeln würde. Am 17. Juni 1932 teilte der Oberstaatsanwalt in Tilsit dem Generalstaatsanwalt mit, dass Heinrich Steiger am 26. Mai nach einem rechtskräftigen Strafbefehl des Amtsgerichts Kaukehmen wegen einer Übertretung der Tier- und Pflanzenschutzverordnung zu einer Geldstrafe von 100 RM verurteilt worden war. Der Missetäter soll diese bereits am 6. Juni beglichen haben.[37]

Was war geschehen? Am 12. und 13. September hatte sich der Landwirtschaftsminister mit dem Landforstmeister Gustav Borggreve in der Försterei Kastaunen der Oberförsterei Tawellningken in Ostpreußen aufgehalten, wo er auf die Elchjagd gehen wollte. Am Abend des 13. September wurde ihm gemeldet, dass sich ein für die Fortpflanzung ungeeigneter Zehnen-

Links: Heinrich Steiger am Damhirsch, erlegt am 8. Oktober 1929.

Rechts: Ein von Heinrich Steiger am 8. August 1930 erlegter Rothirsch.

der im Revier Pait aufhalte. Daraufhin begaben sich Steiger, Borggreve und der zuständige Revierförster am Morgen des folgenden Tages in die Revierförsterei Pait auf eine Jagdkanzel. Dort, im trüben Morgenlicht, erschien der vermeintliche, vom Revierförster bestätigte Elch am Rande einer Dickung. Doch der Elch zog sich wieder in diese zurück, ohne sich erneut sehen zu lassen. Daraufhin drückte der zuständige Oberförster Bruno Orlowski mit einer Treiberwehr die Dickung durch und ein Elch kam flüchtig heraus und zog an der Jagdkanzel von Steiger vorbei. Ohne lange zu zögern, schoss dieser sofort und traf den Elch tödlich.

Als der Schütze mit seiner Begleitung an den Elch herantrat, stellte der Revierförster fest, dass dort nicht der von ihm bestätigte Zehnender, sondern ein ungerader Vierzehnender lag, den Steiger nicht hätte erlegen dürfen. Der Fehlabschuss stand bereits am 26. September in der »Ostpreußischen Zeitung« unter der Überschrift: »Das ist des Jägers Ehrenschild«. Darin wurde behauptet, Steiger habe die Polizeiverordnung des ostpreußischen Oberpräsidenten vom 18. Oktober 1925 überschritten. Daraufhin bat Steiger den Generalstaatsanwalt darum, den Vorgang zu untersuchen.[38]

Seine Kritiker waren erbost darüber, dass der Minister wegen des schneereichen Winters 1930/31 und der damit verbundenen hohen Verluste unter dem Elchwild ein Erlegungsverbot für Schaufler ausgesprochen und nun selbst einen starken Schaufel-Elch gestreckt hatte.[39] Landforstmeister Borggreve gab später zu Protokoll: »Wir waren durch die lange schmale Vorderschaufel und die langen unteren Enden getäuscht worden. Daß ein Auswählen der Enden nicht möglich war, als der Elch flüchtig aus der Deckung kam, darf ich besonders hervorheben (…). So trifft die Schuld an dem Versehen nicht den Herrn Minister, sondern uns, die wir ihn geführt haben.«

Der junge Hirsch »Fritz«, 1930.

Es war nur eine Frage der Zeit, bis der Vorfall den preußischen Landtag erreichte, wo der Abgeordnete Kenkel von der Deutschnationalen Volkspartei in einer Kleinen Anfrage wissen wollte: »Ist der Dr. Dr. Heinrich Steiger (...) schon in Strafe genommen worden?« Daraufhin teilte Steiger mit, dass die gesetzlichen Vorschriften zum Schutze des Elchwildes eingehalten würden und der Generalstaatsanwalt um Prüfung gebeten worden sei: »Es erübrigt sich hiernach, auf die völlig entstellende und unrichtige Sachdarstellung der kleinen Anfrage einzugehen.«[40]

Dennoch nahm der »Völkische Beobachter«[41] die Anfrage unverzüglich auf und sorgte dafür, dass der Fall im ganzen Reich diskutiert wurde. Die »Berliner Morgenpost« argumentierte sogar: »Aber ganz allgemein sei gesagt, daß zwar früher unter der Monarchie Jagdvergnügen der Minister gewissermaßen ein Teil ihres Amtes war. Die Minister der Republik täten gut, wenn sie auch auf diesem Gebiet gegen früher einen Bruch vollziehen würden.«[42]

Letztendlich zahlte Steiger die 100 RM Strafe, um die unliebsame Angelegenheit aus der Welt zu schaffen, jedoch ohne sich einer Schuld bewusst gewesen zu sein. Die Jagdzeitung »Wild und Hund« machte in einem Artikel den wohl eher ironisch gemeinten Vorschlag, »daß dem Herrn Landwirtschaftsminister eine Buße von 100 Mark auferlegt sei – für einen Schaufler, wie ihn der hohe Herr widerrechtlich geschossen hat, eine recht geringe Buße (...). Wir dürfen wohl annehmen, daß der Herr Minister aus Freude über diesen Schaufler der Forstwitwen- und Waisenkasse mindestens 1000 Mark stiftet!«[43] Was Steiger nicht tat.

Zum Verhängnis wurden Steiger die Auslegungen der Polizeiverordnung von 1925 und 1929 sowie die Bekanntmachung des Oberpräsidenten vom 15. August 1931, in der unter anderem die Genehmigung und der Abschuss in drei Zonen geregelt war. Darin wurde auch der noch heute gültige Grundsatz festgehalten: »Bei der Jagd auf geschütztes Wild, für die nur bestimmt bezeichnete Tiere zum Abschuß freigegeben sind, muß von jedem Jäger verlangt werden, daß er erst dann schießt, wenn er sich volle Gewißheit verschafft hat.« Und genau das hatte er offensichtlich versäumt. Im Mai 1932 teilte der Justizminister mit, dass er eine weitere Strafverfolgung durch den Landtag nicht genehmigt habe. Alleiniger Grund war, dass Steiger dem neuen Landtag nicht mehr angehörte und deshalb an einer weiteren Verfolgung kein öffentliches Interesse bestand.[44]

Noch überzeugt, im Recht gehandelt zu haben, reiste Steiger 14 Tage nach der Elcherlegung in die Rominter Heide, um dort auf Rotwild zu jagen, denn dort wurde ihm ein starker Sechzehnender-Rothirsch gemeldet. »Wir kamen auch an den Schirm, sahen auf einer Höhe einige Stücke Mutterwild, dann den Hirsch. Die Enden hat keiner von uns gezählt, so rasch wurde die Sache erledigt. Nachher sahen wir, daß es ein starker Sechzehnender war mit guter Krone.«[45]

Am gleichen Tag führte ihn sein Begleiter auf die »Paschawiese«, wo einst Kaiser Wilhelm II. einen Hirsch gleichen Namens geschossen hatte und sich regelmäßig ein Hirsch von ebenfalls 16 Enden zeigen sollte. »Endlich war ich schußbereit an einer Kiefer, sah von dem Hirsch nur das Schulterblatt, hatte eingestochen, – aber nun hatte uns der Hirsch geäugt und war von dannen.«

Erst am folgenden Nachmittag gelang es dem begleitenden Oberförster Lange, Steiger erneut an den Hirsch zu führen. »Es war schon dunkel geworden, und wir konnten den Recken nicht leicht finden. Es war wirklich der Hirsch vom Vormittag. Ein starker Sechzehnender! So hatte ich reichlich Weidmannsglück.«[46]

Ein zu damaliger Zeit wesentliches Verdienst erwarb sich Steiger bei der Erhaltung des Wisents. Ihm ist es zu verdanken, dass im Saupark Springe bei Hannover ein Areal geschaffen werden konnte, in dem mit der umstrittenen Wisent-Verdrängungszucht in Deutschland begonnen wurde. Hierzu wurden reinblütige Wisente mit dem artverwandten Bison gekreuzt und der weibliche Nachwuchs wiederum mit einem reinblütigen Wisent gepaart. Nach damaliger Auffassung sollte spätestens in der siebten bis achten Generation der Bisonanteil weitestgehend verdrängt sein. Dazu kam am 12. November 1928 der Wisentbulle »Iwan« aus dem Berliner Zoo nach Springe, der jedoch 1939 von Hermann Göring erschossen wurde.[47]

Auch wenn man Minister Steiger durchaus eine Jagdpassion zuerkennen kann, ist er nicht von einer Freude am puren Erlegen freizusprechen. Anders als Braun suchte er nach dem stärksten Bock oder dem stärksten Geweih und wollte bei der Endenzahl eines Rothirsches nicht hinter seinen Vorgängern zurückstehen. Keine zwei Jahre später folgte Göring seinen Spuren und avancierte zum größten Nimrod des 20. Jahrhunderts.

Links: V.r.: Minister Heinrich Steiger, Oberförster Orlowski und Oberforstmeister Borggreve an einem Vierzehnender-Elch.

Rechts: Unbekanntes Mädchen an einem von Heinrich Steiger am 8. August erlegten Rothirsch, 1931.

Links: Rothirsch in der Schorfheide.

Rechts: Rotwildrudel im Bast.

Zwei bedeutende Verdienste sind der Regierung Braun mit Minister Steiger in jagdlicher Hinsicht zuzuschreiben: die Verordnung zum Schutz von Tier- und Pflanzenarten in Preußen vom 16. Dezember 1929[48] und die Verordnung über das Naturschutzgesetz Schorfheide von 1930. An beiden hatten die Jäger Braun und Steiger einen bedeutenden Anteil. Im August 1930 wurde ein Entwurf für Letzteres vorgelegt, in dem es hieß: »Der ständig wachsende Ausflugsverkehr in die Schorfheide und das vielfach rücksichtslose oder verständnislose Verhalten eines großen Teiles des Publikums (...) lassen es geboten erscheinen, für dieses einzigartige, große zusammenhängende märkische Waldgebiet in der Nähe Berlins besondere Schutzbestimmungen [zu] treffen.«[49]

Konkret sah das Gesetz vor, bestimmte Wege für jeglichen öffentlichen Verkehr zu sperren, andererseits besonders schöne Waldpunkte für Besucher freizugeben. So sollte – auf den Wunsch Brauns hin – die Verbindungsstraße von Joachimsthal nach Groß Schönebeck im Interesse des Wildschutzes gesperrt werden. Dagegen drängte Reichspräsident Hindenburg auf die Sperrung der Seerandstraße entlang der Westseite des Werbellinsee. An der Straße lag das Reichspräsidentenhaus und Hindenburg fühlte sich durch den Verkehr gestört.

Außerdem sollten Boote an der Westseite des Werbellinsees nur noch an genehmigten Stellen anlegen dürfen. Protest dagegen stellte sich erwartungsgemäß ein und fand in den Zeitschriften »Die Naturfreunde« und »Der Wanderer« seinen Niederschlag.[50]

Nachdem die Regierung Braun im Juli 1932 entmachtet worden war, wurde das Ressort Forsten von Staatssekretär Fritz Mussehl bis zum 30. Oktober 1932 verwaltet. Dieser lud alsbald seinen Nachfolger, den für Landwirtschaft und Forsten eingesetzten, Reichs-

Links: Der älteste Wisentmischling im Saupark Springe aus der Nachzucht vor 1931.

Rechts: Wisentbulle Iwan im Saupark Springe, 1931.

Unten: Eine Bisonkuh mit Mischlingskalb im Saupark Springe, im Juni 1931.

minister für Ernährung und Landwirtschaft, Magnus Freiherr von Braun (1878–1972)[51], in die Schorfheide zur Jagd ein.[52] Die jagdlichen Nachfolger erkundeten schon das neue Terrain. Und sie nahmen es sehr genau: Göring verfolgte noch Jahre später Steiger mit seinem jagdlichen Neid, um ihm unwaidmännisches Verhalten bei der Erlegung von Trophäenträgern nachzuweisen. Am 11. Juli 1934 wies er die Forstämter an, alle Abschüsse des früheren Ministers zu prüfen und mitzuteilen, wo sich die Trophäen befanden. Der 1. Generalforstmeister Walter von Keudell (1884–1973)[53] verlangte deshalb, »die in den dortigen Revieren von dem ehemaligen Landwirtschaftsminister Steiger erbeuteten Geweihe usw. mit dem Auftrage, mir binnen 4 Wochen zu berichten, unter welchen Umständen jagdlicher und hegerischer Art das betreffende Stück Wild erlegt wurde; in zahlreichen Fällen ist eine besonderes unwaidmännische und hegerisch unzulässige

Reichspräsident Friedrich Ebert am erlegten Hirsch.

Erlegung festgestellt worden. Die übersandten Stücke sind sorgfältig aufzubewahren; weitere Anweisung folgt.«

Forstamtsleiter Graf Kresenbrock meldete, dass Steiger in der ehemaligen Oberförsterei Reiersdorf folgende Stücke erlegt habe: 1929 im Revier Vietmannsdorf und Ringofen zwei Rothirsche, 1930 im Revier Ringofen einen Rehbock, 1931 im Revier Dusterlake und Wucker zwei Rehböcke, 1932 im Revier Dusterlake einen Rehbock, sein letztes Stück Wild in der Schorfheide. Graf Kresenbrock kam nicht umhin zu bestätigen, dass sämtliche Stücke waidmännisch erlegt waren, und merkte an: »Ein Zukunftshirsch war nicht darunter.«[54]

Ebenso konnte der Leiter des Forstamtes Chorin melden, dass der durch Steiger 1932 erlegt Rehbock vier bis fünf Jahre alt gewesen sei und alle waidmännischen Grundsätze eingehalten worden waren.[55]

WENIG SINN FÜR DIE JAGD: REICHSPRÄSIDENT FRIEDRICH EBERT

Nachdem Ebert 1919 zum Reichspräsidenten gewählt worden war, suchte das Reichsschatzministerium in der Nähe von Berlin eine Gegend, »in der der Herr Reichspräsident über den Sonntag Erholung finden könnte«. Die Wahl fiel auf den »Alten Kalkofen« an der Westseite des Werbellinsees, eine malerisch in den See ragende kleine Landspitze. Nach einer Besichtigung stimmte Ebert der Wahl zu und das Reich sollte das Grundstück 1922 für eine RM pro Quadratmeter vom Land Preußen kaufen. 1923 – mitten in der Inflationszeit – mussten für die 6,6 Hektar 18.615 Millionen Mark und ein Jahr später, nach Einführung der Rentenmark, noch einmal 127,81 Mark gezahlt werden. Nach Beendigung der Nutzung durch den Reichspräsidenten sollte

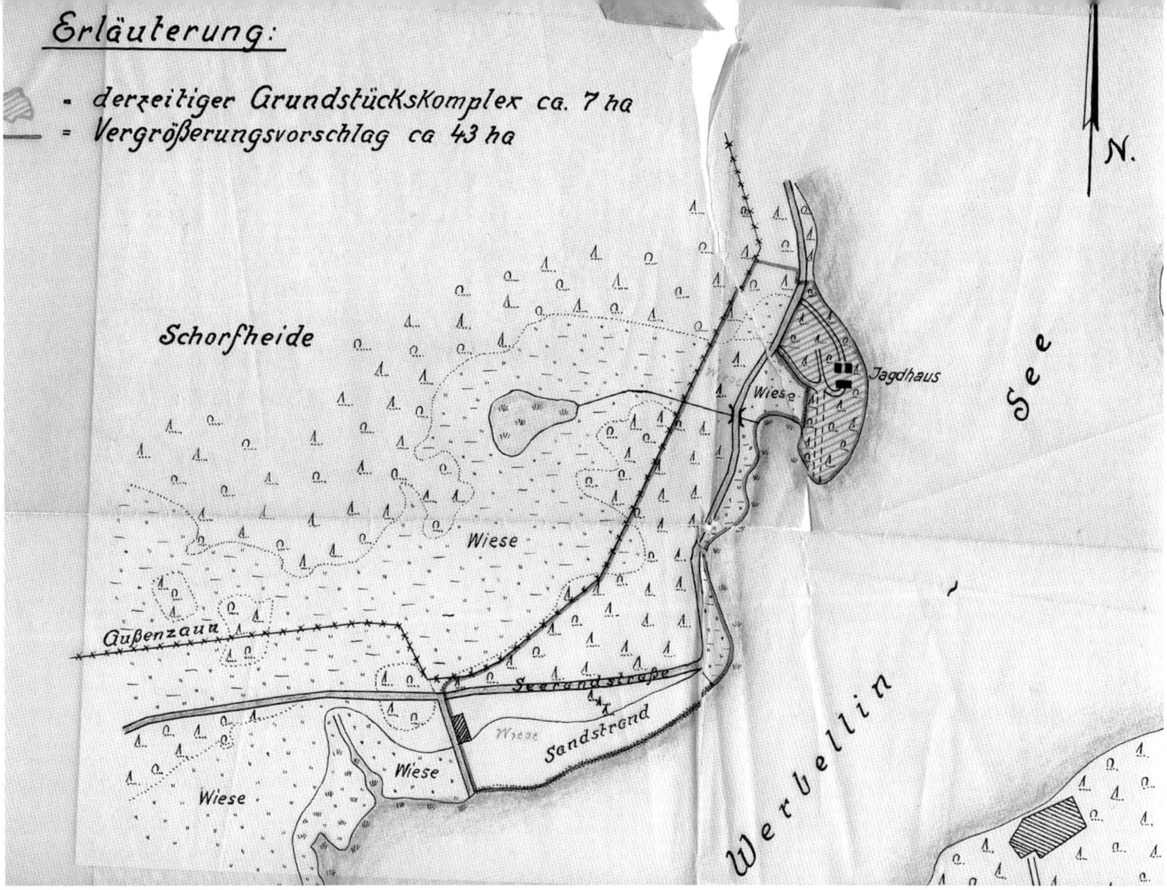

Zeichnung mit der geplanten Vergrößerung um das Jagdhaus des Reichspräsidenten.

Typisches Schorfheider Waldbild um Hubertusstock, gemalt von Karl Wagner[56].

Lageplan für das Reichspräsidentenhaus am Werbellinsee, 1922.

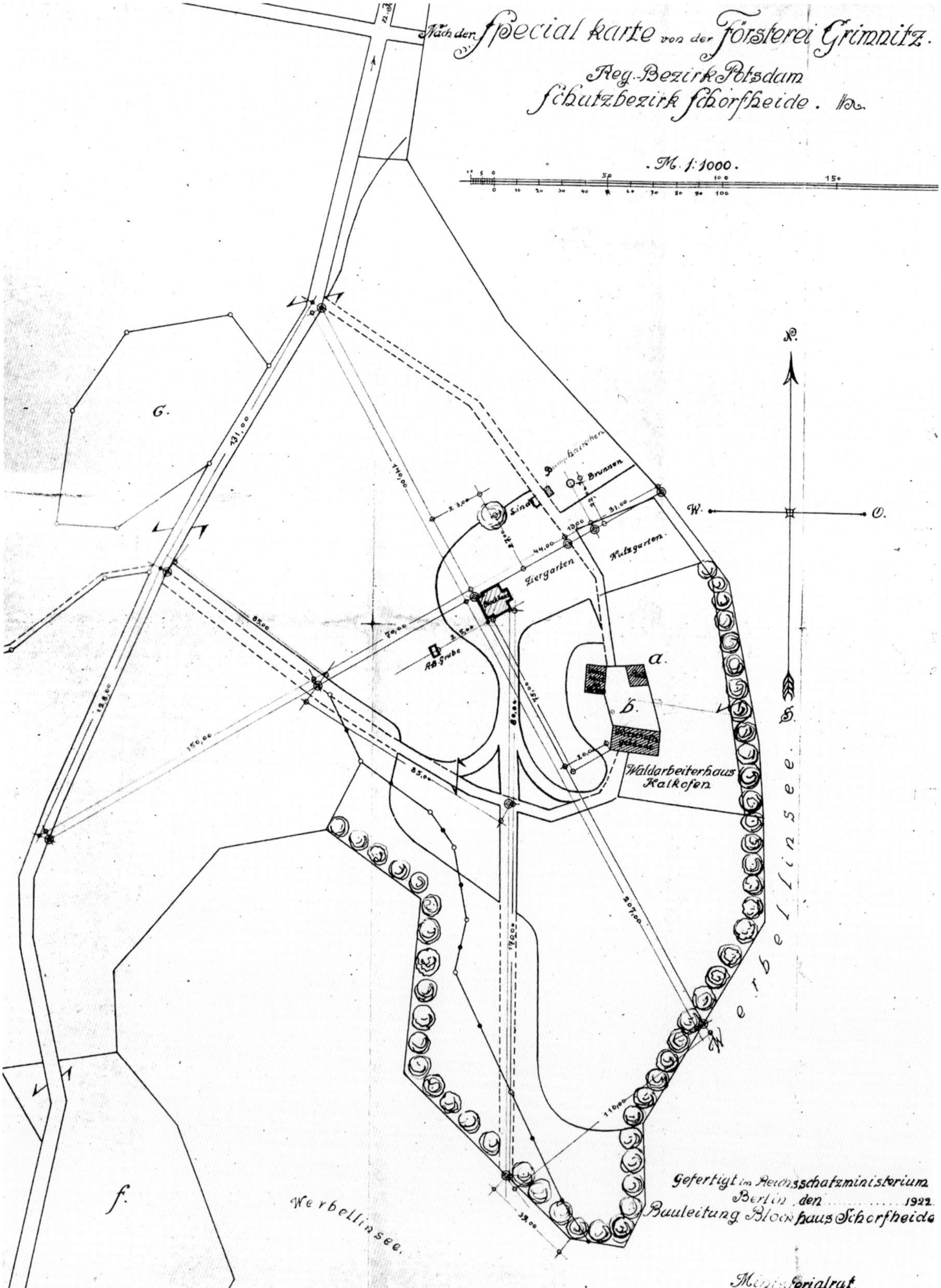

das Areal dem Staat Preußen zurückgegeben werden,[57] doch dazu kam es nie.

Auf dem Grundstück entstand 1923 ein bescheidenes, der Landschaft angepasstes Haus im Blockhausstil. Genau genommen wurde ein gebrauchtes, 1913 in der Nähe von Fürstenwalde entstandenes Haus angekauft. In der Zeit der Inflation ein kostspieliges Unterfangen: Es wurde für 600.000 RM[58] abgebaut, mit einem Keller versehen (drei Millionen RM) und zusammen mit einigen Ergänzungen wieder aufgestellt (sieben Millionen RM). Die Gesamtkosten wurden auf 55 Millionen RM geschätzt. Ursprünglich hatte das Haus einmal 24.000 RM gekostet.[59]

Ebert konnte das Haus gerade mal ein gutes Jahr nutzen, da er infolge einer nicht auskurierten Blindarmentzündung im Februar 1925 starb. Über seine Jagdausübung ist wenig bekannt geworden. Wenn er dort weilte, nutzte er die Möglichkeit zur Jagd, ohne dafür jemals eine Passion zu entwickeln.

Aus den Erinnerungen des späteren Revierförsters Schmidt ist eine Anekdote zu Ebert überliefert, die seine schlichte und angenehme Persönlichkeit zeigt. Als sich der Reichspräsident einmal bei einem Pirschgang verlief und zur spätsommerlichen Heuernte auf eine Wiese kam, erlebte er Folgendes: »Da waren (...) Frau Hegemeister Thieme, mehrere Frauen und einige Gespanne beim Heumachen auf den Schorfheidewiesen, [die zur Försterei Kaiserhorst gehörte d. A.] als ein kleiner gedrungener Herr in Zivil, die Büchse auf der Schulter gemächlich quer über die Wiesen ging und dabei das gerade luftig hochgerechte Heu wieder festtrat. Empört begann Frau Thieme zu schelten, ob er denn nicht sähe, dass man beim Heuen sei und was er überhaupt auf der Wiese zu suchen habe. Bescheiden zog der Herr seinen Hut, brachte einige Entschuldigungsworte hervor, um anschliessend die Wiese zu verlassen. Eine Viertelstunde später erkundigte sich Hegemeister Scholz aufgeregt, ob man nicht den Herrn Reichspräsidenten gesehen habe, der wegen eines Pirschganges sich von ihm getrennt habe. Nein, entgegnete Frau Thieme, ›(...) hier hat nur so ein kleiner Mann in meiner Wiese rumgetrampelt, aber den habe ich gleich hinausbefördert.‹ Auch das noch, stöhnte der Hegemeister, das war doch der Herr Reichspräsident.«[60]

REICHSPRÄSIDENT PAUL VON HINDENBURG IN DER SCHORFHEIDE

Mit dem Tod von Reichspräsident Ebert und der Wahl von Generalfeldmarschall Paul von Hindenburg zu seinem Nachfolger geriet die Schorfheide erneut in den Blickpunkt des jagdlichen und politischen Interesses. Mit dem neuen Reichspräsidenten kam ein passionierter Jäger in die Schorfheide, bei dem nicht wenige Forstbeamte hofften, mit ihm lasse sich an die Zeiten des kaiserlichen Hofjagdamtes anknüpfen.

Braun fiel es nicht leicht, den – in seiner Funktion als Ministerpräsident üblichen – Pflichtbesuch bei Hindenburg nach dessen Amtsantritt zu machen. Zu groß waren die politischen Gegensätze zwischen beiden. Überrascht war er, als sich das Gespräch auf die Jagd verlagerte, denn beide Politiker waren begeisterte Jäger. Braun erwähnte dabei, »daß der ostpreußische Elchbestand sich dank der Bemühungen der preußischen Forstverwaltung seit dem Krieg verdoppelt habe; Hindenburg, der seit jeher ein leidenschaftlicher Elchjäger gewesen war, horchte auf und verwickelte Braun in ein lebhaftes Jagdgespräch (...).« Seit diesem Treffen entspannte sich das Verhältnis zwischen dem Sozialdemokraten Braun und dem konservativen Monarchisten Hindenburg. Dieser sagte nach dem Gespräch zu seinen Mitarbeitern: »Wie man doch manchmal über einen Menschen falsch unterrichtet wird. Meine Freunde in Hannover hatten mir gesagt, der Otto Braun sei ein fanatischer Hetzer. Jetzt sehe ich, daß er ein ganz vernünftiger Mensch ist, mit dem man über alles sprechen kann.«[61]

Aus dieser Begegnung entstanden später die haltlosesten Gerüchte und Vermutungen. So hieß es, die

Links: Ein von Paul von Hindenburg erlegter Hirsch am Großen Pinnowsee 1931.

Rechts: Der Hirsch »Direktor«, der im Herbst 1930 von Hindenburg erlegt wurde.

beiden würden nächtliche Zechgelage in der Schorfheide abhalten und dabei nicht nur jagdliche Erlebnisse austauschen, sondern auch politische Entwicklungen diskutieren und Entscheidungen absprechen. Die Unterstellungen gipfelten in der Behauptung: »Wer von Hindenburg etwas will, geht am besten vorher zu Otto Braun.«

Tatsächlich soll es solche Treffen gegeben haben. Scherpings Stellvertreter im ADJV, Gustav Tigör, behauptete 1981 in einem Interview, in dem es um die Erhaltung des Elchwildbestandes in den 1920er Jahren in Ostpreußen ging: »Hindenburg ließ eines Tages den preußischen Ministerpräsidenten kommen, trank mit ihm eine Pulle Schampus und gab Braun den Auftrag, unser Elchwild zu retten.«[62]

Braun selbst entkräftete diese Behauptungen später, indem er schrieb: »Man hat später viel über mein Verhältnis zu Hindenburg fabuliert, das sogar freundschaftlich genannt wurde, was nicht nur auf unsere Verbundenheit als Ostpreußen, sondern auf gemeinsamen Jagderlebnissen beruhen sollte. Nichts von dem entsprach den Wahrheiten, viel zu unterschiedlich waren die charakterlichen Eigenschaften und politischen Auffassungen.«[63]

Als Jäger bat Hindenburg den preußischen Ministerpräsidenten, nicht nur auf ein bis zwei Revieren die Jagd ausüben zu dürfen, sondern im gesamten Gebiet der Schorfheide. Braun entsprach diesem Wunsch wohlwollend. Im Juni 1925 verfügte der zuständige Minister Steiger, dass Hindenburg in den Oberförstereien Grumsin und Grimnitz als Jagdgast die Jagd ausüben könne. Steiger schrieb: »Es ist mir eine besondere Freude, Seine Exzellenz als Jagdgast der Staatsforstverwaltung begrüßen zu dürfen.« Und er ließ seine Forstbeamten wissen: »Seine Exzellenz der Herr Reichspräsident von Hindenburg wird hiermit ermächtigt,

Hindenburg trifft zur Jagd ein und wird von Hegemeister Scholz und seinen Töchtern begrüßt. Dabei werden ihm seine letzten Trophäen präsentiert.

das Gebiet der staatlichen Oberförstereien Grumsin und Grimnitz außerhalb der öffentlichen Wege zur Jagd ausgerüstet zu begehen und daselbst die Jagd im Rahmen der Jagdausübungsvorschriften für die Preußischen Staatsforsten auszuüben sowie einzelne Gäste in seiner Begleitung an dieser Jagdausübung teilnehmen zu lassen.« Diese Ermächtigung ging auf das gute Verhältnis mit Braun zurück. Das hatte zur Folge, dass in dem amtlichen Verkehr zwischen den beiden Jägern ein »wärmerer, mehr persönlicher Unterton landsmannschaftlicher und weidmännischer Verbundenheit mitklang«.[64]

Hindenburg nutzte diese Gelegenheit gern, wenn er sich in Berlin aufhielt. Zumal ihm das Blockhaus am Werbellinsee als Reichspräsidentenhaus zur Nutzung zustand. Für 1926 sind zwei Abschüsse von jagdbaren Rothirschen durch Hindenburg in Grimnitz bekannt.[65] Als weiterer Jagdgast wurde auch sein Sohn, Major von Hindenburg erwähnt, der ihn als Adjutant unterstützte und einen Rothirsch streckte.

Darüber hinaus wurde den Forstbedienten zur Pflicht gemacht, ihren Vorgesetzten zu berichten, wenn der Reichspräsident, der Ministerpräsident oder der Minister für Landwirtschaft zur Jagd kamen und Fragen oder Hinweise zu jagd- oder forstwirtschaftlichen Belangen hatten oder abgaben. 1931 stellte der Oberlandforstmeister Door in einem Schreiben an Oberforstmeister Röhrig fest: »Die genannten Herren melden sich wohl nur in den allerseltensten Fällen bei ihnen an, in den meisten Fällen wohl bei den Oberförstern und sehr oft auch unmittelbar bei den Förstern (…).«[66] Er ging davon aus, dass bei den gemeinschaftlichen Pirschfahrten nicht nur jagdliche Fragen besprochen würden, sondern auch forstwirtschaftliche Angelegenheiten. Die Förster sollten in solchen Fällen, unmittelbar nach Beendigung des Jagdbesuches, den

Revierförster Lindner beim Füttern im Revier Hubertusstock.

zuständigen Oberförster telefonisch über das Gespräch unterrichten. In der Vergangenheit war es vorgekommen, dass zum Beispiel der Minister den begleitenden Förster über Angelegenheiten informierte, von denen seine Ministerialforstbeamten noch gar keine Kenntnis hatten. Damit setzten sich jene alten Traditionen enger Beziehungen zwischen hohen Jagdgästen und Förstern aus der Kaiserzeit fort, wo es zu ähnlichen Gegebenheiten gekommen war.

Revierförster Lindner berichtete über Hindenburg: »Recht gemütlich war es immer, wenn der alte Herr Jagdglück hatte, dann saßen wir meist noch lange zusammen. In seinem gastfreien Jagdhaus bewirtete er uns so gern.«[67] Und dabei wurde nicht nur über die Jagd gesprochen.

1930 erhielt Hindenburg die Berechtigung, im Revier Hubertusstock vier Rothirsche zu strecken, von denen er drei selbst schoss und zwei seinen Jagdgästen überließ.[68] Dass dieser Mehrabschuss kein mathematischer Fehler, sondern eine Übertretung der Vorgaben bedeutete, wurde offenbar nicht so genau genommen.

Nach dem sogenannten Preußenschlag von 1932 wurde viel darüber diskutiert, warum die preußische Sozialdemokratie sich so völlig kampflos die Macht aus den Händen nehmen ließ. Preußen war seit dem Ende der Monarchie sozialdemokratisch, teilweise in Koalitionen regiert worden, was den konservativen Kräften in der Reichsregierung und dem Aufblühen der Nationalsozialisten zusehends missfiel. Denn, so die damals gängige Meinung, wer Preußen kontrollierte, beherrschte auch das Reich.

Obwohl Hindenburg – jagdlich – Braun nahestand, konnte er es wohl nie überwinden, dass die Sozialdemokratie der letzte Sargnagel für seine geliebte Monarchie gewesen war. 1932 verweigerte Reichskanzler Franz von Papen (1879–1969)[69] dem Land Preußen

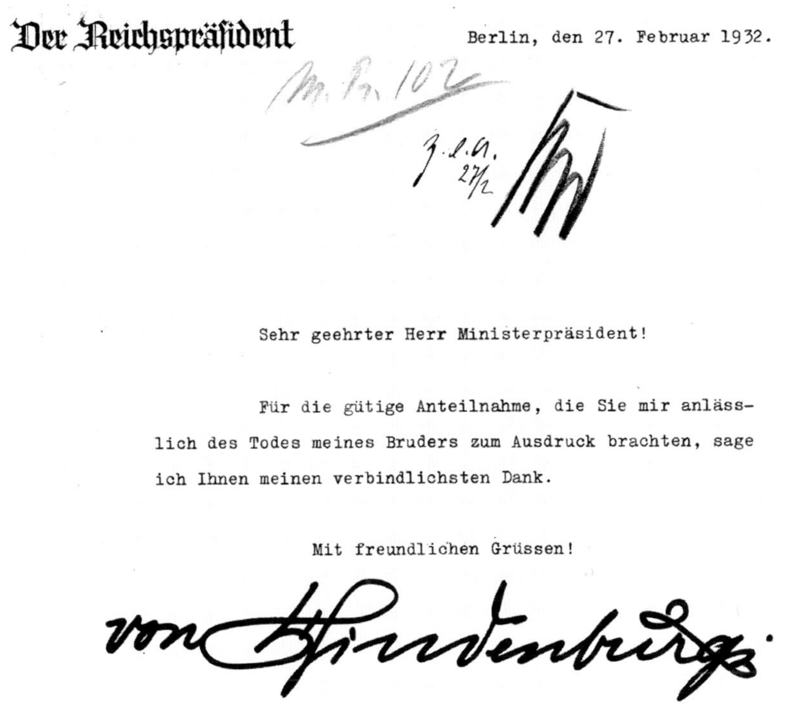

Der Reichspräsident Berlin, den 27. Februar 1932.

Sehr geehrter Herr Ministerpräsident!

Für die gütige Anteilnahme, die Sie mir anlässlich des Todes meines Bruders zum Ausdruck brachten, sage ich Ihnen meinen verbindlichsten Dank.

Mit freundlichen Grüssen!

von Hindenburg

Links: Der am 28. September 1928 vom Reichspräsidenten erlegte ung. Achtzehnender mit dem Jagdhund Wotan.

Rechts: Letztes Dankschreiben des Reichspräsidenten Hindenburg an den Ministerpräsidenten Braun für die Anteilnahme am Tod seines Bruders.

bewusst eine finanzielle Unterstützung, die den angespannten preußischen Haushalt hätte absichern sollen. Zusätzlich wurde aus den Unruhen in Altona am 17. Juli, bei denen es zu gewalttätigen Ausschreitungen zwischen kommunistischen Demonstranten und der Polizei kam, ein Aufstand der Kommunisten konstruiert. Daraufhin erließ Hindenburg am 20. Juli zwei Notverordnungen, in denen es unter anderem hieß, die Reichsregierung habe festgestellt, dass Preußen die »Planmäßigkeit und Zielbewußtheit der Führung gegen die kommunistische Bewegung fehlen«.[70] Er setzte Papen zum Reichskommissar für Preußen ein und entmachtete damit die Regierung unter Otto Braun. Das Ende des demokratischen Preußen war besiegelt.

In einem Gespräch diskutierten Harry Graf Kessler (1868–1937)[71], der ehemalige Finanzminister Otto Klepper (1888–1957)[72] und der Schriftsteller Heinrich Mann (1871–1950)[73] kurze Zeit später die Frage, warum es so wenig Widerstand gegeben hatte. Die Antwort der drei Intellektuellen klingt etwas überheblich, trifft aber möglicherweise den Kern. Klepper soll zu dem Schluss gekommen sein, das Verhalten des sozialdemokratischen Innenministers von Preußen Carl Severing (1875–1952)[74] »sei nur dadurch zu erklären, daß er ein ›kleiner Mann‹, ein ›Proletarier‹ sei, der doch noch immer einen Heidenrespekt vor den ›Herren‹ habe und um Gotteswillen nichts tun wolle, was Konventionen der Herrenkaste verletzte«. Heinrich Mann unterstützte Kleppers Auffassung und ergänzte: »Die Sozis seien an der Verachtung des Geistes gescheitert; die Zurückdrängung der Intellektuellen und die Vorherrschaft der Gewerkschaften habe sich gerächt; um Widerstand zu leisten, hätte Severing der Intellekt gefehlt.«[75]

Als Otto Braun 1940 im Schweizer Exil der »Pariser Tageszeitung« in einem Interview eines seiner Jagderlebnisse erzählte, sah sein Gesprächspartner, der fran-

Das Reichspräsidentenhaus am Werbellinsee von der Seeseite, 2005.

Noch erhaltener Bunker im Garten des Reichspräsidentenhauses, 2005.

nach dem Krieg geeignete »Wohn- und Wirtschaftsgebäude zu errichten« habe.[83] Lammers behielt fast die gesamte vorhandene Inneneinrichtung und nutzte dabei auch Gegenstände aus der Reichskanzlei, darunter einen Teppich aus Persien. Die im Haus befindlichen Jagdtrophäen – zehn Rothirsche, vier Schaufler vom Damhirsch und 20 Rehbockgehörne – übernahm er ebenso vom Vorbesitzer.[84]

DAS PREUSSISCHE JAGDGESETZ IM WANDEL

In Zeiten, als das Wild noch so zahlreich war, dass die Jägerschaft mehr oder weniger wahllos in den Bestand eingreifen konnte, regelte der jeweilige Gesetzgeber die Jagdausübung über das Jagdpolizeigesetz. Ein einheitliches und umfassendes Jagdgesetz gab es bis zum Ende des ersten Weltkriegs nicht. In ganz Europa suchte man vergebens nach einer landeseinheitlichen Regelung für den Schutz und die Hege des Wildes. Der Begriff der »Hege des Wildes mit der Büchse«, was nichts anderes bedeutet, als zuerst das schwache und junge Wild zu strecken, hatte sich in der Jägerschaft noch nicht durchgesetzt. Diese These propagierte erstmals der Altmeister der Jagd Ferdinand von Raesfeld (1855–1929)[85] in der Zeit der untergehenden deutschen Monarchie. Bis dahin wurde ein begehrter Trophäenträger selten so alt, dass er sein genetisches Potenzial voll entwickeln konnte – die Kugel, meist die des Nachbarn, war stets schneller.

Wild wurde in den 1920er Jahren von Teilen der Jägerschaft als eine Art Spielmasse angesehen, die ohne Rücksicht auf Alter, Vorkommen und Nutzen einer Kreatur gewinnbringend verwertet werden konnte. Nur ein totes Stück Wild bringt Geld, schont den Wald und die Feldfrüchte – so eine damals gängige Auffassung.

Als Mitte der 1920er Jahre viele kleinere Jagdreviere fast leergeschossen waren, regte sich in Preußen jedoch Widerstand gegen das bisherige Gebaren. Der Schuss mit Bleischrot auf Schalenwild war damals üblich und das Federwild stand völlig ohne Schutz da. Der Begriff »Abschussplan« war ein Fremdwort. Nur in den Revieren des Großgrundbesitzes und des preußischen Staates konnte sich das Hochwild noch halten. Preußen war unter der Regierung Braun mit der Jagdnutzungsvorschrift vom 9. April 1921 Vorreiter auf dem Weg zu einer einheitlichen Regulierung. Erstmals wurden eine jagdliche Befähigung bei der Pachtung vorausgesetzt und das Legen von Gift und eine bestimmte Art von Fangeisen verboten. Die Vorschrift verlangte zudem die Erstellung von Abschussplänen für Rot-, Dam- und Rehwild sowie weitere Wildarten. Andere Bundesstaaten folgten mit teilweise ähnlich lautenden Regelungen.[86]

In dieser Zeit entbrannte ein Streit um das Mitspracherecht von jagdlichen Vereinigungen bei der Ausarbeitung von gesetzlichen Vorschriften. In den 1920er Jahren existierten neben zahlreichen kleineren Vereinen zwei große: Der Deutschen Jagdkammer (DJK), die 1922 aus dem Verein Deutscher Jäger (VDJ) hervorging, gehörten neben Forst-, Jäger-, Jagdschutz- und Jagdhundezüchterverbänden auch Vertreter der Jagdwaffen- und der Munitionsindustrie sowie die Büchsenmacher und der Wildhandel an. Die Jagdkammer verstand sich daher als die Spitzenorganisation der gesamten deutschen Jagdvereine und erhob den Anspruch, als einzige Institution Vorarbeiten zu Gesetzesentwürfen vorlegen zu dürfen.[87] Daneben existierte als zweite große Vereinigung der Allgemeine Deutsche Jagdschutzverein (ADJV), der sich als konservativ verstand und in der Folge immer wieder mit der Jagdkammer in Konflikt geriet.

Die DJK kritisierte, dass bei Verhandlungen im Landtag die wirtschaftlichen Interessen stets mehr zählten als die Waidgerechtigkeit. Sie selbst strebte dagegen nach einer Zusammenarbeit zwischen Grundeigentümern, öffentlichen Einrichtungen, Jagdpächtern und Revierinhabern. In einer Sitzung vom 2. Mai

1925 drängte sie darauf, die Jagdsteuer zu reduzieren, wilde Kaninchen zu den jagdbaren Tieren zu zählen sowie den Jagdvorsteher durch einen Jagdvorstand zu ersetzen, damit die Interessen der Jagdgenossen bei Verpachtungen gewahrt blieben. Außerdem forderte die DJK, Jagdscheine zukünftig mit einem Lichtbild zu versehen, um Missbrauch durch die Weitergabe an Dritte zu unterbinden. Auch eine allgemeine Jägerprüfung sollte eingeführt werden, verbunden mit einer Eignungsprüfung durch die Polizeibehörden und dem Nachweis einer Haftpflichtversicherung. Es sollten einheitliche Schonzeiten festgesetzt und die Eigenjagdbezirke auf mindestens 125 Hektar vergrößert werden. Nicht zuletzt gehörten zu den Zielen der Jagdkammer die Einführung einer Schonzeit für Schwarzwild, die Festschreibung des Kugelschusses auf alles Hochwild sowie ein Verbot der Jagd mithilfe künstlicher Lichtquellen, der Lappjagd auf Rotwild und der Errichtung von jagdlichen Einrichtungen an den Reviergrenzen.

Der Vertreter des Wildhändlerverbandes warnte dagegen vor einer Verlängerung der Schonzeiten, da die Verbraucher eine regelmäßige Versorgung mit Wildbret verlangten. Würden zum Beispiel in Preußen die Schonzeiten verlängert, müsste eine Einfuhr von außerhalb erfolgen, da sonst der Wilddieberei Vorschub geleistet würde. Er forderte eine Vereinheitlichung der Schuss- und Schonzeiten mit anderen Bundesländern, um diese Schwierigkeiten zu beheben.[88]

In den Ländern Hannover und Hessen galt das Rotwild damals immer noch als Schadwild und unterlag keiner Schonzeit. Ebenso war der Schrotschuss auf Rehwild durchaus üblich und selbst der Fangschuss mit Schrot beim Rot- und Elchwild war erlaubt. Umso verständlicher war daher die Forderung des Jagdschutzvereins des Kreises Templin, die Erlegung und den Fangschuss mit der Kugel vorzuschreiben.

Diskussionen wurden ebenso darüber geführt, ob man den Wildhändler zur Rechenschaft ziehen könne, wenn er Wild mit erkennbarem Schrotschuss feststellen würde, und ob er zu Anzeige verpflichtet sei. Der Deutsche Jagdclub Berlin wiederholte seine Bedenken, den Abschuss von Ricken auf Treibjagden zu verbieten, solange nicht der Abschuss von Rotwild auf Lappjagden untersagt sei.

In einer künftigen preußischen Jagdordnung sollte auch das Anlegen von Einsprüngen und Saufängen für Schwarzwild untersagt werden. Der Grund dafür war, dass in kleineren Jagdgebieten dadurch den Jagdausübungsberechtigten Schaden entstehen würde, wenn angrenzende Eigenjagdbezirke das Wild für sich wegfangen würden und sie trotzdem für den angerichteten Wildschaden aufkommen müssten. Andererseits würden kleinere, eingegatterte Jagdbezirke Rot- und Damwild durch Einsprünge aus größeren Nachbarforsten wegfangen. Deshalb sollte das Anlegen von Einsprüngen erst ab einer Gatterreviergröße von 1.000 Hektar zugelassen werden. Doch die meisten Forderungen scheiterten an der Argumentation der Regierung, man verfüge für die Umsetzung nicht über hinreichende Mittel, und an der starken wirtschaftlichen Lobby im Landtag, die jegliche Schonung der Wildbestände verhindern wollte.

Im Juni 1925 wurden alle Vorschläge zusammengefasst vorgetragen und eine Änderung der Jagdordnung gefordert. Dabei wurde besonders auf das Zusammenwirken mit den Verbänden in Sachsen, Thüringen und Braunschweig hingewiesen, um Grundsätze der Waidgerechtigkeit in allen Jagdgesetzen einheitlich durchsetzen zu können. Besonders hervorgehoben wurden dabei die Bemühungen der sächsischen Jagdkammer bei der Abfassung des neuen Jagdgesetzes in Sachsen, das für Preußen als beispielgebend angesehen werden sollte.[89]

Zwischen den beiden größten Jagdverbänden entwickelte sich nach 1924 zunehmend Streit. Die Jagdkammer beanspruchte eine Zeit lang das alleinige Vertretungsrecht der Jäger gegenüber der preußischen Hauptlandwirtschaftskammer, die unter anderem in allen jagdlichen Fragen das zuständige Ministerium beriet. Doch dieses erkannte jetzt den ADJV als größten Zusammenschluss der Jäger an und zog ihn zu allen Beratungen hinzu. Zwar konnten in einer Sitzung des Gesamtvorstandes beider Verbände ein Jahr später die Unstimmigkeiten beigelegt werden, doch der Konkurrenzkampf schwelte weiter. 1926 spitzte sich der Streit erneut zu, als auf Antrag des ADJV der Berliner Polizeipräsident der Deutschen Jagdkammer verbot, ihren Namen zu tragen. Der ADJV vertrat die Auffassung, dass dieser zu einer Irreführung der Öffentlichkeit führen würde.[90]

Als Ulrich Scherping am 1. April 1927 Geschäftsführer der DJK wurde, suchte er die Vermittlung mit dem ADJV, um der drohenden Auflösung entgegenzuwirken. Daraufhin schlossen sich 1928 beide Verbände zusammen und gründeten am 31. August 1928 in Dresden den Reichsjagdbund (RJB), zu dessen Geschäftsführer Scherping gewählt wurde. Im RJB behielten die Landesjagdvereinigungen jedoch immer noch, wenn auch nur für eine kurze Zeitspanne, ihre Eigenständigkeit. Durch geschicktes Jonglieren wurde Scherping zum Generalsekretär des Reichsjagdbundes gewählt, später noch zum Vorsitzenden des Vereins Deutscher Berufsjäger. In diesen Positionen gelang es ihm, die größten jagdlichen Verbände endgültig zu vereinen.[91]

In der Zwischenzeit wurden landesweit Hegevereine gegründet, die sich unterschiedlichen Schutzmaßnahmen für das Rotwild verschrieben. Ein einheitliches oder gar gemeinsames Vorgehen existierte jedoch auch hier nicht. Eine nicht unwesentliche Forderung solcher Initiativen war nach wie vor die verschärfte Verfolgung von Wilderern und deren Aburteilung. Und auch der Wunsch, die Eigenjagdgröße von 75 auf 125 Hektar zu erhöhen, zählte zu ihren Zielen. Beide für das Wohl des Wildes wesentlichen Vorhaben wurden nicht umgesetzt.

Bei der Vielzahl der Standpunkte und Meinungen fiel es dem preußischen Landtagsabgeordneten, Jäger und Vorsitzenden des Rechtsausschusses Theodor Held (1859–1947)[92] schwer sich festzulegen. Er sagte

Karikatur aus der Zeit der Präsidialkabinette in der Weimarer Republik zum Zustand der damaligen Parteien. Reichskanzler Brüning im Gespräch mit dem britischen Premierminister Ramsay MacDonald, links Hugenberg und Hitler..

»Und wer sind diese beiden komischen Figuren, Mister Brüning?« – Die nationale Opposition zur Niederringung meines Systems, Herr MacDonald!«

jedoch eine Prüfung der Vorschläge zu. Der VDJ kritisierte schon vor dem Zusammenschluss, dass alle jagdlichen Belange bisher nur in der preußischen Hauptlandwirtschaftskammer behandelt würden und die Jägerschaft außen vor blieb. Der zuständige Minister Steiger gab nach und verfügte am 22. April 1926, dass der VDJ »bei wichtigen Fragen jagdlicher, jagdrechtlicher und jagdwirtschaftlicher Art zu hören und auch zu Beratungen hierüber hinzuzuziehen sei«.[93] Damit erkannte der Staat erstmals eine jagdrechtliche Vereinigung öffentlich an und ebnete den Weg für ein breit diskutiertes neues Jagdgesetz in Preußen.

Zwischenzeitlich stimmte die Landwirtschaftskammer dem Ansinnen von ADJV und Landesjagdverband zu, dass an den landwirtschaftlichen Schulen jagdliche Vorträge gehalten werden durften. Nach Ansicht der Verbände sollte das dazu dienen, »den noch vielfach vorhandenen jagdfeindlichen Strömungen

Damals kein seltener Anblick: circa 50 Rothirsche im Revier Hubertusstock, im Bast, Pfingsten 1940.

unter den kleineren Landwirten entgegen zu treten und bei der heranwachsenden Bauernjugend Verständnis für das Weidwerk zu erwecken«.[94] Jeweils vier Vorträge sollten pro Winterhalbjahr abgehalten werden, wobei die Wahl der Themen den Schulen überlassen blieb. Zu den Themen der Vorträge gehörten unter anderem:[95]

– Die volkswirtschaftliche Bedeutung der Jagd – warum muss das Wild als Teil des Volksvermögens erhalten bleiben?
– Was ist Weidgerechtigkeit – der Jäger als Erhalter der freilebenden Tierwelt
– Wie kann der Landwirt dem Wilde die Lebensbedingungen erhalten, ohne geschädigt zu werden?
– Der Wildschaden, wie weit besteht er tatsächlich?
– Die Jagdverpachtung, wie können die Interessen der Gemeinden und der Jäger in Einklang gebracht werden?

Es ging also um Fragen, die bis heute an Aktualität nichts verloren haben, damals aber absolut neu waren.

Die Diskussionen über eine Änderung der geltenden Jagdordnung und die Einführung eines neuen Jagdgesetzes zogen sich indes derart in die Länge, dass es Ministerpräsident Braun nicht mehr vergönnt war, sie in seiner Amtsperiode umzusetzen.

Mit einer Eingabe an das Justizministerium versuchten der ADJV und der Preußische Landesjagdverband 1925 dafür zu sorgen, dass die Strafen gegenüber Wilderern verschärft wurden. Sie argumentierten: »Die Zeit, in der den ärmsten Bevölkerungsschichten bei der Festsetzung des Strafmaßes billigerweise die schwere wirtschaftliche Not als strafmildernd zuerkannt werden musste, ist vorbei. In allen in den letzten Jahren bekannt gewordenen und bedeutsameren Fällen von Wilddieberei spielt nicht Not, sondern die Gewinnsucht im Verein mit Arbeitsscheu die Hauptrolle.« Weiterhin führten sie aus: »Alljährlich ereignet sich eine Unzahl von Fällen, dass jagdberechtigte, Forst-, Jagdschutzbeamte und Landjäger von Wilderern beschossen, verwundet oder gar getötet werden.«[96] Verwiesen wurde auf einen sieben Jahre zurückliegenden Fall, bei dem ein Wilderer im süddeutschen Jungholzhausen den Forstwart Friedrich Hauck erschossen und dafür nur zu einer sechsjährigen Zuchthausstrafe wegen Totschlags verurteilt worden war.[97]

Am 21. Februar 1926 ereignete sich in der Oberförsterei Falkenhagen, Revier Finkenkrug, ein anderer schwerer Zwischenfall mit Wilderern. Am Nachmittag gegen 16.30 Uhr hörte der Hilfsförster Kutzer zehn Schüsse. Als er sich an die Stelle begab, wo die Schüsse gefallen waren, fand er zwei Männer vor, die mit je einer Pistole bewaffnet waren. Nach mehrmaliger Aufforderung die Waffen abzulegen und sich zu ergeben wurde Kutzer von beiden unter Beschuss genommen. Nachdem er zurückgeschossen hatte, hörte er den Aufschrei: »Ich bin getroffen!« Daraufhin ergaben sich die Männer, und der Hilfsförster nahm ihre Pistolen an sich. Später fand sich noch ein russischer Armeerevolver am Tatort.

Als Kutzer den unverletzten Wilddieb abführen wollte, bat dieser, bei seinem verletzten Kameraden bleiben zu dürfen, bis ein Arzt geholt sei. Als Kutzer mit Hilfsmannschaft und Arzt zurückkam, war der Angeschossene bereits verstorben. Die Polizei stellte fest, dass es sich bei dem Toten um einen Arbeiter aus Berlin handelte, der mit seinem Freund unterwegs gewesen war. Gegen Kutzer leitete die Staatsanwaltschaft kein Verfahren ein, dagegen wurde der zweite Schütze wegen Totschlags angeklagt. Dabei stellte sich heraus, dass der Erschossene Mitglied der Kommunistischen Partei gewesen war. Man stellte dem Hilfsförster frei, sich aus Sicherheitsgründen auf eine andere Försterei versetzen zu lassen, was dieser ablehnte.[98] Der Vorfall heizte die Diskussion um eine Verschärfung der Strafverfolgung gegen Wilderer weiter an. Zumal er bestätigte, dass sich politisch radikale Kräfte bewaffneten.

Oberlandforstmeister Borggreve mit von ihm am 17. September 1931 erlegten Hirsch.

Tatsächlich spielten die Wilderei und der illegale Waffengebrauch in der damaligen Zeit eine nicht unwesentliche Rolle. Die folgende Tabelle verdeutlicht die Zustände in der Jagdwilderei:

Fälle von Wilderei zwischen 1913 und 1930

Jahr	allgemeine	schwere	gewerbsmäßige Wilderei	Gesamt
1913	1.584	4.514	260	6.358
1919	959	3.812	79	4.850
1924	2.769	5.602	282	8.653
1926	2.142	3.342	170	5.654
1928	1.463	2.261	134	3.858
1930	1.632	3.256	143	5.031

Die Übersicht zeigt, dass die Wilderei nach dem Krieg deutlich zurückging, dann aber, insbesondere nach der großen Inflation von 1923, wieder stark anstieg.

Fast doppelt so hoch lagen die Zahlen bei Vergehen gegen das Forstdiebstahlgesetz. Aus der Oberförsterei Eberswalde hieß es 1931: »Der Holzdiebstahl hat in der letzten Zeit im erschreckenden Maße zugenommen. Da zur Zeit an Hunderte von Erwerbslosen in den verschiedensten Teilen des Reviers Holz abgegeben wird, ist eine scharfe Kontrolle durch die Forstbeamten nicht mehr möglich.«[99] Nicht zuletzt kamen bei Wilddiebstählen immer wieder Menschen zu Schaden. So wurden vom Herbst 1925 bis zum Herbst 1926 bei Zusammenstößen 23 Jagdbeamte und 24 Wilderer verletzt. Im gleichen Zeitraum kamen 24 Jagdbeamte und 18 Wilderer ums Leben.[100]

Anlässlich der Eröffnung der Deutschen Jagdausstellung in Stuttgart forderte der erste Vorstand der württembergischen Jägervereinigung, endlich ein »einheitliches deutsches, den modernen Bedürfnissen und praktisch entsprechendes Jagdrecht« zu schaffen. Dabei verwies er auf das Wildererunwesen, von »dessen heimtückisch-feigen und herzlosem Treiben man vielfach ganz falsche Vorstellungen hat«.[101]

Bis zum Ende der Weimarer Republik wurden alle jagdlichen Belange über die »Jagd-Polizei-Verordnungen«, in einem nicht mehr zu überschauendem Wirrwarr von 20 unterschiedlichen Jagdgesetzen[102] geregelt. Dazu kam, dass jeder jagdliche Verein selbstständig agierte, wenngleich die überwiegende Mehrheit, nicht nur der Jäger und Forstbeamten, sich nach einer ordnenden Hand sehnte. Diese sollten sie zwar bald bekommen, doch auf die Machtübernahme der Nationalsozialisten war die deutsche Jägerschaft nicht vorbereitet.

DER NEUE JAGDHERR
Jagd im Nationalsozialismus

Die am 24. April 1932 durchgeführte Landtagswahl war die letzte freie Wahl in Preußen, und sie bestätigte die Befürchtungen der demokratischen Kräfte. Die NSDAP erreichte 36,3 Prozent der Stimmen, die SPD fiel auf 21,2 Prozent und verlor ihre Mehrheit. Die Regierung trat zurück und Otto Braun blieb als Ministerpräsident nur noch geschäftsführend im Amt. Preußen war über Monate hinweg handlungsunfähig. Reichskanzler Franz von Papen und Reichspräsident Paul von Hindenburg konnten in Ruhe die Machtübernahme vorbereiten. Den passenden Anlass boten die erwähnten Unruhen in Hamburg-Altona vom Juli 1932. Mithilfe einer Notverordnung zur »Wiederherstellung der öffentlichen Sicherheit und Ordnung im Gebiet des Landes Preußen« bestellte der Reichspräsident Papen zum Reichskommissar für Preußen. Das Manöver ging als »Preußenschlag« in die Geschichte ein.

Papen hatte nun das Recht, den Posten des Ministerpräsidenten zu übernehmen und Minister zu ernennen und zu entlassen. Durch die zweite Notverordnung konnte jeglicher Protest gegen die Zerschlagung unter anderem mit der Androhung der Todesstrafe unterbunden werden. Damit zwang Hindenburg die Sozialdemokraten dazu, sich ruhig zu verhalten. Am 20. Juli teilte Papen den preußischen Ministern Heinrich Hirtsiefer (1876–1941)[1], Klepper und Severing mit, dass er Braun als Ministerpräsidenten und Severing als Innenminister abgesetzt habe.

Zwar kam es am 29. Oktober 1932 noch einmal zu einem Treffen zwischen Hindenburg, Braun und Papen. Doch hier musste Braun erkennen, dass die jagdliche Verbundenheit, wenn sie überhaupt jemals durch Hindenburg so gesehen wurde, beendet war. Der Reichspräsident war nicht bereit, dem Sozialdemokraten Braun und seiner Regierung auch nur eine Patronenlänge entgegenzukommen.

Nachdem Hindenburg am 30. Januar 1933 Hitler zum Reichskanzler ernannt hatte, fungierte Papen noch kurzzeitig als dessen Vizekanzler, wurde später aber auf einen unbedeutenden Posten ins politische Abseits geschoben. Hitlers Paladin Hermann Göring wurde Reichsminister ohne Geschäftsbereich und erhielt mit dem »Reichskommissariat für das preußische Innenministerium« die Kontrolle über die preußische Polizei, die er stramm nationalsozialistisch ausrichtete. Am 11. April 1933 wurde er dann zum Preußischen Ministerpräsidenten ernannt.

NEUE ZUSTÄNDIGKEITEN

Mit dem »Gesetz zur Neuordnung des Reiches« vom Januar 1934 endete u.a. die eigenständige Forst- und Jagdverwaltung in den preußischen und restlichen Provinzen des Deutschen Reiches. Sie wurde, außer dem Finanzministerium in Preußen, den neuen Reichministerien unterstellt. Damit hörte ebenso der preußische Staatsrat auf zu existieren, und Göring konnte über den unter Braun aufgebauten demokratischen Freistaat Preußen verfügen wie ein absoluter Monarch.

Schon kurze Zeit später wandte sich Göring, der seit Mai 1933 auch als Reichsluftfahrtminister fungierte, den Fragen des Forst- und Jagdwesens zu. Am 18. Juni 1934 teilte der Reichswirtschaftsminister der Reichskanzlei mit, dass er den Plänen von Göring für die Errichtung eines Reichsforstministeriums in Verbindung mit dem Amt eines Reichsjägermeisters zustimme. Bereits am 3. Juli leitete Staatssekretär Walter von Keudell den Entwurf eines Gesetzes zur Überleitung des Forst- und Jagdwesens auf das Reich an die Reichskanzlei weiter.

In Paragraf 1 hieß es: »Die Verwaltung und Bewirtschaftung der öffentlichen Forsten, die Aufsicht über die nichtstaatlichen Forsten, das forstliche Bildungswesen und die Angelegenheiten des Jagdwesens gehen, soweit dafür bisher die obersten Landesbehörden zuständig waren, auf das Reich über.« Im zweiten Paragrafen wurde festgelegt, dass ein Reichsforstministerium gegründet und in Angelegenheiten des Jagdwesens ein »Reichsjägermeister« zuständig sein würde. Damit hatte sich jeder private Waldbesitzer den Anordnungen des Staates zu unterwerfen. Er konnte ab diesem Zeitpunkt nicht mehr frei über seinen Wald verfügen.

In der Kabinettssitzung trug Göring selbst den Entwurf vor und änderte ihn dahingehend, dass der neuen Behörde kein Reichsforstminister, sondern ein Reichsforstmeister vorstehen sollte, der vom Reichskanzler ernannt wurde. Noch am selben Tag beschloss das Reichskabinett unter dem Vorsitz von Hitler das Gesetz.[2]

Mit der ersten Durchführungsverordnung zur Überleitung auf das Reich vom 12. Juli 1934 ordnete Göring an, dass alle Angelegenheiten des Forst- und Jagdwesens, die bisher im Zuständigkeitsbereich des Reichsministeriums für Ernährung und Landwirtschaft lagen, auf das neue Reichsforstamt überzugehen hatten.[3] Damit entzog er diese Fachbereiche dem zuständigen Minister Richard Walther Darré (1895–1953)[4], der das Ministerium von Alfred Hugenberg (1865–1951)[5] übernommen hatte.

Zum 1. März 1935 wurde das altehrwürdige »Preußische Landesforstamt« mit der neuen Behörde vereinigt. Göring konnte sich ab diesem Zeitpunkt auch »Reichsforstmeister und Preußischer Landesforstmeister« nennen. Damit wurde er Chef der 22.972 deutschen Forstbeamten inklusive der Forsteleven und Auszubildenden im Reich. Unter Einbeziehung aller in der Forstwirtschaft hauptberuflich tätigen Angestellten waren es sogar 131.460. Die Mark Brandenburg stellte mit 14.470, davon 2.391 Forstbeamte, die größte Anzahl.[6] Hinzu kamen die Beschäftigten der privaten Jägerschaft. Von nun an galt ohne Widerspruch das »Führerprinzip«, was nichts anderes bedeutete, als dass jede Anweisung und jeder Wunsch von Göring als Befehl aufzufassen und unmissverständlich auszuführen war. Dieses Prinzip zog sich durch alle Schichten der öffentlichen Verwaltung bis in die Familien hinein. Verstärkt wurde diese Situation durch die allumfassende Uniformierung.

In Preußen war der 1919 unter Braun ins Landwirtschaftsministerium berufene und am 1. April 1932 zum Oberlandforstmeister ernannte Bernhard Borggreve tätig. Ihm oblag im Frühjahr 1933 noch die Aufgabe, auf dem Jagdschloss Hubertusstock den Schorfheider Forstbeamten Göring als Ministerpräsidenten und neuen Dienstherrn vorzustellen, bevor er am 4. August 1933 »sofort in den einstweiligen Ruhestand versetzt« wurde. Als seinen Nachfolger ernannte Göring den früheren Reichsminister von Keudell zum Generalforstmeister.[7]

Bereits am 9. Mai 1933 bekundete der 1. Präsident des Deutschen Jägerbunds e. V., Generalmajor a. D. Meyn, in einem Schreiben an Hitler seine Treue und schrieb: »Für alle im Deutschen Jägerbunde zusammengeschlossenen Angehörigen der Jäger- und Schützenbataillone der ehemaligen deutschen Armee wiederhole ich das Bekenntnis vom 1. Mai. Von dem gleichen Gedanken beseelt wie der Deutsche Reichskriegerbund Kyffhäuser, unterstellt sich der von mir geführte Deutsche Jägerbund in allen seinen Aufgaben dem Neuschöpfer

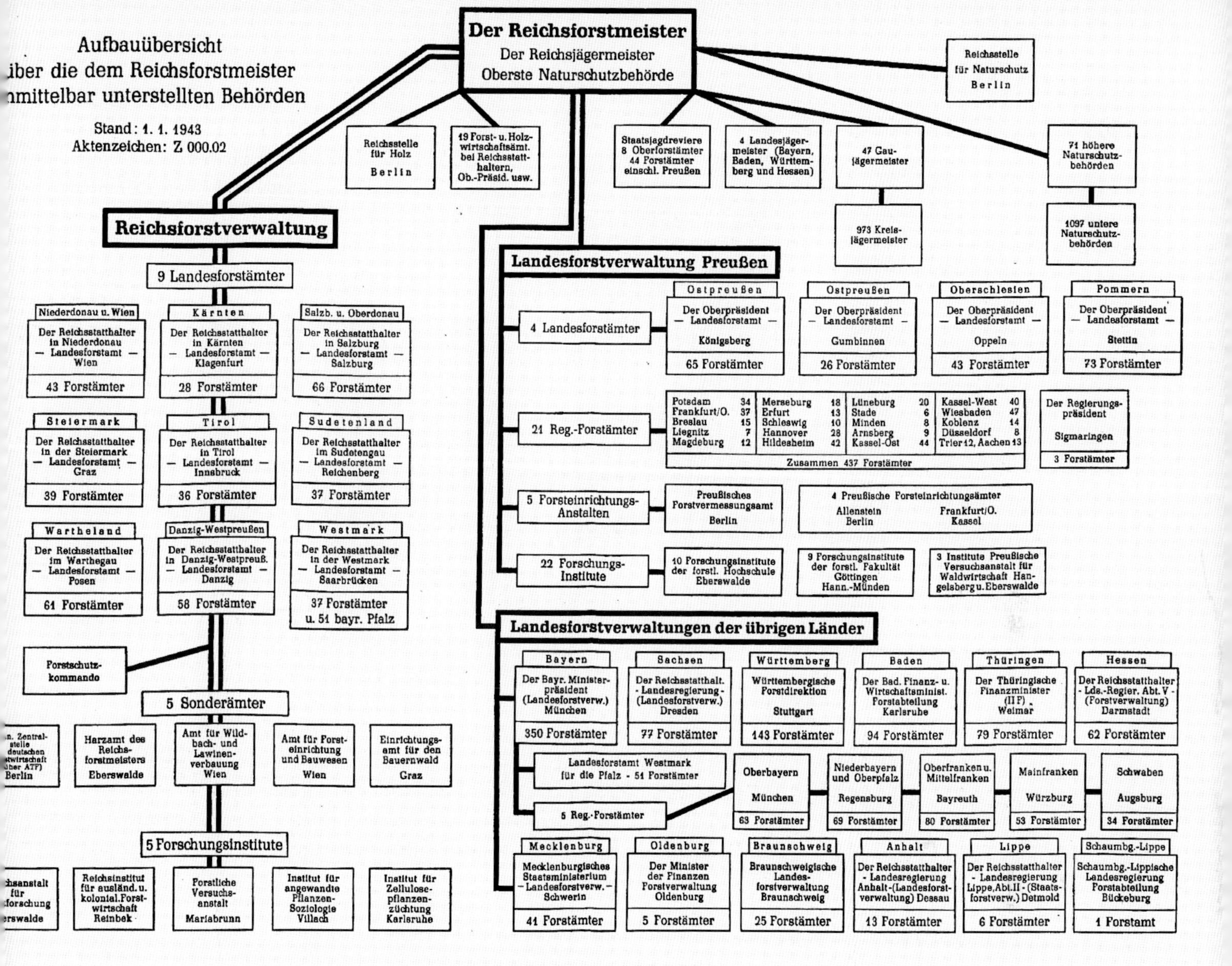

Organisationsübersicht des Reichsforstamtes mit Stand vom 1. Januar 1943.

des Reiches.«[8] Damit stimmte die Jägerschaft der vorgegebenen Radikalisierung vorbehaltlos zu, ohne sich der Tragweite ihrer Handlung bewusst zu sein.

Schon im November des gleichen Jahres warf der Statthalter von Baden, Robert Wagner, die Frage auf, ob die Jagdpachtverträge mit Ausländern an den deutschen Außengrenzen – konkret meinte er die zu Frankreich und der Schweiz – nach ihrem Auslaufen wieder erneuert werden sollten. Damit schürte er vor allem den alten Hass zwischen Deutschland und Frankreich. Wegen der hohen Anzahl der bestehenden Verträge konnten sich jedoch die zuständigen Reichsministerien für Ernährung und Landwirtschaft, des Innern und der Justiz diesbezüglich noch nicht festlegen. Sie wollten zuerst die neuen Forst- und Jagdstrukturen abwarten.[9]

Flagge des Reichs-jägermeisters.

Die Ernennung von Göring zum Reichsforst- und -jägermeister stand übrigens formal auf tönernen Füßen. In der entsprechenden Kabinettssitzung vom 3. Juli 1934 hatte zwar Hitler der Errichtung des neuen Ministeriums zugestimmt und akzeptierte die Amtsführung durch Göring als Reichsminister. Als aber im Februar 1937 die Reichskanzlei das Reichsforstamt um eine beglaubigte Abschrift der Ernennungsurkunde Görings zum Reichsforstmeister bat, musste das Haus des Preußischen Ministerpräsidenten am 17. März mitteilen, »daß weder in den Akten des Staatsministeriums noch in den Privatakten des Herrn Ministerpräsidenten sich eine Urkunde über die Ernennung zum Reichsforstmeister befindet«. Man könne nur auf die Veröffentlichung des »Deutschen Nachrichtenbüros« vom 3. Juli 1934 verweisen. Danach hatte Hitler, »auf Grund des heute vom Reichskabinett verabschiedeten Gesetzes zur Überleitung des Forst- und Jagdwesens auf das Reich den Preußischen Ministerpräsidenten, General der Infanterie Hermann Göring zum Reichsforstmeister ernannt, der in Jagdsachen die Bezeichnung Reichsjägermeister führt«. Görings Generalreferent und Pressechef Erich Gritzbach räumte am 21. April 1937 ein, »dass eine Originalurkunde (...) nach sorgfältig angestellten Erhebungen hier nicht vorhanden ist. Auch der Herr Ministerpräsident besitzt sie selbst nicht.«[10] Göring hatte also nie entsprechende Ernennungsurkunden vom Staatsoberhaupt erhalten und sich immer auf das Wort von Hitler berufen.

Nach einer ersten Übersicht gab es am 1. August 1935 in allen Forstämtern des Regierungsbezirkes Potsdam – ohne Grimnitz, Groß Schönebeck, Pechteich, Reiersdorf und Zehdenick – folgenden Wildbestand:

Rotwild: 928 Hirsche, 1.388 Tiere, 606 Kälber (Gesamtanzahl 2.920 Stück)
Damwild: 508 Hirsche, 857 Tiere, 444 Kälber (Gesamtanzahl 1.809 Stück)
Rehwild: 2.566 Böcke und 4.550 Ricken, 1.981 Kitze (Gesamtanzahl 9.097 Stück)

Die Analyse ergab, dass beim männlichen Rotwild ein Hirsch mit 16 Enden, 17 Hirsche mit 14 Enden und 54 Hirsche mit zwölf Geweihenden sowie beim Damwild 29 jagdbare Hirsche vorhanden waren.[11] Werden die Bestandszahlen mit den fünf fehlenden Forstämtern der Schorfheide aus dem Jahre 1940 verglichen, so ergibt sich, dass dort mit 3.075 Stück Rotwild, 3.962 Stück Damwild und 1.472 Stück Rehwild[12] mehr Wild vorhanden war als im ganzen restlichen Regierungsbezirk.

AUF DEM WEG ZU EINEM REICHSJAGDGESETZ

Die jagdlichen Vereinigungen suchten von Anfang an nach Möglichkeiten, um mit den neuen Machthabern, und insbesondere mit Göring als preußischem Ministerpräsidenten, ins Gespräch zu kommen. Überrascht stellten sie fest, dass das Interesse auf Gegenseitigkeit beruhte. Nach Zeitzeugenberichten soll Scherping 1933 seinen Stellvertreter im ADJV, Gustav Tigör, gebeten haben, eine Verbindung zu Göring herzustellen. Scherping selbst schilderte später, wie man sich »von den Ereignissen überrumpelt und in großer Angst um die Zukunft des Waidwerks – eilig, nach einem einflußreichen Verbindungsmann zu den neuen Machthabern in den eigenen Reihen umgesehen hat«.[13] Die Vermittlung Tigörs ließ er unerwähnt. Diesem gelang es tatsächlich, über Görings damaligen Adjutanten Peter Menthe (1988–1945)[14] einen Termin bei ihm zu bekommen. Tigör und Göring kannten sich aus der gemeinsamen Kadettenschulzeit in Berlin und kamen sofort ins Gespräch über die jagdlichen Verhältnisse. Göring erwähnte die vorgesehene Einrichtung eines Jagdreferats in seinem Forstministerium und bat um ein Gespräch mit Scherping.[15] Dieser begab sich daraufhin im Sommer 1933 in Begleitung des Präsidenten des Reichsjagdbundes, Herzog Adolf-Friedrich zu Mecklenburg (1873–1969), und dem Chefredakteur der »Deutschen Jägerzeitung«, Otto Freiherr von Dungern-Oberau (1873–1969), zu ihm.[16] Sie gingen davon aus, dass es um ein Informationsgespräch gehen würde, und ahnten nicht, was Göring eigentlich von ihnen wollte.

»Also«, soll Göring das Gespräch begonnen haben, »ich möchte, daß das gute Waidwerk in einem einheitlichen, für das gesamte Reich geltenden Gesetz zusammengefaßt wird. Erst beginnen wir mit Preußen, das andere kommt dann von selbst ins Rollen.«[17] Am 9. Mai 1933 wurde Scherping mit der Erarbeitung eines Jagdgesetzes beauftragt. Dieser überarbeitete daraufhin mit Unterstützung der Juristen Gustav Mitzschke und Adolf Vollbach[18] seinen Entwurf, zog sich nach Pommern auf das Gut seines Onkels zurück, holte dessen Meinung ein und legte anschließend Göring einen Gesetzestext vor.[19] Der ließ ihn im preußischen Landtag ohne Lesung absegnen, und schon am 18. Januar 1934 hatte Preußen das damals modernste Jagdgesetz in Europa.

Wenige Monate später erhielt Scherping den Auftrag, ein Reichsjagdgesetz auf Grundlage des preußischen auszuarbeiten. Ziel war es, »unter Beseitigung

Forstmeister Werner Berthold mit einem Jagdgast im Saal des Jagdschlosses Groß Schönebeck, nach 1931.

der mannigfachen Landesrechte in einem einheitlichen Gesetz (...) zu verankern und durchzuführen, daß das deutsche Waidwerk keine Angelegenheit einer nur wirtschaftlichen Betrachtungsweise ist, sondern daß Wild und Jagd wertvolle Kulturgüter sind.« Weiter war zu lesen: »Es ist eine Sache der ganzen Volksgemeinschaft, daß Wild und Jagd als Kulturgüter besonders geschützt werden, denn es gilt, nicht nur für diejenigen, die auf die Jagd gehen können, sondern auch für die große Masse des in den Städten lebenden werktätigen Volkes das Wild in Wald und Flur als ein Stück Heimat zu erhalten.«[20]

Der Jäger war nun nicht mehr nur Jäger, sondern er hatte sich den Vorgaben des Nationalsozialismus bedingungslos ein- und unterzuordnen. Er konnte nunmehr nur noch die Jagd ausüben, wenn seine »politische Zuverlässigkeit (...) nachgewiesen« werden konnte. Dazu wurden am 7. und 8. Juni 1934 im Reichs-

Oberstjägermeister Scherping (3. v. r.) bei der Stangenschau 1938 in Rominten.

justizministerium die letzten Ressortbesprechungen abgehalten. Dem Wunsch Thüringens, die Mindestgröße für Eigenjagdbezirke unter 75 Hektar zu halten, wurde nicht entsprochen. Die Referenten waren sich einig, dass der Preußische Ministerpräsident Reichsjägermeister werden würde, ohne jedoch in dieser Eigenschaft ein besonderes Ministerium zu erhalten. Damals ging man davon aus, dass die Aufgaben der Jagdbehörden Bestandteil der vorhandenen öffentlichen Verwaltung würden. Die Vorgabe, kein eigenes Jagdministerium zu errichten, umging Göring später mit der Errichtung eines Reichsjagdamtes.

Einzig Innenminister Wilhelm Frick (1877–1946)[21] beklagte gegenüber dem Justizminister noch am 2. Juli die Einrichtung besonderer Jagdbehörden in den Verwaltungen. Er sah den Grundsatz der bisherigen Einheit der öffentlichen Verwaltung gefährdet und befürchtete eine Zersplitterung der Tätigkeit der beteiligten Behörden. Noch am Tag der Beschlussfassung gestand Göring dem Innenminister kleinere Abänderungen zu, so unter anderem, dass der Reichsjägermeister und die Gau- und Kreisjägermeister ihre Ämter ehrenhalber ausüben und damit den öffentlichen Verwaltungskassen nicht zur Last fallen würden. Alle anderen Vorgaben blieben unverändert.

In dieser Form wurde das Gesetz am 3. Juli 1934 in der Sitzung des Reichsministeriums beschlossen und trat am folgenden Tag durch die Veröffentlichung in der Abendausgabe des Deutschen Nachrichtenbüros in Kraft.[22] Einleitend hieß es: »Das Jagdrecht ist unlösbar verbunden mit dem Recht an der Scholle, auf dem das Wild lebt und die das Wild nährt. Die Ausübung des Jagdrechts kann aber nur nach den anerkannten Grundsätzen der deutschen Waidgerechtigkeit zugelassen werden. Treuhänder der deutschen Jagd ist der Reichsjägermeister: er wacht darüber, daß niemand die Büchse führt, der nicht wert ist, Sachverwalter anvertrauten Volksgutes zu sein.«[23] Damit wurde bereits vorausgeschickt, dass Bürger, die als politisch und rassisch problematisch eigestuft wurden, die Jagd nicht mehr ausüben dürften. Der Weg war frei für eine »Säuberung« auch in der deutschen Jägerschaft.

In der Einleitung des Gesetzes hieß es: »Solange es Deutsche gibt, gilt die Jagd als das Recht des freien deutschen Mannes. Er jagte nicht nur, sondern er hegte auch und pflegte das Wild als ihm anvertrautes Gut seines Volkes.«[24] Dass diese Aussage politisierte Propaganda war, beweisen die jagdlichen Zustände in früheren Zeiten: Der Hochwildbestand an Rot- und Schwarzwild stand in Deutschland schon in der Zeit nach der bürgerlichen Revolution von 1848 und auch nach 1918 vor der Ausrottung, und das Wildererunwesen hatte stark zugenommen.[25]

In dem neuen Gesetz wurde die Gründung der Einheitsorganisation »Deutsche Jägerschaft« und die Zwangsmitgliedschaft in ihr für alle Jäger festgeschrieben. Zusätzlich war die Haltung einer Fachzeitschrift Pflicht. Dadurch kamen rund 31 RM zusätzliche Be-

Göring nimmt auf Hubertusstock 1934 seine Jagdstrecke ab, rechts Generalforstmeister Walter von Keudell, links Dr. E. Hausendorff.

lastungen auf alle Jäger zu. Die waren nicht durchweg davon begeistert, zumal sie einen Mitgliedsbeitrag von 5 bis 10 RM jährlich zu entrichten hatten. Als sich der Forstamtsleiter von Finowtal, Beninde, darüber beschwerte, dass der Zwang zur Mitgliedschaft von den Förstern als »sehr drückend« und ungerecht empfunden werde, schaltete sich der Reichsforstmeister ein und argumentierte, dass es eine »selbstverständliche Pflicht aller Forstbeamten« sei, »der Deutschen Jägerschaft (den Landesverband preußischer Jäger gibt es nicht mehr) anzugehören«, und deshalb auch Opfer gebracht werden müssten. Er stellte klar, dass der »Führer der Deutschen Jägerschaft, dem sämtliche deutsche Jäger unterstellt sind«, der Reichsjägermeister sei[26] – und dieser keinen Widerspruch dulden werde.

Göring hatte zu keinem Zeitpunkt auch nur einen Paragrafen des neuen Jagdgesetzes selbst er- oder bearbeitet oder sich um einzelne Inhalte bemüht. Adolf Vollbach argumentierte später folgerichtig: »Sie sind ihm ein Buch mit sieben Siegeln geblieben. Seine Auffassung von Jagd und Jagdausübung stand mit den geläuterten Gedankengängen des Gesetzes vielfach nicht im Einklang.«[27] Ein Verdienst blieb jedoch bei Göring, wenn auch ein zweifelhaftes: Er setzte sich mit all seiner Macht für die schnelle und konsequente Inkraft- und Umsetzung des Jagdgesetzes ein.

Wesentliche Neuerungen des Jagdgesetzes[28] waren unter anderem die Haftpflichtversicherung für jeden Jäger, die Ablegung einer Jägerprüfung, die Einführung eines einheitlichen Jagdscheins, die Einrichtung von staatlichen Jagdbehörden, die Festlegung von Mindestpachtzeiten und die Abrundung von Jagdbezirken. Außerdem wurden Schonzeiten für fast alle jagdbaren Wildarten nach biologischen Grundsätzen, eine Abschussplanpflicht, die Verpflichtung zur Haltung von Jagdhunden, eine Kontrolle des Wildhandels sowie

Göring präsentiert sich als Bogenschütze, rechts Peter Menthe.

eine Regelung des Wildschadens eingeführt.[29] In den einzelnen Jagdgauen waren jährliche Trophäenschauen mit einem Jägerapell vorgeschrieben, die öffentlich abgehalten wurden und in der Bevölkerung vorbehaltlos Anklang fanden.[30] Zumindest in den Friedensjahren.

Nach einer Auflistung vom Juni 1942 erfolgte die Jagdausübung in Deutschland durch 15.117 Arbeiter, 18.909 Handwerker, 65.805 Angehörige freier Berufe, 30.072 Beamte, 4.920 Offiziere, 52.831 Bauern und 27.935 Landwirte – insgesamt gab es 215.589 Jäger.[31]

Scherping machte unter den neuen Machthabern schnell Karriere: Göring ernannte ihn zum Chef des neu gegründeten Reichsjagdamtes und zum Oberjägermeister, der sich seit 1935 auch Oberstjägermeister nennen durfte. Am 9. November 1936 wurde er durch den Reichsführer SS Heinrich Himmler in die SS aufgenommen und zum Oberführer, ähnlich einem Stabsoffiziersrang, befördert. Später stieg er bis zum SS-Brigadeführer, einem Generalsrang, auf.[32] Er behielt diese Position bis 1945 und wurde zu Görings treuestem und wichtigstem Mitarbeiter in allen jagdlichen Belangen. Nach 1945 wurde er als Verfasser des neuen Jagdgesetzes in der Bundesrepublik von der Jägerschaft gefeiert und hofiert. Seiner politischen Verantwortung in der Zeit des Nationalsozialismus musste er sich nie ernsthaft stellen und es hat in der jungen Bundesrepublik auch niemand danach gefragt.

Mit dem neuen Gesetz verschaffte sich Göring in der Jägerschaft unmittelbar starken Rückhalt, zumal er sich für die finanzielle Absicherung der Revierförster durch zusätzliche Besoldungsgruppen einsetzte (s. Tabelle II).[33] Schon beim Dienstappell am 16. Mai 1933 hatte der neue Dienstherr den Staatsforstbeamten der Schorfheide glaubhaft versprochen, dass unter ihm »der grünen Farbe« wieder der alte Glanz zukommen und er sich umgehend um die »materiellen Sor-

gen« der Beamten kümmern werde, was ihm sofort die Sympathien der Schorfheideförster sicherte.[34] Künftig konnten das die Förster auch schwarz auf weiß lesen, wenn Sie eine Bestallungs- oder Ernennungsurkunde bekamen. Von Göring unterzeichnet stand dort geschrieben: »Ich vollziehe diese Urkunde in der Erwartung, daß der Ernannte getreu seinem Diensteide seine Amtspflichten gewissenhaft erfüllt und das Vertrauen rechtfertigt, das ihm durch diese Ernennung bewiesen wird. Zugleich darf er des besonderen Schutzes des Führers und Reichskanzlers sicher sein.«[35]

Der Revierförster von Hubertusstock Lindner wurde, nachdem er zwei junge Leute aus dem Wald weisen musste, in einem Interview zu seinem neuen Dienstherrn befragt und sagte zu einer Reporterin: »Sehen Sie, noch vor drei Jahren wären diese Burschen frech geworden. Heute steht Göring hinter uns. Und das macht uns Förstern unseren Wald wieder lieb und wertvoll. Es ist wieder Disziplin unter den Leuten.« Und an anderer Stelle: Wir »sind ja so froh, dass wir im Ministerpräsidenten einen Mann gefunden haben, der uns Förster schützt und außerdem dem deutschen Wald die Bedeutung gibt, die er bisher nie gehabt hat. Dass nämlich der deutsche Baum, das deutsche Wild eine unersetzliche Kostbarkeit ist, das Kleinod des deutschen Vaterlandes.«[36] Diese Äußerung, in der sich Nationalismus, Heimatgefühl und absolute Hingabe für den Wald und das Wild paaren, verdeutlicht das damalige Denken in weiten Kreisen der Forst- und Jagdwirtschaft.

Wie sehr sich Göring mit der Jägerschaft verbunden fühlte, zeigt auch, dass er zu seiner Vermählung am 10. April 1935 ein Spalier von Forstbeamten auf den Stufen des Berliner Doms aus der Schorfheide wünschte. Ausgewählt wurden daraufhin 15 Förster und fünf Assessoren, die er persönlich kannte. Nicht nur als Dienstherr, sondern auch als Waidmann band er sie eng an sich: So

Links: Revierförster Schubert mit dem Hirsch »Hubertus«.

Rechts: Göring wird vor dem Jagdschloss Hubertusstock von Revierförster Lindner begrüßt.

Links: Göring nimmt auf Hubertusstock die Stangenparade ab, 1933.

Rechts: Von Göring am 3. September 1938 gestreckter Hirsch »Richard«.

lud er am 8. Februar 1936 79 Forstangehörige aus der Schorfheide mit ihren Partnerinnen zu einem »Kameradschaftsabend mit Tanz, Tombola und künstlerischen Darbietungen« in die Krollfestsäle nach Berlin ein.[37]

KAMPF GEGEN DIE WILDEREI

Der neue Ministerpräsident veranlasste seinen Justizminister Hanns Kerrl (1887–1941)[38], der später auch als Gast in Hubertusstock weilte,[39] zu einer Rundverfügung an den Generalstaatsanwalt beim Kammergericht und alle anderen Generalstaatsanwälte an den Oberlandesgerichten in Deutschland, schärfer und konsequenter gegen das Wildererunwesen vorzugehen. Begründet wurde die Aufforderung damit, »dass die Jagdvergehen sich in letzter Zeit erheblich gemehrt hätten. Dadurch werde der Wert der Jagden, der an sich schon stark gesunken sei, noch weiter gemindert. Dies und die stark bedrohte persönliche Sicherheit der Jagdberechtigten, ihrer Beamten und Angestellten erforderten dringend einen verstärkten Schutz der Jagden durch Verhängung wirksamerer Strafen.«[40]

Damit sprach Göring fast allen Jägern aus dem Herzen. Präsentierte er sich doch als jemand, der sich vorbehaltlos für die Belange der Jäger und Förster einsetzte und damit ein Wahlversprechen einlöste. Dabei griff er hier schon persönlich in das nicht mehr freie und unabhängige Justizwesen ein. Nicht Justitia sollte Recht sprechen, sondern Urteile sollten immer vor dem Hintergrund der politischen Macht gefällt werden.

In Gerichtsverhandlungen, bei denen es um Wilderei ging, kam es bei der Bewertung des Wildes immer wieder zu Abweichungen von dessen tatsächlichem Wert. Um dem abzuhelfen, gab Scherping 1940 eine für das gesamte Reich anzuwendende Richtlinie heraus und griff damit wiederum in das Justizwesen ein: »Bei der Festsetzung dieser Grenze darf nicht der Wert des erlegten Wildes zu Grunde gelegt werden. Es ist vielmehr zu berücksichtigen, dass das betreffende Stück für die Nachzucht und Vererbung sehr wertvoll sein kann. (…) Da die Jagdbehörden nicht in allen Fällen herangezogen werden und die Gerichte von sich aus Wertfestsetzungen vornehmen, bitte ich, auf die Gerichtsbehörden dahin einzuwirken, dass sie in der gleichen Weise verfahren.«[41] Danach wurde ein jagdbarer starker Rothirsch mit 700–1.000 RM bewertet, ein Rotkalb mit 80–100, ein Keiler oder eine Bache mit 200–300 und ein Paar Rebhühner noch mit 11–15 RM. Der Reichsminister für Justiz erhielt davon eine Abschrift und akzeptierte die Vorgabe.

Doch das Wildererproblem war damit nicht gelöst. Im Oktober 1939 musste der Geschäftsführer der Stiftung Schorfheide, Oskar Fuckel, berichten, dass im Revier Wolfsgarten gewildert worden war. Nach ersten Ermittlungen hatte man die Täter ermittelt und verhaftet. Die weiteren Untersuchungen ergaben, dass diese sogar mehrfach im Stiftungsgebiet gewildert hatten. Im letzten Fall hatten die zwei Männer in der Nacht vom 8. zum 9. Oktober im Jagen 170 mit einer Doppelflinte, auf der eine Lampe montiert war, einen Keiler von etwa 100 Kilogramm gewildert. Als Ursache dafür sah Fuckel den Umstand, dass »in der gegenwärtigen Zeit der Fleischknappheit« und infolge der Einberufung zum Krieg die Reihen der Forstbeamten sich sehr gelichtet hätten und deshalb eine Verfolgung der Wilderer sehr erschwert sei.[42] Überführt wurden die Täter meist nicht durch die Wachsamkeit der Forstbeamten oder der Polizei, sondern durch Verrat von Mitwissern. Der Fall wurde dennoch innerhalb des Stiftungsvorstandes diskutiert und die Geheime Staatspolizei gebeten, Kriminalbeamte zu entsenden. Der damalige Chef der Sicherheitspolizei Reinhard Heydrich (1904–1942)[43] teilte dann auch mit, dass er das Reichskriminalpolizeiamt angewiesen habe, vier Beamte in die Schorfheide zu entsenden, die derartige Fälle aufklären sollten.[44]

Bezeichnete Göring zu Beginn seiner Amtszeit den Wilderer noch als ein nicht zu duldendes Subjekt, begann 1940 ein Umdenken. Hitler kam auf den Gedanken, Wilderer nicht nutzlos in Gefängnissen unterhalten zu müssen, sondern ihr Potenzial an der Kriegsfront einzusetzen. Er gab Himmler den Befehl, im ganzen Reich nach verurteilten Wilderern suchen zu lassen. Himmler schrieb daraufhin an den Justizminister: »Der Führer hat verfügt, daß sämtliche Wildschützen, besonders die bayrischer und ostmärkischer Herkunft, die nicht durch Schlingen, sondern durch Jägerei mit der Büchse das Gesetz übertreten haben, durch Dienst in der SS angegliederten besonderen Scharfschützen-Kompanien für die Dauer des Krieges von der Abbüßung ihrer Strafe befreit und bei guter Führung amnestiert werden können.«[45]

Himmler wurde mit der Umsetzung beauftragt, worauf eine Überprüfung aller infrage kommenden Fälle im ganzen Reich erfolgte. Doch schon auf seinem Schreiben an den Justizminister wurde einschränkend vermerkt: »Die Zahl dieser Personen wird – wenn man von den nur gering bestraften Wilderern überhaupt absieht – sehr klein sein und sich aus Begeisterung oder Abenteuerlust längst an der Front befinden. Was danach noch übrig bleibt, dürfte unbrauchbar sein.«[46] Aus den zuerst gemeldeten Wilderern suchte Himmler 48 aus, die man sofort aus der Haft entließ und in das Konzentrationslager Sachsenhausen brachte, wo sie in einer Scharfschützenkompanie unter dem Befehl der berüchtigten »SS-Sturmbrigade Dr. Dirlewanger« (1895–1945)[47] zusammengefasst wurden.

Bis zum Juni 1940 wurden dem Reichsführer SS 300 verurteilte Wilderer gemeldet. Bei der Auswahl scheint man nicht zimperlich gewesen zu sein. Aus der Strafanstalt Bautzen wurde etwa gemeldet, dass der ausgewählte Strafgefangene erst in drei Wochen nach Sachsenhausen überführt werden könne, da er wegen der Sterilisierung im Anstaltskrankenhaus lag. Ein anderer war bereits auf Bewährung entlassen worden und in seinem Heimatort angekommen, wo er umgehend erneut verhaftet und nach Sachsenhausen überführt wurde.[48]

Von dort kamen sie zum überwiegenden Teil an die Ostfront. Zwar stellten einige Kommandeure für Einzelne, die ihre eigentliche Strafe bereits verbüßt hatten, Rehabilitierungsanträge über das SS-Hauptamt beim Justizministerium. Doch diese konnten in der Regel nicht mehr bearbeitet werden. So erging es dem SS-Sturmmann Waldmann, der noch mit 53 Jahren im Partisanenkampf eingesetzt wurde. Am 10. Dezember

Der Reichsführer SS Heinrich Himmler teilt dem Justizminister den Befehl Hitlers mit, gefasste Wilddiebe in einer Scharfschützenkompanie zusammenzuführen.

Der Reichsführer SS

Berlin SW 11, den 29 März 1940
Prinz-Albrecht-Straße 8

Tgb.Nr. AR/617/15
RF/Pt.

Reichsjustizministerium
30.MRZ.1940

Sehr verehrter Herr Minister !

Der Führer hat verfügt, daß sämtliche Wildschützen, besonders die bayrischer und ostmärkischer Herkunft, die nicht durch Schlingen, sondern durch Jägerei mit der Büchse das Gesetz übertreten haben, durch Dienst in der SS angegliederten besonderen Scharfschützen-Kompanien für die Dauer des Krieges von der Abbüßung ihrer Strafe befreit und bei guter Führung amnestiert werden können.

Die Auswahl aus den in Frage kommenden Wildschützen hat der Führer mir überlassen. Um diese Auswahl treffen zu können, bitte ich Sie um Mitteilung der in Frage kommenden Namen, Art und Dauer der Verurteilung und ähnliches.

Heil Hitler !

Ihr sehr ergebener

H. Himmler.

Nach dem wohl in besonderer Absicht gewählten Ausdruck „Wildschützen" wird es sich m.E. nur um sonst einwandfreie Personen handeln, die a) weder unwaidmännisch, b) noch gewerbsmäßig, c) oder gegen Schutzorgane gewalttätig vorgegangen sind. Die Zahl dieser Personen wird – wenn man von den nur gering Bestraften Wilderern überhaupt absieht – sehr klein sein und sich aus Begeisterung oder Abenteuerlust längst an der Front befinden. Was danach noch übrig bleibt, dürfte unbrauchbar sein. Im übrigen erscheint mir eine Beobachtung der „eingestellten Wildschützen" auch für die Justiz notwendig, um die wenigen anständigen Elemente wenigstens kennen zu lernen.

Bln 2.4.40

1944 teilte der Chef des SS-Hauptamtes mit, dass »sich die gesamte Einheit seit Anfang August im Einsatz gegen den polnischen Aufstand in Warschau befand und nach der Kapitulation der Aufständischen nunmehr in der Slowakei zur Bekämpfung des Banditenunwesens steht. Sämtliche Personalunterlagen sind, soweit sie nicht durch Feindeinwirkung vernichtet wurden, in das rückwärtige Gebiet verbracht worden, ohne dass in absehbarer Zeit die Möglichkeit besteht, sie herbeizutreiben.«

Dass man absolut auch kein Erbarmen mit den Verurteilten hatte, verdeutlicht der Fall des Soldaten Engelniederhammer. Er wurde 1940 vom Schöffengericht München-Land zu einem Jahr Gefängnis wegen Wilderei verurteilt und zur »Bewährung im Fronteinsatz« in das KZ Sachsenhausen überstellt. Von dort kam er in eine Sondereinheit der Waffen-SS. Leider geben die vorhandenen Unterlagen keine weiteren Hinweise auf das, was bei ihrem Einsatz in Warschau 1944 geschah. Es kann nur vermutet werden, dass Engelniederhammer bei der Niederschlagung des Aufstandes mitwirken musste und die dortigen Greultaten nicht mehr ertragen konnte. Am 29. September 1944 wurde er durch ein Standgerichtsurteil wegen »Zersetzung der Wehrkraft« zum Tode verurteilt und noch am gleichen Tag erschossen. Lapidar hieß es: »Die Beisetzung der Leiche erfolgte außerhalb des Ortsfriedhofes in Warschau.«[49] Die Schicksale der zwangsrekrutierten Wilderer bilden eines der dunkelsten Kapitel des deutschen Jagdwesens während des Krieges, das bis heute nie umfassend aufgearbeitet worden ist.

REVIERSTREITIGKEITEN

Als Göring sich seiner Machtstellung sicher war, versuchte er, jegliche Störungen in seinem jagdlichen Refugium auszuschalten. Bis Mitte der 1930er Jahre war es üblich, dass Einheiten des Reichsheeres im Gebiet der Schorfheide militärische Übungen durchführten. Dabei durchfuhren sie unangemeldet alle damaligen sieben Forstämter und nahmen auf Natur-, Forst- und Jagdschutzbelange keine Rücksicht. 1936 berichtete beispielsweise der Revierförster von Hirschberg, Staege, dass vom 17. bis 19. Juni durch eine Nachrichtenabteilung eine Übung in seinem Revier abgehalten worden war. Dabei hätten die Soldaten besonders in Schonungen und Stangenhölzern Empfangsstationen aufgebaut und dabei mit den Fahrzeugen das Wild stark beunruhigt.

Im Herbst desselben Jahres meldete der Kommandeur des in Küstrin stationierten Pionier-Bataillons Nr. 3 Übungen für Juni 1937 an. Dabei sollten in einem Gebiet rund um den Werbellinsee Minen verlegt und Drahthindernisse gebaut werden. Fuckel protestierte dagegen, verwies auf den Naturschutzstatus der Schorfheide und schrieb, er glaube, »dass die Abhaltung einer längeren Übung in der Schorfheide aus den besonderen Gründen, (...) nicht möglich ist«.[50]

Dennoch teilte die Höhere Kavallerie-Offizier Abteilung I mit, dass unter anderem die Gegend um Groß Schönebeck, Eichhorst, Lindhorst, Groß Dölln, Schluft und Liebenthal von Aufklärungsangehörigen durchzogen werde. Daraufhin wandte sich Fuckel in einem Schreiben direkt an Göring. Der ließ mitteilen, dass einige öffentliche Straßen »ausnahmsweise zur Verfügung«[51] zu stellen seien. Dagegen sollten alle Waldflächen für militärische Übungen gesperrt bleiben, da sich in diesen bereits die eingezäunten Gehege für Elche und Wisente befanden, um deren Wiedereinbürgerung sich Göring intensiv bemühte.

Allerdings hielten sich die militärischen Einheiten nicht an diese Vorgaben. Fuckel musste Anfang August 1937 berichten: »Trotzdem ich bei der zuständigen militärischen Stelle auftragsgemäß die Beschränkung der militärischen Übung auf bestimmt angegebene Wege (...) erbeten habe, habe ich persönlich (...) motorisierte Truppen nördlich des Großen Döllnsees angetroffen.«[52] Die Truppen streiften damit unmittelbar durch das persönliche Refugium von Göring – ein Umstand,

Links: Emblem der Deutschen Jägerschaft.

Rechts: Der Generalsekretär des Internationalen Rates zur Erhaltung des Wildes und der Jagd (CIC) Vladimir Graf d' Adix-Dellmensingen überreicht Göring die Urkunde über die Ehrenmitgliedschaft.

den dieser nicht hinnehmen wollte. Zwar musste er immer noch auf militärische Belange Rücksicht nehmen, wollte aber in unmittelbarer Nähe seiner Schorfheider Residenz keine militärischen Manöver dulden. Staatssekretär Paul Körner (1893–1957)[53] teilte daraufhin Oberst Karl Bodenschatz (1890–1979)[54] mit: »Es war ein glücklicher Zufall, dass der Herr Reichsforstmeister an jenem Tage hier nicht anwesend war.« Und weiter: »Darüber hinaus aber würde der Herr Reichsforstmeister jede weitere Einbeziehung des Schorfheidegebietes in das militärische Operationsgebiet wohl als sehr unerwünscht missbilligen.« Das war eine eindeutige Warnung.

Mit Schreiben vom 21. August teilte Bodenschatz Fuckel mit, dass mit dem Wehrmachtsamt im Reichskriegsministerium Rücksprache genommen worden sei und Oberst Jodl mitgeteilt habe, dass »das Schorfheidegebiet auf alle Fälle vor Störungen bewahrt bleibt«.

Göring hatte sein Ziel erreicht. Zwar kam es 1938 zu neuen Vorkommnissen, doch nur noch in den Randgebieten. So befuhr die 2. Abteilung des Artillerieregiments 75 aus Eberswalde den gesperrten Landweg von Eichhorst und Klandorf und Einheiten des Kraftrad-Schützen-Regiments 3 die gesperrte Verbindungsstraße zwischen Eichhorst und Groß Schönebeck, ohne die angrenzenden Waldgebiete zu tangieren.[55]

Als geheim deklariert war die Anordnung Görings, dass alle verheirateten Forstbeamten eine Abstammung der Ehefrau einzureichen hatten. Bei »jüdisch versippte[n] Beamte[n]« war festzustellen, ob der Beamte im Dienst belassen werden konnte oder in den Ruhestand versetzt werden musste. In einem entsprechenden Bericht war für solch einen Fall nachzuweisen, »in welchem Verhältnis der Beamte zur NSDAP steht und ggf. welche Verdienste er sich am Aufbau des Dritten Reiches erworben hat«. Nachzuweisen waren weiterhin

Verdienste im Weltkrieg, ob er verwundet worden war oder welche Auszeichnungen er erworben hatte.[56] Es dauerte nicht lange, bis es Beamten untersagt war, sich mit jüdischen Partnern zu verheiraten. Ein Beamter, der eine geschiedene Frau ehelichen wollte, musste die Versicherung abgeben, dass seine zukünftige Partnerin nicht in einer jüdischen Verbindung gestanden hatte.[57]

Im Kreis Lübben geriet ein Revierförster in das Visier der neuen Rassenpolitik. Ihm wurde vorgehalten, dass er mit einem »jüdischen Mischling« verheiratet war. Der Revierförster selbst hatte von 1925 bis 1926 der Ortsgruppe Potsdam der NSDAP angehört. Nach seiner Versetzung und des Parteiverbotes für alle Beamte war er 1933 erneut der Partei beigetreten und 1937 wegen seiner Ehefrau entlassen worden. Sie hatte jüdische Großeltern und galt deshalb als »Mischling«. Obwohl sich die Landesforstverwaltung für den Beamten einsetzte, gelangte der Fall an den Reichsminister des Innern und die Parteikanzlei der NSDAP. Die gab 1942 allgemeine Richtlinien heraus, wonach »Ausnahmen für Mischlinge oder mit einem Mischling verheiratete Beamte in der Regel nur dann zugelassen werden, wenn diese sich vor der Machtübernahme (...) besonders tatkräftig für den Nationalsozialismus und das Reich eingesetzt haben«. Als Randbemerkung auf dem Schreiben notierte der zuständige Beamte: »(...) muß ein entsprechender Erlaß des R[eichs]f[orst]m[ei]s[ters] abgewartet werden.«[58] Was Göring, dessen Maxime lautete »Wer Jude ist, entscheide ich!«, in diesem Fall anordnete, geht aus den Unterlagen nicht hervor.

In seiner Funktion als Reichsforst- und Reichsjägermeister achtete Göring darauf, dass mit den neu zu besetzenden Stellen in seinem Machtbereich auch die Parteizugehörigkeit zur NSDAP verbunden war. In einem vertraulichen Schreiben vom 3. Januar 1939 ließ er durch seinen Oberjägermeister Friedrich Alpers (1901–1944)[59] allen forstlichen Dienststellen mitteilen: »Ich ersuche Sie, die Beamtenanwärter und jüngeren Beamten nachdrücklich darauf hinzuweisen, daß sie nicht in das Beamtenverhältnis berufen, angestellt oder befördert werden können, wenn ihre politische Einsatzbereitschaft nicht bewiesen ist.«[60]

Mit der Auflösung aller bisherigen jagdlichen Vereinigungen und Unterstellung in den Reichsbund Deutsche Jägerschaft war ein eigenständiges Agieren der Jäger im Nationalsozialismus nicht mehr möglich. Dem Reichsbund stand ebenfalls der Reichsjägermeister unmittelbar vor. Nachgegliedert waren die Landes-, Gau- und Kreisjägermeister (s. Tabelle III), die alle ab Herbst 1937 eine eigene Flagge führen durften. Als verbindendes Symbol diente das traditionelle Hirschgeweih-Symbol.[61]

Graf d' Adix-Dellmensingen, Herzog von Ratibor, Göring und Keudel vor der Jagdhütte Carinhall, März 1934.

POLITISCHE WILLKÜR BEI DER VERGABE VON JAGDREVIEREN

In seiner Funktion als Reichsjägermeister hatte Göring die Möglichkeit, ihm genehmen Jägern, die in hohen Parteifunktionen waren und über kein eigenes Revier verfügten, auszuhelfen. Als ein Beispiel dafür sei die Beschaffung eines Jagdgebietes für Alfred Heß (1897–1963)[62], den Bruder von Hitlers Stellvertreter, in Kummersdorf genannt. Alfred Heß war stellvertretender Gauleiter der Auslandsorganisation der NSDAP, in der Dienststellung eines Ministers.[63] Mit der Ernennung seines Bruders Rudolf zum Stellvertreter Hitlers war Görings Machtkalkül sofort aktiv und er versuchte, über den Bruder Alfred Einfluss zu gewinnen. Was lag da näher, als wieder einmal Jagd und Macht zu verknüpfen.

Über seinen Forst- und Jagdreferenten Menthe gab Göring am 20. Dezember 1938 per Erlass an den Leiter des Regierungsforstamtes Oberforstmeister Potthoff die Anordnung: »Auf Befehl des Reichsforstmeisters ist die Revierförsterei Lenzburg des Forstamtes Kummersdorf in Grösse von ca. 600 ha per sofort an den Bruder des Ministers Hess zum Preis von RM –,75 pro ha und Jahr zu verpachten.« Tatsächlich erreichte das staatliche Revier, das nun als Einzeljagd bezeichnet wurde, eine Gesamtpachtgröße von 525 Hektar inklusive der angepachteten Nuthe-Wiesen der Gemeinde Wiesenhagen. Die dazugehörige Revierförsterei, die von dem pensionierten Revierförster Feldt bewohnt wurde, sollte umgehend geräumt und Alfred Heß für eine monatliche Miete in Höhe von 30 RM überlassen werden. Bis zur Räumung war der Förster verpflichtet, Heß ein Zimmer zur Nutzung zu überlassen.

Die sogenannte Kleine Jagd war von der Verpachtung ausgeschlossen und oblag den staatlichen Forstbeamten. Überwiegend handelte es sich dabei um die Jagd auf Raubzeug, Kaninchen und Federwild. Damit zeigte sich Heß überhaupt nicht einverstanden und verwies auf sein Interesse an der Hochwildjagd, die nicht beunruhigt werden dürfe: »Es macht keine Freude, wenn man ins Revier kommt und man bekommt nur Fährten zu sehen, weil das Wild vergrämt ist (...). Es macht auch keinen Spass, wenn man auf dem Hochsitz sitzt und statt des erwarteten Bocks taucht irgend ein Referendar auf und veranstaltet mit seinem Hund in der Umgebung eine kleine Suchjagd auf Kaninchen oder dergleichen.«[64] Mit dem Hinweis, dass dieser Passus sicher nicht im Sinne des Reichsjägermeisters sei, wurde er aus dem Vertrag gestrichen.

Ein weiteres Problem ergab sich bei der Festsetzung des Abschussplanes. Die Zählung des Frühjahrsbestandes beim Damwild ergab 18 geringe Hirsche, 22 Tiere und acht Kälber. Beim Rehwild wurden 29 Böcke, 45 Rehe und 24 Kitze gezählt. Nach Einsicht des von Heß eingereichten Abschussplanes schrieb der zuständige Forstmeister Marsch an den Landforstmeister: »Der von Herrn Hess gemeldete Wildstand im März ist wohl beim Dam- wie beim Rehwild zu hoch. (...) Wie Herr Hess jetzt in der Zeit, wo die Schaufler abgeworfen haben 2 jagdbare Abschussschaufler festgestellt haben will, ist mir unklar. Es ist schon für mich, der ich über 10jährige Erfahrung in dem hiesigen Revier habe, schwer einen jagdbaren – also über 5 Pfd. wiegenden Abschussschaufler richtig anzusprechen, daß aber Herr Hess, der über keine Erfahrung beim Damwild verfügt, dies in der jetzigen Zeit und bei so kurzer Beobachtungsdauer können will, grenzt ans Wunderbare.«[65]

Marsch konnte es sich offensichtlich nicht verkneifen, dem Minister jagdliches Fachwissen abzusprechen, und schlug vor, den Abschussplan »und die Vorgänge in der Pachtsache mal Herrn Oberstjägermeister Scherping« vorzulegen. Er hielt es für dringend notwendig, »dass Herr Hess in dieser Hinsicht von berufener Seite aufgeklärt wird. Ich halte mich da nicht für zuständig«, schrieb er.

Nach den Mitteilungen von Marsch hatte Heß im Jagdjahr 1939 insgesamt zwölf Stück Dam-, ein Stück Schwarz-, 23 Stück Rehwild, fünf Füchse und zwölf

Hasen erlegt und damit – ohne Berücksichtigung der Trophäenwerte – einen damaligen Wildbretwert von mindestens 900 RM erzielt. Mit seiner Aufstellung wies Marsch nach, dass Heß gerade einmal ein Drittel der ortsüblichen Pacht zahlte und dem Staat damit ein Verlust entstand. Und für das Jagdjahr 1942/43 forderte Heß sogar einen Abschuss von 19 Stück Dam- und 24 Stück Rehwild!

Dennoch wurde den Wünschen von Heß weitestgehend entsprochen – selbst dann noch, als die Försterei Lenzburg 1939 geräumt war und Heß die geforderte Miete in Höhe von 45 RM wegen Baumängeln nicht zahlen wollte. Er hielt die gezahlte Vormiete von rund 24 RM für ausreichend und gerechtfertigt. Tatsächlich verfügte die Försterei, wie viele andere Förstereigehöfte, über keinen elektrischen Anschluss, keine Wasserleitung und keine sanitären Einrichtungen. Die Sanierungskosten wurden auf etwa 6.900 RM geschätzt. Erneut gelangte der Vorgang auf den Tisch des Reichsjägermeisters und dieser ließ über Scherping unmissverständlich festlegen, dass die Revierförsterei für 7.000 RM zu sanieren sei und Heß eine monatliche Miete von nur 24,48 RM zu zahlen habe.

Als im März 1942 die Pacht- und Mietangelegenheit immer noch nicht abgeschlossen werden konnte, resignierte Marsch und bat den Landforstmeister: »Nach den bisher in einem sehr umfangreichen Schriftwechsel gesammelten Erfahrungen hat Herr Hess anscheinend von vornherein gegen jedes von mir kommende Schreiben ein Misstrauen, sodass ich bitte, in allen künftigen Fällen ihn von dort aus direkt zu bescheiden (...), denn immer nur seinen sich in allen Fällen als ungerechtfertigt erwiesenen Anfeindungen und Beanstandungen ausgesetzt zu sein, ist ein für mich auf die Dauer untragbarer Zustand.«[66] Dazu kam es anscheinend nicht mehr, denn nach dem ominösen Flug von Rudolf Heß nach Großbritannien im Mai 1941 wurde sein Bruder umgehend von seinem politischen Amt entbunden und in Haft genommen. Das Ende des Krieges überlebte er unbeschadet.

Dass eine Jagdpachtung aus politischen Gründen auch erschwert werden konnte, zeigt das Beispiel der Prinzessin Armgard zur Lippe-Biesterfeld, deren Vater seit 1899 die Gemeindejagd von Reckenwalde bei Züllichau ausgeübt hatte. Nach dessen Tod hatte ihr Sohn Prinz Bernhard, der Gatte der niederländischen Kronprinzessin Juliane, die Jagd weiter gepachtet. Nachdem die Niederlande im Mai 1940 von Deutschland besetzt worden waren, galt das Königshaus jedoch als Feind Deutschlands, zumal Prinz Bernhard sich durch deutschlandfeindliche Äußerungen unabdingbar auf die Seite des niederländischen Volkes stellte. Damit war ihm die Jagdausübung in Deutschland nicht mehr möglich. Nun bemühte sich seine Mutter darum, den Pachtvertrag auf ihren Namen zu übernehmen und mit ihrem zweiten Sohn Prinz Ernst-Aschwin zur Lippe die Jagd auszuüben. Ein Freund der Familie, Major Beelitz, versuchte, eine entsprechende Veränderung zu erreichen. Dazu schrieb er an Scherping: »Die beiden können doch wahrhaftig nichts dafür, daß sich dieser Schafskopf in Holland so töricht benommen hat. Natürlich gibt es Leute, die die Heirat von dem Sohn mit der Holländerin als etwas Beneidenswertes angesehen haben, wovon ich gar nicht einmal überzeugt bin, und nun ihren Neid nachträglich an der Mutter und dem Bruder mit einer Wollust auslassen, nachdem der Gegenstand ihres Neides sich nun selbst gestürzt hat. Leider müssen das beide täglich erfahren und sind vollkommen menschenscheu geworden.«[67]

In einer Stellungnahme an den Gaujägermeister von Brandenburg schrieb der Kreisjägermeister von Züllichau-Schwiebus 1942: »Wenn auch vom jagdlichen Standpunkt aus gegen die Prinzessin keine Bedenken bestehen, so hielt ich es doch (...) für ratsam, mich bei den politischen Amtsstellen von Partei und Staat zu vergewissern, ob die Genehmigung dieses Jagdpachtvertrages im Hinblick auf die politischen Verhältnisse um den holländischen Prinzgemahl verantwortet werden könnte. Die mir erteilte Auskunft war ablehnend, weil die Bevölkerung ein solches Entgegenkommen nicht verstehen und ganz erheblichen Anstoß nehmen würde.« Scherping beurteilte die politische Sachlage letztlich so: »(…) ich halte den ablehnenden Standpunkt für berechtigt. Man stelle sich nur einmal vor, daß die Lage genau umgekehrt wäre. Die Holländer würden der Mutter eines holländischen Prinzen, der sich im Ausland derart gegen sein Vaterland gestellt hat, bestimmt nicht so entgegengekommen sein, wie es bisher der Prinzessin gegenüber geschehen ist.«[68]

Hingegen zeigte sich Scherping sehr einsatzfreudig, als es um das Jagdgebiet für den Bildhauer Josef Thorak (1889–1952)[69] ging, der für Hitler an monumentalen Bronzeplastiken arbeitete. Er hatte die Eigenjagd von »Schnepper & Isphording« in Bad Saarow und die angrenzende Gemeindejagd Petersdorf im Kreis Beeskow-Storkow gepachtet. Der Vertrag lief 1943 aus und die Eigenjagdbesitzer hatten die Absicht, die Jagd neu zu verpachten. Sie begründeten ihre Absicht damit, dass Thorak sein Atelier nach München verlegt hatte und sie davon ausgingen, dass er die Jagd nicht mehr ausüben würde.

Doch Thorak beantragte eine weitere Verpachtung und wandte sich an den Gaujägermeister, der wiederum Scherping den Fall vortrug. Der stellte fest, dass nach der Verordnung vom 10. Februar 1941 Jagdpächter, deren Verträge während des Krieges endigten, die Verlängerung ihres Pachtvertrages bis zum 31. März des Jahres verlangen konnten, in der der Krieg beendet sein würde. Die Eigenjagdbesitzer hatten damit das Nachsehen.[70]

Dagegen fand die Reichsführung der SS unter Himmler erst spät zur Jagd. In einem vom 20. März 1943 datierten Schreiben wandte sich Scherping an den Landrat des Kreises Beeskow-Storkow: »Die Reichsführung-SS sucht seit langer Zeit eine Jagdmöglichkeit in der Nähe von Berlin. Nun wird die Jagd von Groß-Eichholz in Ihrem Kreise voraussichtlich frei, da damit zu rechnen ist, daß der bisherige Jagdpächter seinen Jagdschein verlieren wird.« Zwischenzeitlich hatte der zuständige Jagdvorsteher erklärt, dass die Jagd bereits an einen anderen »so gut wie vergeben« sei. Scherping intervenierte: »(…) ich lege Wert darauf, daß den bei der SS in Berlin Dienst tuenden Beamten usw. eine leicht erreichbare Jagdgelegenheit besorgt wird, damit sie einen gewissen Ausgleich finden. Ich halte diese für wichtiger, als daß irgendeine Einzelperson eine neue Jagdgelegenheit erhält.« Er schloss sein Schreiben mit unmissverständlicher Empfehlung: »Ich wäre Ihnen daher dankbar, wenn Sie mit dem Jagdvorsteher Fühlung nehmen und ihn auf die Erwünschtheit der Jagdverpachtung an die Reichsführung-SS hinweisen würden.«

In einem anderen Fall stellte die Abteilung Auslandspresse im Reichsministerium für Volksaufklärung und Propaganda 1944 den Antrag, die Hoch- und Niederwildjagd des Reichspressechefs in Julianenhof bei Havelberg als Staatsjagdgebiet zu übernehmen. Dieses Jagdpachtgebiet diente dem alleinigen Zweck, die Zusammenarbeit mit Diplomaten und den Auslandspressevertretern aufrecht zu erhalten. Da es bei diesen Jagdausflügen zu politisch brisanten Gesprächen kam, wollte man unbedingt vermeiden, dass der zuständige Kreisjägermeister und der »Hegeringleiter« von derartigen Jagdtreffen Kenntnis erhielten. Das Reichsjagdamt lehnte den Antrag jedoch ab mit der Begründung: »Meines Erachtens ist es auch keineswegs notwendig, den Kreisjägermeister oder Hegerindleiter über Dinge, die sie nicht zu wissen brauchen, aufzuklären. (…) Dinge, die unabhängig von den Personen sind, die Sie einladen und bei denen Ihnen z.B. an der Geheimhaltung des Namens liegt.«[71]

Die schon fast krankhafte Suche nach geeigneten Jagdrevieren führte teilweise dazu, dass Jäger sich gegenseitig beschuldigten, um an das Revier des anderen zu gelangen. Der Gaujägermeister der Mark Brandenburg schrieb noch am 18. Juli 1944, als es um die Beschaffung einer Jagd für den Führer der SA Wilhelm Schepmann (1894–1970)[72] ging: »So wie die Dinge liegen, ist es zur Zeit so gut wie ausgeschlossen, den Wünschen der Herrn nachzukommen. Jeder Jäger ist heute bemüht, seine Jagd zu halten und wenn einmal

Links: Reichsaußenminister Konstantin von Neurath im Gespräch mit Dr. Hausendorff und Oberjägermeister Menthe.

Rechts: Heinrich Himmler während eines Besuches in Carinhall im Gespräch mit Fanny Gräfin Wilamowitz-Moellendorff (l.) und Gräfin Rosen (M.).

einer auf ehrengerichtlichem Wege abgesägt werden muss, so handelt es sich meistens um eine kleine unbedeutende Bauernjagd.«

In diesem Zusammenhang erwähnte er, dass es zu einer Denunziation gegen den Pächter eines an den Truppenübungsplatz »Kurmark« der SS grenzenden Jagdgebiets gekommen sei. Der Leiter des Übungsplatzes Mülder hatte einen Antrag auf Auflösung des angrenzenden Pachtvertrages beim Reichsjagdamt gestellt. Mülder hatte den Pächter Schneider unter anderem als »irrsinnig« dargestellt. In der Untersuchung konnte festgestellt werden, dass zwischen beiden Jägern eine tiefe Feindschaft bestand und es sich »hier um eine Treiberei gegen den Pächter handelt, der aus irgendwelchen Gründen entfernt werden soll«. Der Gaujägermeister musste schließlich feststellen, dass er »nicht in der Lage sei, gegen Herrn Schneider ein Ehrengerichtsverfahren durchführen zu lassen. Ich sehe eigentlich noch nicht einmal eine Ursache, um eine Strafverfügung gegen ihn zu erlassen.«[73]

Immer wieder beriefen sich Streitende auf ein Ehrengerichtsverfahren, das außerhalb eines öffentlichen gerichtlichen Verfahrens stand und nur in Jagdangelegenheiten Anwendung fand. Verankert im Jagdgesetz, war es die einzige Möglichkeit, Jägern die Jagdausübung zu untersagen und den Jagdschein einzuziehen. Damit war ebenso die Möglichkeit gegeben, laufende Jagdpachtverträge aufzulösen. Der politischen Willkür war auch hier Tür und Tor geöffnet.

Ebenso verschaffte Göring auch seinem späteren Generalfeldmarschall Erhard Milch (1892–1972)[74], den er ebenfalls aus dem Ersten Weltkrieg kannte, ein exklusives Jagdgebiet fern der Schorfheide. Zwar wurden Milch jüdische Familienverbindungen nachgesagt, doch er versuchte, diese mit einer Erklärung zu entkräften. Göring hatte mit der »Eidesstattlichen

Erklärung«[75] offenbar keine Probleme und beförderte ihn später bis zum Generalfeldmarschall. Gleichzeitig verband er damit die Lösung eines weiteren Problems.

In der Schorfheide folgte 1931 Forstmeister Werner Berthold dem in Pension gegangenen Karl Mohnike in das Amt des Forstmeisters von Groß Schönebeck. Er war 1901 in Johannesburg geboren worden und hatte in vierter Generation traditionsgemäß die Försterlaufbahn eingeschlagen. In der Schorfheide verliefen seine ersten Dienstjahre ohne größere Probleme, aber nach 1933 geriet er bald in das Räderwerk der neuen Machtstrukturen innerhalb der Stiftung Schorfheide, zwischen Fuckel und Hausendorff. Verhältnismäßig spät, 1937, trat er der NSDAP bei, wurde jedoch mit der Absetzung von Hausendorff im gleichen Jahr nicht in die neue Personalstruktur der Stiftung übernommen. Er gab 1945 an, durch Göring 1937 nach Menz strafversetzt worden zu sein, weil er nicht der NSDAP angehört habe. Das erscheint aus heutiger Sicht fraglich, denn zu dem staatlichen Forstamt Menz gehörte die Revierförsterei Stechlin, die durch einen Pachtvertrag 1937 an den damaligen Polizeipräsidenten von Berlin, Graf Helldorf, abgegeben wurde. Der übrige Bereich des Forstamtes wurde 1938 auf Veranlassung von Göring seinem späteren Generalfeldmarschall Milch als Pirschrevier zugewiesen, den Berthold 1939 auf Jagdreisen in die Eifel und nach Pommern begleitete. Wäre Berthold tatsächlich bei Göring in Ungnade gefallen, so hätte er nicht die jagdliche Führung für einen der engsten Mitarbeiter und Vertrauten von Göring übernehmen können.

Angrenzend an das Menzer Forstamt befand sich das Waldgut Feldgrieben, das dem Baron von der Osten-Sacken gehörte. Der verpachtete 1940 seine Jagd an Milch, weil er eine Jagd im Warthegau übernehmen wollte. Berthold übernahm auch hier die jagdliche Aufsicht und Organisation des gesamten privaten Jagdgebietes.

Der jährliche Wildabschuss wurde seit 1940 auf neun Stück Rot-, vier Stück Dam- und fünf Stück Rehwild festgelegt. Milch erhielt die Genehmigung, im Revier Feldgrieben und Menz, als geschlossenes Rotwildgebiet, die Jagd ausüben zu können. Das Hauptziel war, einen »›Hausvierzehnender‹ zu haben, aber keine ›Hausricke‹«.[76] Damit war das Heranziehen von starkem Rotwild gemeint, denn der letzte starke Hirsch wurde 1936 erlegt. Nach Zustimmung von Milch sollten Berthold und Jagdführer Zunke die Erlaubnis erhalten, zur Erfüllung des Abschussplanes weiteres Wild zu erlegen.

Obwohl im Juli 1941 zur Wehrmacht eingezogen, wurde Berthold dank der Vermittlung von Milch nach seinem Dienstwohnsitz Neuglobsow abkommandiert und vom Kriegseinsatz freigestellt. Doch am 8. Oktober 1943 erreichte den preußischen Landforstmeister ein Brieftelegramm vom Oberlandforstmeister im Reichsforstamt Wagner, demzufolge Berthold jegliche Dienstausübung sofort untersagt war. Einen Tag später fuhr Berthold selbst ins Landesforstamt, um die Vorwürfe gegen ihn zu klären, bei denen ihm die unzulässige Erlegung von drei Hirschen in seinem Verwaltungsbezirk vorgeworfen wurde. Am 12. Oktober erließ der Oberstaatsanwalt beim Amtsgericht in Neuruppin Haftbefehl wegen gewohnheitsmäßiger Wilddieberei. Göring wurde am 11. Februar 1944 mitgeteeilt, dass mit einer Verurteilung von Berthold zu rechnen sei. Berthold versuchte noch, einem Verfahren durch die Meldung als Freiwilliger an die Kriegsfront zu entgehen. Doch der Generalforstmeister lehnte einen Fronteinsatz ab und der Beschuldigte wurde nicht nur wegen Wilddieberei, sondern auch wegen Amtsunterschlagung bei Holzlieferungen angeklagt. Die Anschuldigungen gegen ihn wogen schwer: Am 15. Februar 1943 soll er einen Hirsch von acht Enden erlegt, das Geweih an sich genommen und das Wildbret verludern lassen haben. Einen weiteren Achtender schoss er am 10. März, ebenfalls in der Schonzeit, versteckte das Geweih im Schilf des Krickowsee und verkaufte das Fleisch teilweise, ohne es offiziell abzurechnen. Im weiteren Verlauf wurde ihm zudem die Erlegung von

Die neue Revierförsterei Rarangsee.

Vorstandshaus der Stiftung Schorfheide am Kleinen Döllnsee.

Der Geschäftsführer der Stiftung Schorfheide, Oskar Fuckel, wird von Göring auf Carinhall begrüßt.

nach Abzug der Verwaltungs- und Betriebskosten – so gering sei, dass der Stiftungszweck infrage gestellt werden müsse, wenn nicht zusätzliche Mittel zur Verfügung gestellt werden könnten. Dennoch wurden etwa 90 Prozent der Einnahmen der Stiftung aus dem Holzverkauf erzielt. Von Keudell erwähnte in diesem Zusammenhang: »Da in früheren Jahren (…) in den zur Schorfheide gehörenden Forstämtern oft forstliche Belange hinter den jagdlichen Aufgaben zurücktreten mussten, ist der forstliche Zustand und die Qualität des Holzes (…) teilweise schlecht.« Zu diesem Zeitpunkt erfolgte in der Schorfheide ein erhöhter Einschlag von 125 teilweise sogar 150 Prozent.

Tatsächlich konnte die Stiftung damals nur durch einen jährlichen Zuschuss in Höhe von mindestens 600.000 RM überleben. Allein für die Haltung von Wisenten und Elchen wurde ein Mehrbetrag von 150.000 RM veranschlagt.[97] Es stellte sich aber bald heraus, dass der Betrag dennoch nicht ausreichen würde, »um den Verpflichtungen, die das Reichsjagdgesetz den Jagdausübungsberechtigten, also auch dem Forstfiskus auferlegt, nachzukommen«. Daher musste der Fonds um weitere 200.000 RM aufgestockt werden. Doch auch in den folgenden Jahren reichte der Etat nicht aus und musste ausgeglichen werden. Egal, ob es um die Erneuerung der schadhaften Umzäunung des Naturschutzgebietes Rominter Heide oder zusätzliche Mittel für den Darß ging, jedes Mal bestand Göring auf der sofortigen Erledigung. Für 1937 wurde im Haushalt schon mit einer Million RM Kosten gerechnet, die sich erneut um 200.000 RM erhöhten und bereitgestellt werden mussten.[98]

Die von Göring bereits 1933 geforderte Umstrukturierung der Forstämter, die eine Verkleinerung der Reviere zur Folge hatte, brachte auch den Neubau von Forstdienstgebäuden mit sich. In Groß Schönebeck sollte eine neue Försterei »Minkwitz« entstehen, die für 1934 geplant war, aus Geldmangel aber nie gebaut werden konnte. Ebenso unausgeführt blieb der Neubau des Forstamtes Reiersdorf an einem neuen Standort.

1936 legte der Stiftungsvorstand fest, dass die Holzbodenfläche einer Revierförsterei 800 Hektar nicht übersteigen sollte, da sonst »Waldbau und Jagd nicht in so hervorragendem Maße gefördert werden, wie es den großen Zielen der Schorfheide« entspräche.[99]

In der Sitzung des Vorstandes im Staatsministerium am 27. Juli 1937 in Berlin wurden weitere Veränderungen auf den Weg gebracht, so etwa eine Umorganisation und Neueinteilung der Schorfheider Forstämter (s. Tabelle V). Unter Verschiedenes diskutierte man unter anderem das Ausscheiden von Hausendorff und die Übertragung der Geschäftsführung an Oberforstmeister Fuckel, die Beauftragung des Oberstjägermeisters Scherping mit der Leitung des Jagdwesens in der Schorfheide und den Ankauf von Grundstücken für das Schaugehege der Wildforschungsstätte am Werbellinsee.[100] Die Absetzung von Hausendorff konnte später nie richtig nachvollzogen werden. Vermutlich fiel er einer Intrige zum Opfer, die Göring veranlasst hatte, um den von ihm bevorzugten Fuckel zum neuen Geschäftsführer zu machen. Als Hausendorff bei Göring nach den Gründen für seine Versetzung nachfragte, erhielt er keine Antwort.

Über die Stiftung plante Göring, den Neubau einiger Forstgebäude innerhalb der Schorfheide finanzieren zu können. Dazu gehörten unter anderem das Forstmeistergebäude Pechteich in Groß Schönebeck, die Revierförsterei Rarangsee, die Revierförsterei Vietmannsdorf und Klein Dölln sowie den Umbau der Forstmeisterei Grimnitz.[101]

Als Teile des alten historischen Forstamtes Grimnitz ausgegliedert werden sollten, wurde abermals eine Neueinteilung vorgenommen. Göring wünschte, die Reviere um Carinhall als eines der »Hauptjagdgebiete verwaltungsmäßig in einer Hand vereint zu sehen«. Damit fielen die Revierförstereien Kaiserhorst, Lindhorst, Schorfheide und Wilhelmseichen an die Stiftung. Um Görings Wunsch zu erfüllen, wurde die Bildung eines neuen Forstamtes unumgänglich, da die alten Reviergrenzen nicht verändert werden sollten. Das neue Forstamt bekam den Namen »Schorfheide« und hatte seinen Sitz in Reiersdorf. Zu ihm gehörten die Reviere Döllnkrug, Kaiserhorst, Klein Dölln, Lindhorst, Wilhelmseichen und Wucker. Die Leitung übernahm der kommissarisch eingesetzte Revierverwalter Forstassessor Ferdinand Coninx.

1937 wurden zudem die Forstämter Alt Placht, Grumsin und Himmelpfort der Stiftung angeschlossen und ebenfalls der Landesforstverwaltung in Potsdam entzogen. Damit unterstanden der Stiftung acht Forstämter mit einer Gesamtgröße von 51.527 Hektar.[102] 1942 umfasste das Gebiet durch Ankäufe weiterer acht Güter insgesamt 56.442 Hektar.[103] Allein für die Wildhege und den umfangreichen Zaunbau sah der Haushalt der Stiftung 1936 insgesamt 667.000 RM vor.[104] Bis zum Kriegsende wuchs das Stiftungsgebiet durch weitere Ankäufe und Angliederungen auf rund 60.000 Hektar.

Als bekannt wurde, dass weitere Areale in das Stiftungsgebiet eingegliedert werden sollten, setzten erste Proteste der angrenzenden Gemeinden und Städte ein. Der Bürgermeister der Stadt Joachimsthal bemerkte, nachdem die Eingliederung des Forstamtes Grumsin erfolgt war, dass die »Gemarkung Joachimsthal als nunmehrige Enklave (...) ebenfalls eingegliedert werde, um die Möglichkeit einer jagdlichen Anpachtung jederzeit offen zu halten« – und lehnte eine volle Eingliederung ab. Der Landrat des Kreises Niederbarnim teilte mit, dass sich 17 Grundeigentümer der Gemeinden Klandorf und Ruhlsdorf gegen eine Eingliederung ihrer Flächen ausgesprochen hätten. Ebenso wehrte sich der Bürgermeister von Lychen gegen die Einbeziehung eines Teils des Lychener Stadtforsts.[105] Dennoch wurden während des gesamten Krieges weitere Siedlungen, Güter und einzelne Grundstücke angekauft, zum Beispiel die Ahlimbswalder Siedlung, die Güter Großenhof, Parlow und Sarnow. Nur in wenigen Fällen wurden die Eingliederungspläne verändert oder zurückgestellt.

Frühzeitig wurde eine Auflistung der angrenzenden, nichtstaatlichen Gemeinde- und Eigenjagdbezirke für den Reichsjägermeister angefertigt. Sie erfasste 77 Jagdbezirke unter Angabe der Pachtdauer, des Pachtpreises, etwaiger Wildschäden, des jährlichen Wildabschusses und einer persönlichen Einschätzung des Pächters. Die Einschätzungen reichten von »Nicht bekannt« und »Bisher keine Beanstandungen« über »Hat zahlreiche Kanzeln an der Grenze« und »Bekommt die Jagd nicht wieder« bis hin zu »Übler Schießer« oder »Größte Vorsicht am Platze«.[106]

Zum 1. April 1938 ernannte Göring Lutz Heck (1892–1983)[107] zum Leiter der Abteilung Naturschutz im Reichsforstamt unter gleichzeitiger Beibehaltung seiner Stellung als Direktor des Berliner Zoologischen Gartens. Heck hatte die alleinige Aufgabe das gesamte Naturschutzwesen neu aufzubauen und zweckentsprechend zu gestalten – natürlich nach den von Göring vorgegebenen Richtlinien.

Über das Reichsnaturschutzgesetz versuchte Göring später, angrenzende Gebiete unter Naturschutz zu stellen, um sie zu gegebener Zeit leichter der Stiftung angliedern zu können. Die dazu anzuhörenden Städte und Gemeinden wehrten sich jedoch hartnäckig gegen eine Unterschutzstellung. Der Bürgermeister von Joachimsthal legte im September 1937 dar, dass die Gemarkung nichts habe, was unter Schutz gestellt werden könne. Die erwähnten 17 Grundeigentümer aus Klandorf und Ruhlsdorf schafften es sogar, den Kreisbauernführer auf ihre Seite zu ziehen, der argumentierte, dass den betroffenen Landwirten nicht zugemutet werden könne, ihre Arbeits- und Wirtschaftsweise unter Naturschutzbedingungen zu ändern. Der Bürgermeister von Lychen verlieh 1938 seiner Befürchtung Ausdruck, dass durch eine Sperrung von Wegen und die zusätzliche Einzäunung von Waldgebieten der Aufenthalt von Kurgästen ebenso beeinträchtigt würde wie die Jagd im Lychener Stadtwald.

Mit der dritten Änderung des Reichsnaturschutzgesetzes vom 20. Januar 1938 setzte Göring durch, dass die Naturschutzbehörden dazu berechtigt waren, entlang der Autobahnen die Beseitigung oder Veränderungen von Naturdenkmalen oder Naturschutzgebieten zu veranlassen oder zu verbieten. In einer Auflistung für den Abschnitt von Berlin nach Stettin wurde zum Beispiel festgehalten, welche Naturschönheiten in welchem Abstand zur Fahrbahn zu erhalten waren. Der Plan, generell jeweils beidseitig der Fahrbahn 200 Meter als Naturschutzgebiet auszuweisen, konnte sich jedoch nicht durchsetzen.[108]

Dagegen enthielt das Gesetz in den Paragrafen 4 und 18, in Verbindung mit der Durchführungsverordnung in Paragraf 12, die Möglichkeit, private Flächen zu enteignen. Was sich damals niemand vorstellen konnte, war, dass Göring damit tatsächlich die Auslöschung kleinerer Orte im Gebiet der Stiftung Schorfheide rechtfertigen wollte. 1935 teilte der Kommissar für Denkmalpflege der Provinz Brandenburg, Klose, dem Regierungspräsidenten in Potsdam auf eine Anfrage zu einer Baugenehmigung für die Gemeinde Schluft mit: »Auf die obige Anfrage erwidere ich streng vertraulich wie folgt: Die Anweisung des Herrn Ministerpräsidenten ist mir bekannt. Schluft ist eine Enklave im Naturschutzgebiet, das schon jetzt als sogenanntes Reichnaturschutzgebiet behandelt wird. (...) Flächen, die in oder an einem Reichsnaturschutzgebiet liegen, können enteignet werden. Bei der isolierten Lage der Ortschaft Schluft ist damit zu rechnen, dass von den Möglichkeiten des genannten Gesetzes hier Gebrauch gemacht wird. In diesem Falle erscheint es durchaus folgerichtig, die Bautätigkeit abzubremsen und Zuzug zu verhindern, denn im anderen Falle müssten ja die neuen Siedlungen in baldiger Zukunft mit den bereits vorhandenen enteignet werden.«

Klose verwies auf die Möglichkeit einer Anfrage direkt an das Reichsforstamt, bat jedoch eindringlich, ihn dabei nicht zu nennen, »da ich mit dieser meiner Mitteilung eigentlich schon in Hinsicht auf meine Stellung im Reichsforstamt meine Befugnisse ein wenig überschreiten musste«.[109] Zu diesem Zeitpunkt waren die Planungen für eine Umsiedlung von sieben Schorfheidedörfern in Vorbereitung.[110] Göring selbst behauptete 1936, dass er »an eine Aussiedlung der Dörfer der Schorfheide nicht denke«. Vielmehr sollten die Gemeinden »nur noch dem Zwecke der Unterbringung von Waldarbeitern und sonstiger für die Forstverwaltung der Schorfheide nötigen Betriebe, z.B. kleiner Wirtschaften, die sich mit Holzabfuhr beschäftigen, dienen«. Anstelle einer unpopulären Enteignung und Umsiedlung von Grundstücksbesitzern und Bewohnern präferierte er offensichtlich eine schleichende Auszehrung der Gemeinden. So versuchte er zu verhindern, dass sich Wochenendbesucher und industrielles Gewerbe ansiedeln konnten.[111]

Doch das galt nicht für alle Siedlungen, wie das Beispiel des Dorfes Kappe zeigt, für das 1937 die Umsiedlungspläne konkrete Formen annahmen. Die damals 58 Grundeigentümer und insgesamt 325 Einwohner wurden in drei Gruppen eingeteilt: Einige sollten im

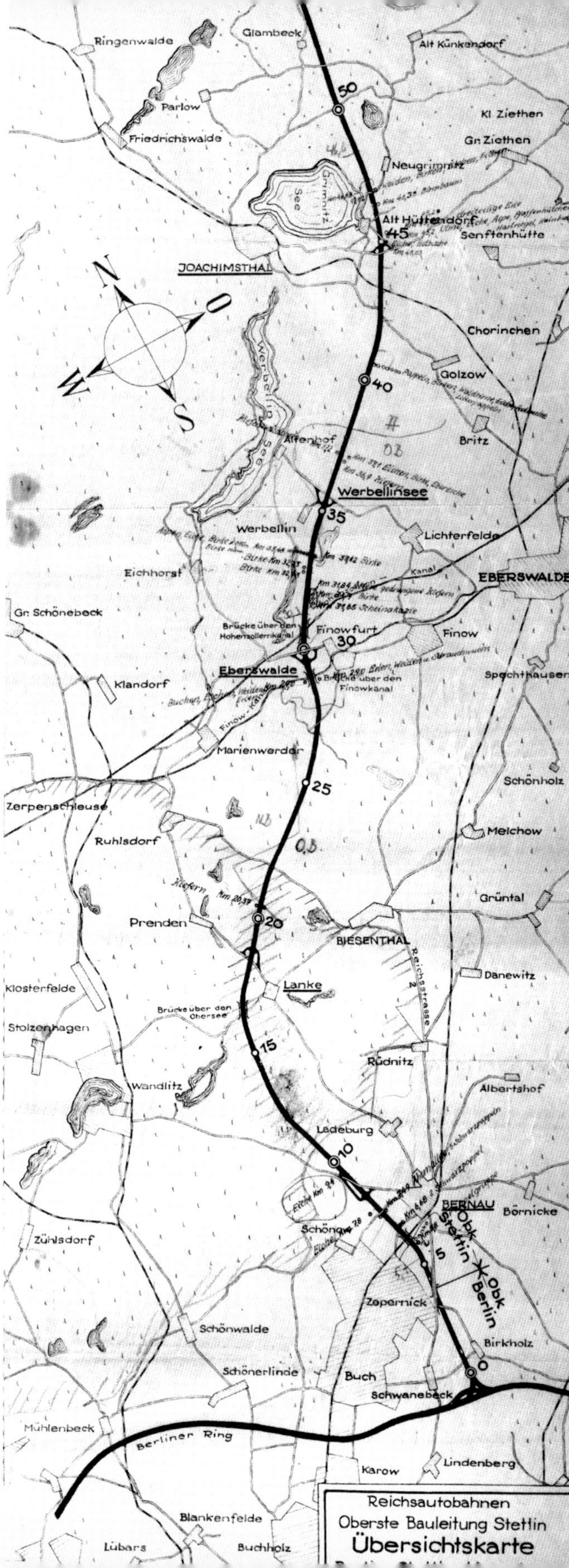

Verlauf der Autobahn von Berlin nach Stettin mit Hinweisen auf Naturdenkmale.

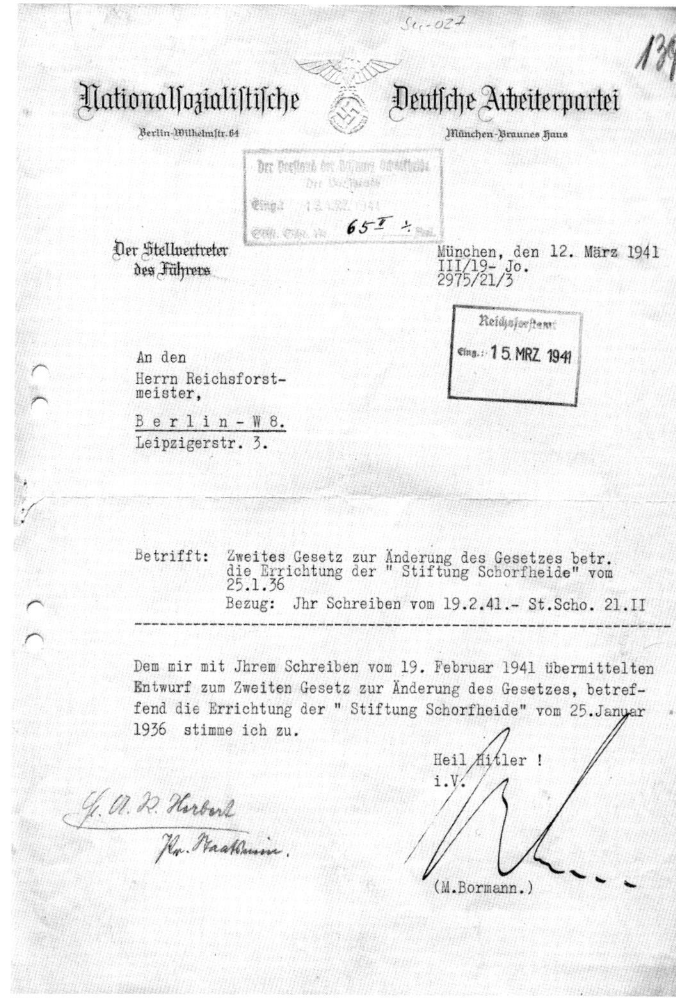

139

Nationalsozialistische Deutsche Arbeiterpartei

Berlin-Wilhelmstr. 64 — München-Braunes Haus

Der Stellvertreter des Führers

München, den 12. März 1941
III/19- Jo.
2975/21/3

Reichsforstamt
Eing.: 15. MRZ 1941

An den
Herrn Reichsforst-
meister,

B e r l i n - W 8.
Leipzigerstr. 3.

Betrifft: Zweites Gesetz zur Änderung des Gesetzes betr. die Errichtung der " Stiftung Schorfheide" vom 25.1.36
Bezug: Jhr Schreiben vom 19.2.41.- St.Scho. 21.II

Dem mir mit Jhrem Schreiben vom 19. Februar 1941 übermittelten Entwurf zum Zweiten Gesetz zur Änderung des Gesetzes, betreffend die Errichtung der " Stiftung Schorfheide" vom 25.Januar 1936 stimme ich zu.

Heil Hitler !
i.V.

(M.Bormann.)

Martin Bormanns Zustimmung zur Gesetzesänderung »begreffend die Errichtung der ›Stiftung Schorfheide‹«, 12. März 1941.

Dorf verbleiben können, andere durften ihre Höfe behalten, mussten aber ihr Land an die Stiftung abgeben, und die letzte Gruppe, vor allem Rentner und Gewerbetreibende, sollte vollständig ausgesiedelt werden. Insgesamt waren 35 Hofstellen mit zusammen 282 Hektar und 13 Mietwohnungen zur Umsiedlung vorgesehen. In den verbleibenden 23 Mietwohnungen sollten Waldarbeiter und Rentner weiterhin wohnen können. Rechtlich begründen wollte man das Verfahren mit dem Reichsnaturschutzgesetz in Verbindung mit der Durchführungsverordnung von 1935. Die Gesamtkosten für diese Maßnahme wurden mit 790.000 RM veranschlagt.[112]

In der Vorstandssitzung der Stiftung vom 16. Februar 1938 standen die Pläne für Aussiedlungen erneut auf der Tagesordnung. Vorrangig ging es dabei weiterhin um die Gemeinden Kappe und Schluft. Landwirte der Gemeinde Kappe sollten nach der Domäne Grünow umgesiedelt und die Grundflächen von Schluft aufgekauft werden. Ebenso die landwirtschaftlichen Betriebe in den Gemeinden Bebersee und Groß Väter, die keine forstlichen Aufgaben erfüllten. Je nach den zur Verfügung stehenden finanziellen Mittel sollten die »Aussiedlungs- und Aufkaufpläne insbesondere für die Gemeinde Grunewald und Groß Dölln« vorangetrieben werden. Für 1939 wurden der Ankauf von Gut Gollin und der Erwerb der landwirtschaftlichen Flächen des Gutes Sarnow bei Groß Schönebeck gebilligt. Für Sarnow ergab eine Schätzung einen Ankaufswert von 69.000 RM, der angebotene Ankaufspreis durfte 85.000 RM nicht übersteigen.[113] Mit Ausbruch des Krieges mussten die großangelegten Pläne vorläufig auf Eis gelegt werden. Sie wurden zwar wieder neu aufgerufen, als sich die Siegesmeldungen von den Fronten häuften, doch der weitere Kriegsverlauf ließ ihre Verwirklichung nicht mehr zu.

Die Stiftung blieb trotz großer Pläne stets auf Zuschüsse angewiesen. So musste 1939 ihr Haushalt, der Ausgaben in Höhe von 6.535.850 RM vorsah, mit einem Staatszuschuss in Höhe von 1,5 Millionen RM ausgeglichen werden.[114] Das Defizit verringerte sich zwar, aber auch 1942 musste immerhin noch eine Million RM zugeschossen werden.[115]

Als 1939 das Gut Parlow angekauft wurde, gab es Bestrebungen, das Gebiet mit einem Wildzaun abzuschließen. Dieser hätte jedoch die durch den SS-Gruppenführer Heydrich angrenzende Jagdpacht beeinträchtigt, da einige Wildwechsel unterbrochen worden wären. Als Heydrich die Mitteilung über die Zaunziehung erhielt, zeigte er sich sehr verärgert, weil seine bisherigen Wünsche für ein neues Jagdgebiet nicht erfüllt worden waren. Er beschwerte sich beim Reichsjagdamt, dass seine Bemühungen um eine neue Pacht bisher negativ verlaufen seien, weil unter anderem in einem Fall »der Verpächter bei fast allen Behörden und ehrbaren Nachbarn übel beleumundet ist und ausserdem wiederholt Vorgänge wegen Verachtung und Ausnutzung des Arbeiters, staatsfeindlicher Einstellung, Verhöhnung des Nationalsozialismus und Sabotage der Erzeugungsschlacht« bekannt geworden seien und er diese Jagd deshalb nicht pachten könne.

Scherping schrieb später: »Die Beschaffung einer neuen Jagd für den Gruppenführer hat nicht nur mich, sondern auch einen erheblichen Teil meiner Referenten (...) nicht nur Tage sondern Wochen in Anspruch genommen. (...) In der Nähe von Berlin wird es Jagden mit einem derartigen Bestand und einem derartigen Abschuß von Schwarzwild, wie sie der Gruppenführer Heydrich wünscht, nicht geben. (...) Die Staatsreviere in der Umgebung Berlins sind meinem Zugriff zum größten Teil bereits entzogen.« Denn weite Teile waren bereits an »prominente Persönlichkeiten des Staates oder der Partei« vergeben. Scherping resümierte: »Es gibt aber auch leider für mich eine Grenze, d.h. auch ich kann nicht aus dem Nichts etwas besonders Wertvolles schaffen.«

Längst waren alle Gaujägermeister angewiesen, freie Jagden unverzüglich dem Reichsjagdamt zu melden und eine anderwärtige Vergabe vorerst zu blockieren, um eine geeignete Austauschjagd für Heydrich zu fin-

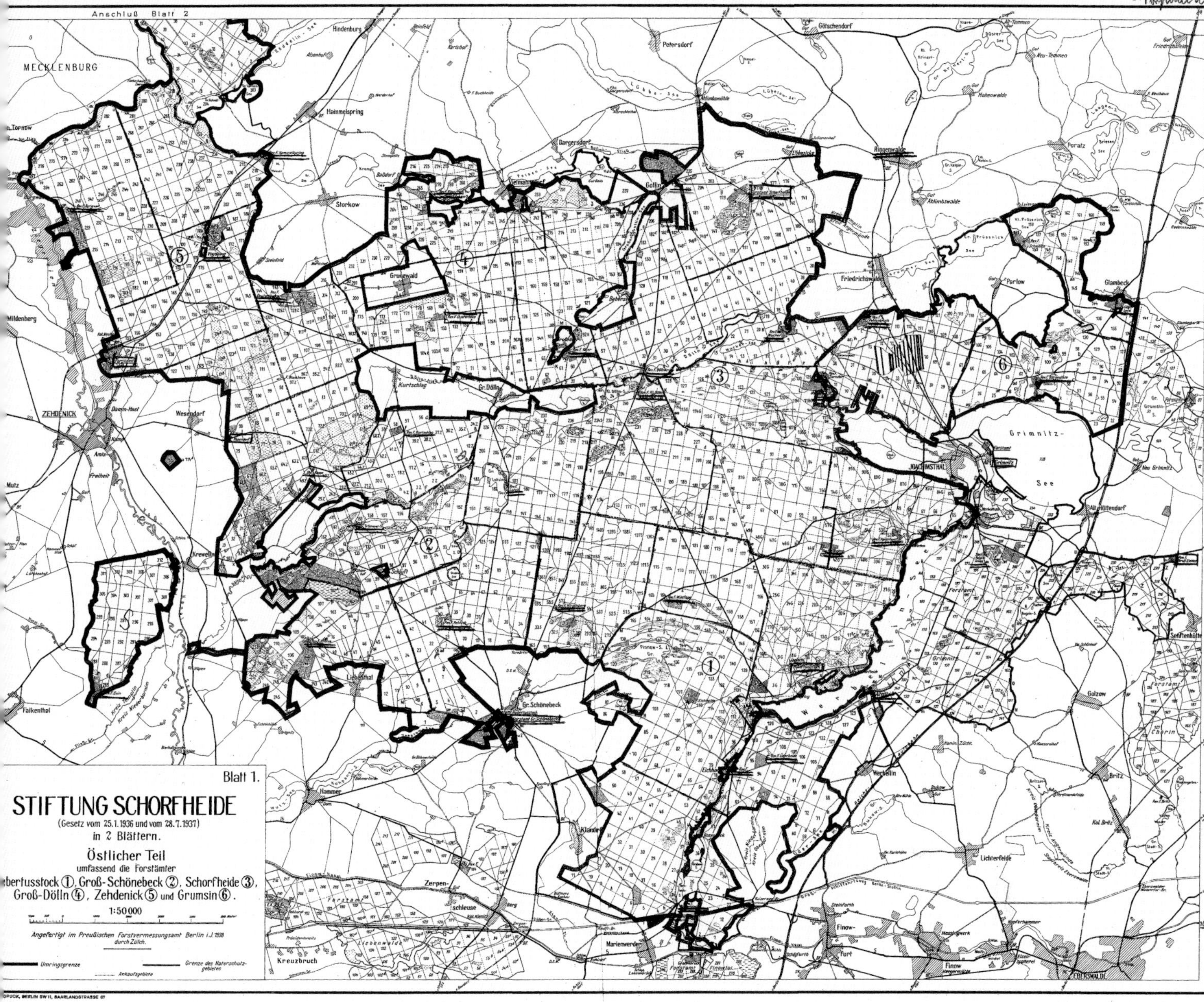

Karte der Stiftung Schorfheide von 1938.

den. Ihm wurden unter anderem die 1.770 Hektar große Jagd im Forstamt Alt Lietzegöricke mit einem Bestand von 60 Stück Rotwild und einem Jahresabschuss von 16 Sauen sowie die 3.000 Hektar große Privatjagd in Serrahn, in der jährlich zehn starke Rothirsche zum Abschuss kamen, angeboten. Nachdem Heydrich mindestens zwölf Jagden vorgeschlagen worden waren und er sie alle abgelehnt hatte, verlor Göring die Geduld. Am 24. November 1939 verfügte er, dass Heydrich mit sofortiger Wirkung die Jagd in Palow untersagt werde.[116]

1940 legte Fuckel einen Plan zum Ausbau der Stiftung vor. Darin hieß es: »Mit dem glückhaften Ende des Krieges erscheint der Augenblick gekommen, den

Staatssekretär Paul Körner im Park von Carinhall.

seit Jahren zwar mit Eifer betriebenen aber noch unvollendeten Aufbau des Reichsnaturschutzgebietes, (...) insoweit es sich um die Ziehung der Außengrenzen und die Gestaltung der inneren Eigentumsgrenzen handelt, endgültig durchzuführen.« Im Hinblick auf die unterworfenen Länder schrieb er: »Die Besiedlung des deutschen Ostraumes bietet die wohl niemals wiederkehrende Gelegenheit für Aus- und Umsiedlungen aller derjenigen Bauern, Hauseigentümer, Werktätigen der freien Berufe und aller sonstigen Volksgenossen, die im Interesse eines großzügigen Ausbaues des Stiftungsgebietes hier Platz machen müssen.«[117]

Insgesamt listete er 24 Vorschläge von Ländereien auf, die aufgekauft und deren Eigentümer umgesiedelt werden sollten. Flächenmäßig sollten die Ankäufe über 2.500 Hektar betragen. Darin waren noch nicht die Ortslagen der betreffenden Gemeinden berücksichtigt.[118] Zu den Plänen hieß es: »Aber gerade die endgültige Durchführung dieser Projekte, bei denen es sich um die Umsetzung von ganzen Teilen dieser Dorfgemeinden handelt, erscheint im Augenblick der Besiedlung des deutschen Ostraumes geboten.« Gemeint war freilich kein deutscher Siedlungsraum, sondern eroberte Gebiete in Polen. Tatsächlich wurden 1943 durch die Stiftung 3.851 Hektar angekauft, für 1944 sah der Haushalt der Stiftung den Erwerb weiterer 4.518 Hektar vor.[119] Zu einer Umsetzung der Siedlungspolitik ist es zumindest in der Mark Brandenburg nicht mehr gekommen.

Im nahe der Schorfheide gelegenen Liebenberg, wo Göring nach dem Tod seiner Frau Carin im Oktober 1931 häufig zu Gast auf dem Gut von Viktoria Ada Astrid Agnes Gräfin zu Eulenburg-Hertefeld (1886–1967) war und im dortigen Revier zur Jagd ging, kam Göring in Kontakt mit dem Gutsförster Ernst Schade und dessen Sohn Willy, der seit 1926 als Stadtförster von Zehdenick für den dortigen, ca. 300 Hektar großen Stadtwald verantwortlich war. Willy Schade und Göring pflegten persönlichen Kontakt, sie jagten gemeinsam, und Schade war es wohl, der Göring gezielt die Schönheiten der Schorfheide nahebrachte. Nach 1933 holte Göring den Förster aus Zehdenick direkt in die Schorfheide. Im August 1934 wurde er auf Görings »ausdrücklichen Wunsch« zum Preußischen Revierförster ernannt und damit in den preußischen Staatsdienst übernommen. Willy Schade wurde zu Görings »Leibjäger«, der dessen jagdliche Wünsche und Anweisungen weiterleitete, alle wichtigen Vorkommnisse an ihn herantrug und auch seine persönlichen Jagdgäste führte. Zunächst bewohnte Schade am Südufer des Kleinen Döllnsees ein Jagdhaus, das 1940 bei einem Brand zerstört und abgerissen wurde. Als Ersatz entstand am Nordufer der Großen Döllnsees ein neues Gästehaus mit einer Wohnung für den Förster (»Schade-Haus«), das später zum Domizil Walter Ulbrichts (1893–1973)[120] und zum Gästehaus von Honecker wurde. Heute ist das Gebäude ein Hotel der gehobenen Klasse.

Links: Emmy und Hermann Göring beim mittelalterlichen Fest am Werbellinsee, 1934.

Rechts: Forstbeamter beim Verblasen eines erlegten Hirsches.

Mit seinem Erlass vom 15. Dezember 1940 ernannte Göring Schade zum Leiter seines Referats Forst- und Jagdwesen im Reichsforst- und Reichsjagdamt. »Dieser ist berechtigt, sämtliche Staatsreviere des Großdeutschen Reiches zu bereisen und in den Staatsjagdrevieren in meinem Auftrag Anordnungen jagdlicher Art zu treffen, sich die erbeuteten Trophäen vorzeigen zu lassen und an jeder Trophäenschau teilzunehmen. (...) Für die Stiftung Schorfheide gelten für Oberforstmeister Schade Sonderbefugnisse.«[121] Damit hatte Schade eine uneingeschränkte Stellung im Jagdwesen inne, die jeden Forstbeamten erschaudern ließ, wenn er sich ankündigte. Hatte Schade doch direkten Zugang zu Göring und konnte somit auch selbst den Oberstjägermeister Scherping übergehen.

1941 ließ Göring durch seinen Staatssekretär Körner mitteilen, dass er alle seine jagdlichen Anordnungen an den inzwischen zum Forstmeister avancierten Schade weiterleiten würde. Für ihn sollte zudem in der Umgebung von seinem Privatsitz Carinhall ein eigenes Forstamt gegründet werden. Als Vertreter sollte Fuckel, der Geschäftsführer der Stiftung Schorfheide, fungieren, »soweit es sich nicht um die persönlichen Gäste des Reichsmarschalls handelte«[122], für die Schade allein zuständig war. Damit drohte Oberstjägermeister Scherping als Stabsleiter des Reichsjägermeisters seinen Einfluss auf die Schorfheide zu verlieren und es kündigte sich eine erneute Umstrukturierung der Forstämter an.

Scherping versuchte, sich gegen diesen Machtverlust zu wehren, und verwies auf den Erlass des Reichs-

Der Geschäftsführer der Stiftung Schorfheide Oskar Fuckel, Staatssekretär Paul Körner (Mitte) u.a. vor dem Stiftungshaus am Kleinen Döllnsee.

jägermeisters aus dem Jahr 1937. In diesem hatte ihm Göring für die Schorfheide zugesichert, in Jagdsachen handeln zu können. Entsprechend beanspruchte er wie in allen übrigen Staatsjagdrevieren auch für die Schorfheide »die ausschließliche Leitung der Jagdsachen«. Fuckel wiederum hatte es bisher unterlassen, Schade vor der Festsetzung der jährlichen Abschusspläne deren Abschriften vorzulegen und ihn anzuhören. Auch die Streckenmeldung aus den Forstämtern war nicht an ihn weitergeleitet worden. Der Zwiespalt steigerte sich, als Göring bei Schade entsprechende Informationen anforderte und dieser nicht antworten konnte. Staatssekretär Körner versuchte, zwischen Scherping, Schade und Fuckel zu vermitteln, denn Göring wollte beide nicht verlieren. Scherping sicherte Körner zu, eine Dienstvorschrift zu erarbeiten, in der die Abgrenzung der Zuständigkeit zwischen ihm und Schade geregelt werden sollte. Bald darauf legte er Körner die gewünschte Abänderung des Erlasses »im Interesse klarer jagdlicher Befehlsverhältnisse in der Schorfheide« vor. Darin hieß es: »Der Oberstjägermeister bestimmt die leitenden Grundsätze für die Verwaltung und den Betrieb der Jagd. Sein örtlicher Stellvertreter ist gemäß Erlaß des Reichsjägermeisters vom 15.12.1940 der Forstmeister Schade.«

Göring teilte Scherping im Frühjahr 1941 mit, dass er ihm die »Leitung des gesamten Jagdwesens in der Stiftung Schorfheide« übertrage und fügte hinzu: »Ihre Pflichten und Rechte sind die gleichen wie in den übrigen Ihnen unterstellten Staatsjagdreviere.« Scherping war mit dieser »Sonderanweisung« natürlich vollauf einverstanden, bat jedoch darum, zudem »bei der Besetzung von leitenden Funktionen in den Forstämtern« gehört zu werden, damit »diese Stellen nur mit Beamten besetzt werden, die auch über das notwendige jagdliche Wissen und Können verfügen«. Damit wurde Schade in seine Grenzen verwiesen. Immerhin oblag Scherping sogar – nach Weisung von Göring – die Verteilung der für den Abschuss vorgesehenen Hirsche auf die Jagdgäste und die Beamten. Jagdgäste durften zur Pirsch nur angesetzt werden, wenn dem jeweiligen Forstamt eine schriftliche Abschussanweisung von ihm vorlag. Die dabei erbeuteten Trophäen durften dem Jagdgast erst ausgehändigt werden, wenn sie Scherping vorgelegt und ausgewertet waren. Die persönliche Führung von Gästen des Reichsmarschalls übernahm dagegen weiterhin Schade selbst.

Obligatorisch waren die jährlich dreimal durchzuführenden Wildzählungen, nach denen die Abschüsse festgelegt werden konnten. Das Aussetzen von Wild und jegliche Zuchtversuche durften nicht mehr ohne ausdrückliche Anordnung von Scherping erfolgen. Die Abhaltung von größeren Jagden behielt sich dagegen Göring selbst vor.[123]

Im Juni 1941 drängte Scherping auf die baldige Inkraftsetzung der Sonderregelung, da ihm inzwischen die Abschusspläne für die Schorfheide vorlagen, »die ein sehr baldiges und nachhaltiges Eingreifen (...) notwendig machen«. Er war davon überzeugt, dass »die Durchführung des Abschusses eine unbedingte Notwendigkeit ist, nachdem sich herausgestellt hat, daß die Wildzahlen in der Schorfheide sehr viel zu hoch liegen«.[124] Tatsächlich waren in der Vergangenheit die Bestandszahlen hochgehalten worden, um allen jagdlichen Wünschen von Göring gerecht werden zu können. Dabei wurde die Qualität der Trophäen vernachlässigt, wohl in der Hoffnung, dass sie für Gäste des Reichsjägermeisters genügen würden. Die vorliegenden Zahlen über das männliche Rot- und Damwild aus dem Jahr 1938 zeigen indes, dass die vorhandenen starken Trophäenträger für die vielen Jagdgäste, die Göring einlud, keineswegs ausreichten. Erlegt wurden 1938 aus dem Rotwildbestand (nach Geweihenden):

Enden	20	18	16	14	12	10	8	geringe inkl. Spießer	Gesamt
Stück	2	–	9	20	17	15	6	190	259

Darunter waren 16 Hirsche mit über sechs, 23 mit fünf bis sechs, 24 mit vier bis fünf und 73 mit drei bis vier Kilogramm Geweihgewicht. Wenn davon auszugehen war, dass Göring mindestens die zehn stärksten Hirsche selbst schoss, blieben für die rund 30 Jagdgäste und die Verwaltungsbeamten nur noch die Vierzehn- bis Zehnender übrig.

Vorhandenes Rotwild zum 1. August 1939

Enden	20	18	16	14	12	10	8	geringe inkl. Spießer	Gesamt
Stück	–	15	40	79	96	65	39	876	1.210

Beim Damwild sah es nicht ganz so dramatisch aus. Geschossen wurden:

starke	geringe	Knieper/Spießer	Gesamt
14	140	223	377 Stück

Vorhandenes Damwild zum 1. August 1939

starke	geringe	Knieper/Spießer	Gesamt
35	135	267	437 Stück[125]

Darunter befanden sich zwei mit über drei, 13 mit zweieinhalb bis drei und 25 mit zwei bis zweieinhalb Kilogramm Geweihgewicht.

Rechnet man nun noch die Ertragswerte für das verkaufte Wild zum Beispiel mit 0,98 RM pro Kilogramm Wildbret für Rotwild, 0,93 RM für Schwarzwild und 1,13 RM für Rehwild zusammen, so ergibt sich für das Jagdjahr 1938 eine Einnahme von insgesamt 72.589 RM. Dem standen jedoch für die Jagdunterhaltung Ausgaben – ohne Personalkosten – von 836.541 RM gegenüber. Dies bedeutete, dass allein das Jagdvergnügen einen staatlichen Zuschuss in Höhe von 763.952 RM nötig machte.[126] Das Jagdrevier des Reichsmarschalls, Reichsforst- und Reichsjägermeisters Hermann Göring in der Schorfheide kostete das deutsche Volk zwischen 1933 und 1945 – nur zur Unterhaltung des Wildbestandes – über acht Millionen RM! Immerhin merkte Scherping 1944 mit Blick auf die kriegswirtschaftliche Lage an, dass in den kommenden Jahren »auch aus politischen Rücksichten wohl mit einer Fütterung des Wildes wie bisher nicht gerechnet werden kann«.[127]

Besonders nahm sich der Oberstjägermeister die Förderung des Jagdhundewesens an, die erstmals im Reichsjagdgesetz verankert worden war. Für die Schorfheide hatte er für diese Aufgabe den aus Mecklenburg stammenden Revierförster Köhn vorgesehen, nachdem Göring und auch Körner den Wunsch geäußert hatten, »daß ein wirklich guter Hundeführer in die Schorfheide beordert werden soll«. Letztendlich gelang es aber doch nicht, Köhn in die Schorfheide zu bringen, da Göring es 1943 ablehnte, Köhn als »unabkömmlich« für die Wehrmacht zu klassifizieren. Gleichwohl erhielt er den Auftrag, einen Jagdhund für den Reichsmarschall auszubilden.[128]

Zum 30. Mai 1943 änderte Göring erneut die Zuständigkeiten im Jagdwesen. Danach war Scherping mit der gesamten jagd- und forstlichen Verwaltung in den Staatsjagdrevieren beauftragt, allein dem Reichsmarschall verantwortlich und hatte nur seine Weisungen zu befolgen. In den Staatsjagdrevieren behielt sich Göring selbst vor, die Genehmigung der Abschusspläne und die Einladung der Jagdgäste festzulegen. Er allein entschied, wer in der Schorfheide, in den ostpreußischen Revieren des Elchwaldes und der Rominter Heide, im Karwendelgebirge oder im Urwald von Bialowies, der seit dem Überfall auf die Sowjetunion 1941 unter deutscher Kontrolle stand, zur Jagd gehen durfte. Darüber hinaus hatte Scherping seinem Dienstherrn alle kapitalen Trophäenträger zu melden, die sich außerhalb der Staatsjagdgebiete befanden.[129] In den Staatsforsten beanspruchte Göring jeden starken Hirsch für sich selbst.

WILDFORSCHUNG AM WERBELLINSEE

Zur wissenschaftlichen Unterstützung bei der Erhaltung bedrohter Pflanzen und Tiere sowie zur Wiedereinbürgerung bereits ausgerotteter Tierarten unter anderem im Gebiet der Schorfheide wurde 1935 eine Forschungsstätte errichtet. Die Einrichtung, die sich malerisch am Nordufer des Werbellinsees auf einer Fläche von etwa 25 Hektar erstreckte, erhielt den Namen Forschungsstätte Deutsches Wild und wurde überwiegend vom Reichsverband der Deutschen Jägerschaft unterhalten. 1937 befanden sich 48 verschiedene Wildarten in den Gehegen der Anlage. Das alte Verwaltungsgebäude einer ehemaligen Ziegelei und das angrenzende Gelände eigneten sich hervorragend für eine zoologische Einrichtung.[130] Deren wissenschaftliche Arbeit sollte sich auf die biologisch-psychologische Beobachtung des Tierbestandes, die parasitologische Erforschung der Verhältnisse in freier Wildbahn, die Auswertung experimenteller Gehegeversuche sowie die Produktion von Jagdtierfilmen erstrecken.[131] Zugleich sollte die Forschungsstätte dazu dienen, Besuchern die heimischen Wildarten nahezubringen.

Die Leitung der Forschungsstelle übernahm Horst-Iwan Siewert (1902–1943), der 1923 als »preußischer Forstbeflissener« in die Schorfheide gekommen war. Er verband seine ornithologischen Forschungen mit der Tierfotografie. Später studierte er, bestand 1931 seine Staatsprüfung an der Forsthochschule Eberswalde und promovierte im Juli 1939. Anfang der 1930er Jahre arbeitete sich Siewert in den noch in den Anfängen steckenden Tierfilm ein. Er leistete auf diesem Gebiet Pionierarbeit und legte mit seinen Tierfilmen der Verhaltensforschung bahnbrechende Ergebnisse vor. In der

Links: Horst Siewert, 1934.

Rechts: Horst Siewert mit jungen Trappen.

Forschungsstätte liefen unter Siewerts Anleitung auch Untersuchungen zum optimalen Wildbestand und zur Einbürgerung von Wildtieren. Das Spektrum reichte damals vom Auerwild über den Iltis bis zur Wildkatze.[132]

Die Forschungsstätte, die disziplinar- und dienstrechtlich der Stiftung Schorfheide unterstand, galt als unselbstständige Einrichtung des Reichsforstamtes. Die der Forschungsstätte gestellten Aufgaben betrafen vorrangig das Verhalten des heimischen Wildes. Besonderes Interesse galt der Aufzucht, Ernährung und Entwicklung sowie den Krankheiten und genetischen Veränderungen von Haar- und Federwild. Die Forschungen sollten neue Erkenntnisse dazu erbringen, wie Wildtiere gehalten und deren Aufzucht ermöglicht werden konnte. Die Ergebnisse sollten vorrangig in der Schorfheide und später in anderen Gebieten umgesetzt werden.

1934 wandte sich Hausendorff, damals noch Leiter der Stiftung, an die »Deutsche Forschungsgemeinschaft – Notgemeinschaft der Deutschen Wissenschaft« mit der Bitte um Unterstützung für die wissenschaftliche Arbeit des Wildbiologen und ersten Leiters der Wildforschungsstätte Siewert. Dieser benötigte für seine Forschungen zur Brutbiologie der heimischen Großvögel und zur Lebensweise des Hochwilds die entsprechende Filmtechnik. Durch einen »Sonderkredit Schorfheide«, den Göring für das Haushaltsjahr 1934 und 1935 hatte einrichten lassen, wurden alle Arbeiten gefördert, die zur Errichtung des Naturschutzgebiets Schorfheide notwendig wurden. Dieser reichte jedoch nicht aus, um alle Ausgaben abzudecken.[133] Immer wieder mussten neue Anträge auf Bezuschussung gestellt werden. Mit der dann angeschafften Filmtechnik drehte Siewert seinen ersten Film über das Leben der Trappe.

Das Schaugehege der Forschungsstätte wurde im ersten Jahr überwiegend über den Haushalt der Stiftung finanziert. Dafür waren 1937 40.000 RM vorgesehen, die, wenn erforderlich, um weitere 20.000 RM erhöht werden konnten. Die Kosten der Filmarbeiten, die vorwiegend von Siewert organisiert und durchgeführt wurden, sollte die Vereinigung der Jäger übernehmen. Mit Beginn des Jahres 1938 hatte die Deutsche Jägerschaft alle Ausgaben für die Wildforschungsstätte und das Schaugehege selbst zu tragen. Der Gesamtetat belief sich für 1938 auf rund 3,4 Millionen RM.[134]

Horst Siewert, der später vor allem als Tierfotograf und -filmer bekannt wurde, setzte mit seiner Verhaltensforschung zur und in der freilebenden Tierwelt Maßstäbe. Während des Krieges arbeitete Siewert für das Heereswaffenamt auf der Insel Kreta, wo er im militärischen Auftrag die Fauna der Insel erforschen sollte. 1943 verunglückte er dort bei Filmaufnahmen für ein Projekt über Hochgebirgsvögel tödlich.[135] Sein Nachfolger als Tierfilmer wurde Heinz Sielmann (1917–2006)[136]. Fast das ganze von Siewert angelegte Archiv der Forschungsstätte, das die Kriegsereignisse unbeschadet überstand, ging 1945 in den ersten Nachkriegsmonaten verloren. Besonders tragisch ist der Verlust des Filmarchivs, das in einem abseits stehenden Gebäude infolge von Brandstiftung in Flammen aufging. Damit gingen die bis dahin erzielten einzigartigen Forschungs- und Dokumentationsunterlagen verloren.

GÖRINGS REVIER
Jagd, Kunst und Diplomatie

Blick von der Jagdhütte Görings auf den Großen Döllnsee mit Steg und Bootshaus.

Als preußischer Ministerpräsident ließ sich Göring am 26. Oktober 1933 durch Beschluss des Ministerrates das »Jagdhaus am Wucker See in der Schorfheide« zum »dauernden Gebrauch widmen« – und gleich 1.000 Hektar umliegende Waldflächen dazu. Das damals durchaus bescheiden wirkende kleine Blockhaus stand auf einer Anhöhe zwischen dem Wucker- und dem Großen Döllnsee. Auf dem See befand sich am Anfang nur ein Bootshaus mit Badesteg, später kamen weitere hinzu. Göring benannte das Jagdhaus nach seiner 1931 verstorbenen ersten Frau Carin von Fock: »Carinhall«. Schon 1934 entwickelte sich das Anwesen ungewollt zu einem touristischen Ausflugsziel. Als Göring davon erfuhr, dass Forstbeamte ihre Angehörigen und Verwandten nach Carinhall führten, ordnete er umgehend ein Verbot an. Niemand durfte ohne seine Zustimmung die Anlage besichtigen. Dazu wurde eine eigene »Landespolizeigruppe General Göring« gebildet, die die Aufsicht und Absicherung vorzunehmen hatte.

Kaum war das Blockhaus fertig, wünschte der Hausherr ein Jahr später den Anbau eines Arbeitszimmers von acht mal zehn Metern, dessen Kosten 25.000 RM[1] betragen sollten. Doch Göring hatte keine rechte Freude an dem Haus und beschwerte sich 1936, dass es sich zeitweilig nicht ausreichend beheizen lasse und er friere. Daraufhin untersuchten die am Bau beteiligten Heizungsfirmen die Anlage und stellten fest, dass bei starkem Westwind über dem Döllnsee der Wind durch den undichten Rundholzbau drückte. Daraufhin wurden die Innenwände zusätzlich abgedämmt, für die oberen Räume bewegliche Elektroradiatoren installiert und die Heizungsanlage auf Öl umgestellt. Allein der Umbau kostete die Steuerzahler 10.000 RM.[2]

Für den Bau und die Gestaltung des Anwesens rund um das Jagdhaus stellte der preußische Finanzminister Johannes Popitz (1884–1945)[3] 219.000 RM bereit. Im Juni 1935 gab er die Anordnung heraus, dass »Carinhall

mit allen Gebäuden und Anlagen« als Geschenk des Preußischen Staates an den »Herrn Ministerpräsidenten« zu gelten habe. Durch seine zahlreichen Ämter und Funktionen war es Göring möglich, die anfallenden Kosten überaus breit zu streuen: Die Unterhaltung der Anlage, inklusive der Kosten für die Stelle des Hausverwalters Rossius, übernahm der preußische Staat. Der Finanzminister veranlasste, dass die Kosten nicht aus Mitteln des Staatsministeriums bestritten, sondern der Forstverwaltung auferlegt werden sollten. Das Futter für die Schwäne auf dem Großen Döllnsee und den angrenzenden Seen sowie für das Wild im nahen Wildgatter wurde durch Görings Privatsekretariat beglichen. Zur Unterhaltung seiner vier Pferde verpachtete ihm die Forstverwaltung eine in der Nähe befindliche Wiese zur Heugewinnung. Dagegen waren die Kosten für die Errichtung von Polizeigebäuden und der Umbau der Försterei Klein-Dölln von der Landespolizeibehörde zu tragen.[4]

Görings erste Jagdhütte 1933 am Döllnsee, 1933.

Ansicht des veränderten Jagdhauses Carinhall, 1934.

Besuch der NS-Frauenschaft aus Groß Schönebeck vor dem Blockhaus Carinhall, 2. Juni 1935.

Auf dem Steg am Döllnsee v.r. Göring, Fürst Ratibor, Graf Adix, Emmy Göring u.a.

Links: Fütterung der Schwäne am Großen Döllnsee unterhalb von Carinhall.

Rechts: Blick in den unteren Wohnraum des Blockhauses, 1934.

DER ERSTE AUSBAU VON CARINHALL (1936/37)

Angesichts der vielen hochrangigen Gäste, die Göring empfing, genügte der »Waldhof« von 1934 seinen Ansprüchen bald nicht mehr. Der Umgang mit Diplomaten, Staatsgästen und der »besseren Gesellschaft« erforderte nach Görings Meinung ein repräsentativeres Anwesen. Nach der Hochzeit mit Emmy Sonnemann (1893–1973)[5] im April 1935, die in Berlin so gefeiert wurde, dass Außenstehende hätten glauben können, »die Monarchie sei wieder eingeführt worden«, wurde die Umgestaltung des »Waldhofs« geplant.[6] In einer Weisung von 1936 heißt es: »Die Anlagen von Karinhall sollen zu einer Art Grosssommersitz für leitende Persönlichkeiten ausgebaut werden.«[7] Im September 1936 begannen die umfangreichen Bauarbeiten. Aufgrund eines von Hitler eingerichteten Sonderfonds standen hierfür reichlich Mittel zur Verfügung. Einwände vonseiten einiger hoher NS-Funktionäre tat Hitler mit den Worten ab: »Lassen Sie den Göring, der allein kann repräsentieren!«[8] Inzwischen war Göring wohlhabend geworden, denn nicht nur Staatsgelder flossen reichlich, sondern es kamen auch üppige Geschenke und Schenkungen vor allem aus der Wirtschaft hinzu: »Typisch für diese Art von Arrangements war Görings Beziehung zu Philip Reemtsma, einem ehemaligen Kampfflieger des Ersten Weltkrieges und nun Deutschlands größter Zigarettenfabrikant. Göring verschaffte ihm Steuerfreiheit, ließ ein Gerichtsverfahren gegen ihn einstellen und machte Werbung für sein Produkt auf Kosten seiner Konkurrenten. (...) Für derlei Begünstigungen erhielt Göring mehr als zehn Jahre lang eine jährliche Zahlung von einer Million Reichsmark.«[9]

Am 20. Juli 1937 war das neue Carinhall bezugsfertig. Die Görings schickten ein langes Dankestelegramm

Große Mengen von Schilf liegen im zweiten Innenhof für die Dacheindeckung bereit, 1940.

zu Hitler nach Berchtesgaden: »Wir wissen, daß wir, wie alles, Ihnen zu verdanken haben, wenn wir heute in dieses schöne Heim einziehen können.«[10] Was erwartete die Besucher nach dem Umbau? Zunächst fuhr man »durch eine Baumallee auf einen weiten Vorplatz, der von einem Teich, einen Springbrunnen, Skulpturen und Blumenrabatten geziert war. Wenn sie das eigentliche Gebäude betraten, durchquerten sie eine 50 Meter große Eingangshalle, die einer Kunstgalerie ähnelte. Es gab ein mittelalterlich gestaltetes Wohnzimmer, ein mit einer Balustrade versehenes Arbeitszimmer mit einem offenen Kamin aus Granit und einen riesigen Raum mit Landkarten, in dem Porträts von Napoleon und Friedrich dem Großen hingen.«[11] Das alte Jagdhaus war in der Grundstruktur erhalten geblieben und wurde als mit kostbaren Möbeln und Kunstwerken geschmücktes Prunkzimmer in den Neubau integriert, der als gewaltiger Vierseitenhof angelegt war.[12] »Den zentralen Bereich des Innenhofes bildete eine von Rosensträuchern umsäumte Rasenfläche, in deren Zentrum ein rechteckiger Seerosenteich angelegt war. Hier war anfänglich die Bronzestatue ›Reitende Amazone‹ des Münchener Malers und Bildhauers Franz von Stuck aufgestellt, die später gegen den ebenfalls aus Bronze gegossenen ›Florenzer Porcellino‹ ausgetauscht wurde, einem dem Original aus den Uffizien in Florenz nachempfundenen liegenden Keiler. Ein überdeckter Bogengang, gestützt von mächtigen Eichenbalken, schloß an der Ostseite das Rechteck um den großen Innenhof. Alle Gebäudedächer waren etwa 30 Zentimeter dick mit Reet gedeckt. Rundherum war der riesige Gebäudekomplex von einem kunstvoll gepflegten Park umgeben, in dem überall lebensgroße Tier- und Menschenstatuen standen.«[13]

Westlich des Innenhofs befand sich das Haupthaus, in dessen Erdgeschoss unter anderem die bereits er-

Modellansicht von Carinhall mit dem Zustand von 1938.

wähnte Empfangshalle, Görings Arbeitszimmer und die Bibliothek lagen. Auf der Nordseite schloss sich der sogenannte Wirtschaftsflügel an, in dem es mehrere Kasinos, Speisezimmer und eine Küche gab, die über einen Aufzug mit den Kühl- und Vorratsräumen im Untergeschoss verbunden war; im Wintergarten pflegte Emmy Göring ihren Besuch zu empfangen. Darüber, im Obergeschoss, lagen die Schlafzimmer des Reichsjägermeisters und seiner Frau, ein Radio-, ein Karten- und ein Arbeitszimmer sowie weitere Räume. Im Süden wurde der Innenhof vom Gästeflügel umschlossen, der sogar über einen Friseursalon und eine Zahnarztpraxis verfügte.[14] Im Osten, parallel zum Haupthaus, erstreckte sich ein L-förmiger Bau, in dem die Adjutantur mit Wohn- und Arbeitsräumen für die Offiziere, den Sicherheitsdienst, den Hausmeister und die Chauffeure untergebracht war. Ebenso wurde hier die Telefonzentrale betrieben.

Aus dem schlichten Jagdhaus von 1934 war somit innerhalb von nur drei Jahren eine gigantische, gut gesicherte Luxusresidenz geworden, in der es an nichts mehr fehlte. Vom Zwinger für die von Göring als Haustiere gehaltenen Löwen über eine Sauna, Dampf- und Schwimmbad, Kinosaal, Gymnastikraum, eine 100 Quadratmeter große Modelleisenbahnanlage bis hin zum Schießstand war alles vorhanden: »Die Grenze zwischen offiziellen Geschäften und gesellschaftlichen Aktivitäten in Carinhall wurde bewusst verwischt. Eine Debatte über die Aufrüstung und Versailles konnte dazu führen, dass man zu Görings Spielzeugeisenbahn hinaufging oder um Mitternacht kurz in den Pool sprang. Die Privilegiertesten seiner Gäste bekamen die Erlaubnis, auf seinem riesigen Besitz zu jagen. Wann immer es möglich war, stand er um vier Uhr morgens auf und begab sich für sechs bis sieben Stunden auf die Jagd.«[15]

Ansicht vom Döllnsee auf den Erweiterungsbau von 1937.

Da für die Reeteindeckung des neuen Baus große Mengen von Schilf benötigt wurden, ließ Göring dafür sorgen, dass den Pächtern des Grimnitz- und Werbellinsees untersagt wurde, dort anfallendes Schilf an Dritte zu verkaufen. Das gesamte Material sollte für den Erweiterungsbau gesichert werden. Die Pächter rechneten mit einer Ernte von insgesamt 18.600 Bund, was etwa 18 Eisenbahnwaggons Schilf entsprach. Die beiden Rohrdachdecker Bade und Reetz gaben an, dass sie, »wie in allen Jahren, auch in diesem Jahre auf die Rohrernte (...) Vorabschlüsse mit den Pächtern getroffen haben. Jedenfalls sei die anfallende Rohrmenge auf beiden Seen unter allen Umständen so groß, daß sie für die in Frage kommenden Bauten ausreichen.«[16] Nach Beginn des Krieges im September 1939 wurde allerdings auf allen Dachflächen das leicht brennbare Reet durch Ziegel ersetzt. Zu groß war Görings Sorge, dass Carinhall das Ziel von Luftangriffen werden könnte.

Göring, der von Anfang an in Hitlers Kriegspläne eingeweiht war, veranlasste frühzeitig die weiträumige Sicherung seines Jagddomizils. So verfügte der Geschäftsführer der Stiftung Schorfheide bereits 1937, Kostenvoranschläge für die Verdunkelung einzelner Fenster einzuholen. Ebenso wurde angeordnet, dass die Überwachung des deutschen Luftraumes auch durch Forstbedienstete zu erfolgen hatte. Schwerpunkt war zu dieser Zeit der Grenzbereich zu Frankreich. Gemeldet werden sollten alle Flugzeuge, die durch »niedriges Fliegen, Kreisen über einer bestimmten Stelle« auffielen »oder die unbefugt außerhalb von Verkehrsflächen« landeten.[17] Weiterhin war darauf zu achten, ob Sachen oder Personen mit Fallschirmen abgeworfen wurden. Entsprechende Beobachtungen sollten unverzüglich der zuständigen Luftbehörde gemeldet werden. Diese Meldepflicht galt auch für alle Jäger, die auf ihren Pirschgängen Besonderheiten feststellten.

Blick in den Gästebereich mit Jagdtrophäen.

Für die Abwehr möglicher Luftangriffe ließ Göring 1939 in der unmittelbaren Umgebung von Carinhall drei Luftschutztürme errichten, die mit Suchscheinwerfern und Luftabwehrwaffen bestückt waren.[18] Entsprechende Flugabwehrstellungen befanden sich in der Nähe. Später kamen drei weitere Stahlkonstruktionen und vier hölzerne Wachtürme hinzu.[19] Zudem ließ er in angemessener Entfernung ein Schein-Carinhall aus Holz errichten, das in der Nacht beleuchtet und in den Grundmaßen die gleiche Größe hatte wie das Original und mögliche Luftangriffe ablenken sollte. Letztlich wurde die Anlage während des Krieges nie das Ziel eines Angriffes, obwohl sie den Alliierten bekannt war.

Durch die willkürlichen Wünsche von Göring entstanden beim Ausbau von Carinhall immer wieder Finanzierungsschwierigkeiten. So monierte der Staatssekretär im Finanzministerium Landfried, dass Rechnungen für verschiedene Möbel und die Errichtung eines Tontaubenschießstandes vorgelegt wurden, die im Staatshaushalt nicht vorgesehen und durch die Rechtslage nicht gedeckt seien. In einem Schreiben über die Kosten für das Rechnungsjahr 1938 hieß es: »Der in der Schorfheide erbaute Waldhof Carinhall ist für den größten Teil des Jahres der Amtssitz des Preußischen Ministerpräsidenten. (…) Neben der Tätigkeit als Ministerpräsident finden in Carinhall auch die Dienstaufgaben als Reichsminister der Luftfahrt, als Reichsforstmeister und als Beauftragter für den Vierjahresplan statt.« Damit erlangte der Komplex den Charakter einer Regierungsbehörde, nicht in Berlin oder Potsdam, sondern in der Mitte der Schorfheide. Alle anfallenden Kosten wurden zu einem Viertel auf den Staat Preußen und zu drei Viertel auf das Reich umgelegt. Die Baukosten für diese erste Ausbauphase beliefen sich auf rund 2,6 Millionen RM. Für die Ausstattung sollten Mittel der Deutschen Jägerschaft verwendet werden.[20]

Speisesaal mit Geschenken in den Vitrinen.

Schwimmbad im Kellerbereich.

Bibliothek von 1937.

Die große Wohnhalle.

Das Arbeitszimmer von Emmy Göring in der oberen Etage.

Jagdgalerie in der oberen Etage.

DER ZWEITE AUSBAU (1939/40)

Kaum war der neue »Waldhof« 1937 fertiggestellt, ließ Göring durch die Architekten und Oberbauräte Friedrich Hetzelt und Hermann Tuch einen weiteren Ausbau planen. Er argumentierte, es habe sich gezeigt, dass bei den Besuchen von Staatsgästen und Empfängen die vorhandenen Räumlichkeiten nicht ausreichten. Vor allem fehle ein großer Speisesaal mit dazugehöriger Küche. Darüber hinaus beklagte er, dass er als Beauftragter für den Vierjahresplan über keinen größeren Sitzungssaal verfüge. Er schrieb: »Diese Tatsachen haben mich bewogen, (...) diese Mißstände abzustellen. (...) es soll hiernach dem Waldhof Carinhall ein zweiter Empfangshof mit einem Mitteleingang angegliedert werden.«[21] Der neu zu bauende 400 Quadratmeter große Fest- und Speisesaal sollte 120 Gästen Platz bieten und – später – über zwei kleinere Wintergärten verfügen.

Gartenfeier im Park von Carinhall während des Krieges. Fanny Gräfin Wilamowitz-Moellendorff (l.) mit Edda Göring und Staatsrat Erich Gritzbach.

Die Bauarbeiten begannen im Januar 1939 und waren bereits nach einem Jahr beendet. Es entstanden ein gewaltiger neuer Querbau, in Fortsetzung des alten Haupthauses, sowie ein dritter Seitenflügel, durch den sich südlich des Gästeflügels ein weiterer Innenhof bildete. Am westlichen Ende des neu gebauten Bibliotheksflügels erhob sich der von Göring so vehement gewünschte Festsaal, der von der modernen Küchenanlage im Untergeschoss aus direkt zugänglich war. Über zwei Treppen gelangte man in das ausgebaute Dachgeschoss mit dem Sitzungssaal. Zur Hofseite entstand eine neue Galerie mit Gobelins und Gemälden, die noch einmal deutlich größer war als die im bisherigen Haupthaus. Für die Begrüßung der Gäste wurde im Anbau eine neue Empfangshalle konzipiert. Als Arbeitszimmer reservierte sich Göring die bisherige Wohnhalle mit über 200 Quadratmetern Grundfläche im Vorgängerbau, die einen vollen Blick auf den Döllnsee bot. Neben der Bibliothek entstand ein Musikzimmer, das allgemein als Wartezimmer bei Staatsbesuchen vorgesehen war. Die gesamten Baukosten für die neuerliche Erweiterung sollten 3,82 Millionen RM betragen.[22] Wie hoch sie am Ende tatsächlich waren, ist nicht bekannt.

Insgesamt sorgten auf Carinhall 20 Angestellte für das Wohl der Familie Göring und deren Gäste. 1943 stieg die Zahl der Beschäftigten sogar auf 30. Allein für die Reinigung des Komplexes waren 15 Angestellte zuständig. Dadurch entstanden jährliche Kosten von über 85.900 RM.[23] Nicht berücksichtigt sind hierbei die Kosten für die Wachkräfte, für den direkten Bereich und für die Außenabsicherung in Form von Gendarmerieeinheiten in den angrenzenden Gemeinden. Bei der Anwesenheit von Gästen erhöhte sich die Zahl der Sicherheitskräfte um ein Vielfaches. Beheizt wurde die Anlage mit einer damals als modern geltenden Ölheizung. Die jährlichen Unterhaltungskosten für Carinhall beliefen sich nunmehr auf 402.600 RM, denen Einnahmen von bescheidenen 2.600 RM gegenüberstanden.[24]

Alle Kosten für die Bediensteten, einschließlich denen für den Kammerdiener von Göring, und für die überlassenen stiftungseigenen Grundstücke trug nach

Gartenfeier im Park von Carinhall während des Krieges.

Links: Ein Diener Görings im Livree aus der Zeit Friedrichs II. am Jagdhaus Carinhall.

Rechts: Gipsmodell des neuen Eingangsportals für den Erweiterungsbau 1940.

wie vor das Staatsministerium. Selbst die Kosten »für die Errichtung und Unterhaltung das dem Adjutanten des Reichsmarschalls, Hauptmann von Brauchitsch zur vorübergehenden Nutznießung überlassenen Gehöfte in Schluft« gingen zu Lasten des Staates.[25]

Die Versorgung mit Lebensmitteln der Bewohner und Gäste von Carinhall erfolgte überwiegend über die angekauften Stiftungsgüter. Die Kosten der Versorgung der Küche mit Wild wurden ebenfalls aus der Stiftungskasse beglichen. Die Forstämter waren zur Abgabe von kostenlosem Wild angewiesen, wenn Göring Staatsgäste empfing. 1940 lieferten die Ämter Wild im Wert von rund 1.200 RM kostenlos an die Küche. Ebenso musste das Holz für die zahlreichen Kamine durch die Forstverwaltung bereitgestellt werden.[26]

Die gewaltigen Dimensionen der Anlage Carinhall verdeutlicht unter anderem die jährliche Lieferung von Weihnachtsbäumen: Während eine große Blautanne für den großen Saal bestimmt war, wurden für die restlichen Wohnräume 38 weitere Bäume benötigt.[27]

ÜPPIGE GESCHENKE FÜR DEN REICHSJÄGERMEISTER

Auf Carinhall lebte Göring wie ein Fürst, empfing Gäste, gab Feste, führte Beratungen durch und nahm seine Geburtstagsgeschenke entgegen. Staatssekretär Körner koordinierte und beschaffte regelmäßig das gemeinsame Geschenk der preußischen Staatsminister und Staatssekretäre. Für 1934 ließ das Finanzministerium einen Silberteller durch den ehemaligen Hofjuwelier der Herzöge von Sachsen, Fürsten zu Schaumburg-Lippe und Landgrafen Chlodwig von Hessen, Louis Werner anfertigen. Der Teller sollte mit Datum und einer namentlichen Gravur der Staatsminister und -sekretäre versehen werden. Die Kosten wurden gleichmäßig auf alle verteilt.[28] Es beteiligte sich auch der preußische Landtagsabgeordnete und spätere Vorsitzende des Volksgerichtshofs Roland Freisler.

Für 1935 ließ das Finanzministerium ein Schwert der Marke »Mykene« durch die Württembergische Metallwarenfabrik anfertigen. An den Kosten für das Gemeinschaftsgeschenk beteiligten sich diesmal unter anderem auch die Reichsminister Dr. Frick und Dr. Darré. Ein weiteres Geschenk, zur Hochzeit mit Görings zweiter Frau Emmy Sonnemann, bestand 1935 aus einem Teeservice mit dem Dekor »Goldringe« für 24 Personen, das mit einer Blumenschale und der Widmung »Zum 10. April 1935« sowie zwei großen Tischleuchtern überreicht wurde.

1936 entwarf der Bildhauer Hans Wissel, Professor an der Kunstakademie in Königsberg, eine aufwendig verzierte »Ostlanduhr« aus Silber. Sie wurde in der Staatlichen Bernstein-Manufaktur Königsberg angefertigt. Das Zifferblatt bestand aus dunkelbraunem Bernstein mit schwarzemailliertem Silber. Umrahmt war es mit in Silber getriebenen Bildern des Tannenberg-Denkmals, der Danziger Marienkirche, der Marienburg und des Königsberger Schlosses. Sie wurde Göring 1937 übergeben.

Bei der Beschaffung der passenden Geschenke bemühte das Finanzministerium auch Museen. So erwarb das Schlossmuseum in Berlin vom Antiquitätenhändler Hans Hartig 1938 einen Bronzebecher mit Hirschkopf deutscher Herkunft aus dem 16. Jahrhundert und reichte ihn an das Staatsministerium weiter. Dazu ließ das Ministerium ein passendes Holzkästchen mit gelblich-braun platiniertem Leder beziehen und mit reicher Handvergoldung verzieren. Innen wurde es mit grünem Wildleder und einem goldbedruckten Kissen ausgearbeitet.

Bemerkenswert ist, dass sich die Kosten für das gemeinsame Geburtstagsgeschenk von Jahr zu Jahr steigerten. 1939 wurde von der früheren Königlichen Porzellan-Manufaktur Berlin ein Rokoko Leuchter mit der Ansicht des Breslauer Stadtschlosses für 573,75 RM[29] erworben.

1941 war es das Gemälde »Christus am Brunnen« von Lukas Cranach dem Älteren, dessen Wert um ein

Links: Die Bernsteinuhr für Göring.

Rechts: Hausorden Carinhall, 1943.

Sehr geehrter Herr Minister!

Für die Benachrichtigung von dem Zeitpunkt des Geburtstagsempfanges bei dem Herrn Ministerpräsidenten Generaloberst G ö r i n g sage ich meinen verbindlichsten Dank.

Selbstverständlich bin ich bereit, den auf mich entfallenden Anteil der Kosten eines Geschenkes zu übernehmen.

Heil Hitler!
Ihr Ihnen sehr ergebener

ußische Minister
Landwirtschaft

Berlin W 8, den 1.April 1935
Wilhelmstraße 72
A2 Flora 0020

Sehr geehrter Herr Popitz!

Für Ihren ausserordentlich begrüssenswerten Vorschlag, Herrn Ministerpräsidenten Göring und seiner Frau Gemahlin ein gemeinsames Geschenk zu überreichen, sage ich Ihnen meinen herzlichsten Dank. Ich bin selbstverständlich gerne bereit, den auf mich entfallenden Kostenanteil zu dem Geschenk zu tragen.

Heil Hitler!
Ihr sehr ergebener

Links: R. Freisler beteiligt sich an dem Geschenk für Göring, 1937.

Rechts: Auch Landwirtschaftsminister Walther Darré beteiligt sich an einem Geschenk für Göring, 1. April 1935.

Links: Entwurf von Sigmund von Weech für einen Teller mit der Inschrift »Matador Rominten 22.9.1942«.

Rechts: Der von Göring am 22. September 1942 erlegte »Matador«.

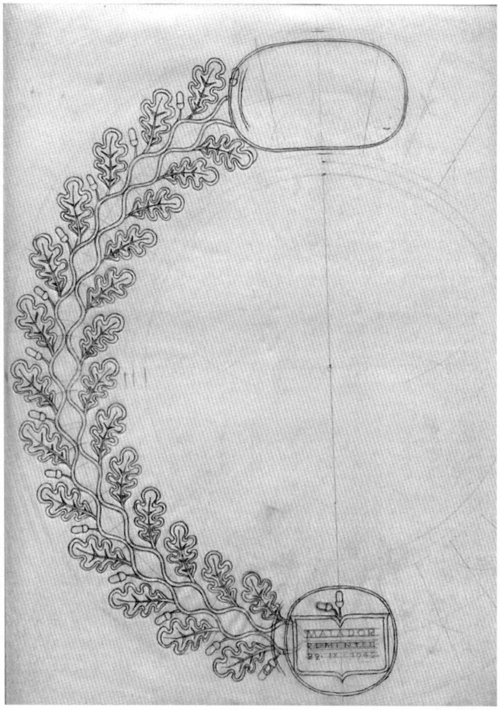

Links: Vorlage für ein Milchkännchen nach einem Entwurf von Sigmund von Weech.

Rechts: Der »Matador« in der Ausstellung des Deutschen Jagd- und Fischereimuseum in München.

Vielfaches höher gelegen haben dürfte. Göring schrieb: »Dem Preußischen Staatsrat danke ich für die mir anläßlich meines Geburtstages zum Ausdruck gebrachten Glückwünsche wie auch besonders für das schöne Gemälde recht herzlich. Ich habe mich über diese Aufmerksamkeit sehr gefreut.«

1943, in einer Zeit, in der sich das Siegesblatt an den Fronten bereits gewendet hatte, die Konzentrationslager überfüllt waren und die Luftangriffe des Gegners immer öfter deutsche Städte verheerend verwüsteten, gab es immerhin noch ein Paar silberner Leuchter.[30]

Am 22. September 1942 gelang Göring die Erlegung des damals weltstärksten Hirsches, der den martialischen Namen »Matador« trug. Nie zuvor und danach erbeutete er eine solch kapitale Trophäe. Der Hirsch fiel in der Rominter Heide und erfüllte Göring mit einem derartigen Stolz, dass er bei dem Grafiker Sigmund von Weech[31] ein Jagdservice in Auftrag gab. Weech war einer der renommiertesten Gestalter seiner Zeit, der u. a. in der Weimarer Republik Entwürfe zu einem Reichsadler für das Staatswappen des Deutschen Reiches und nach 1945 den Adlerentwurf für das Medaillon im Verdienstorden der Bundesrepublik Deutschland anfertigte.[32] Für Göring schuf er die Vorlagen für ein vollständiges Service, das in der früheren Königlichen Porzellan-Manufaktur in Berlin hergestellt werden sollte.

SICHERUNG UND SCHUTZ

Nach dem Kriegsbeginn im Herbst 1939 wurde der Polizeischutz für Göring durch den Reichsführer SS noch einmal verstärkt. Einer eigens neu gebildeten Abteilung oblag nun »die ausschließliche Aufgabe der polizeilichen Sicherung von Carinhall«. Sie wurde in sechs Gendarmeriestationen auf die einzelnen Gemeinden verteilt. Für ihren Einsatz standen ihnen zwei Autos und 20 Motorräder zur Verfügung. Ihr Hauptsitz befand sich in Groß Schönebeck, in dem 1937 neu errichteten »Gendarmerieamt Schorfheide«.[33]

1. Innenhof von Carinhall in Tarnansicht, 1944.

Weitere Gendarmeriegebäude entstanden zudem in verschiedenen angrenzenden Gemeinden, so in Groß Dölln, Eichhorst, Gollin, Friedrichswalde und Joachimsthal. Für die 1940 begonnenen Bauten in Friedrichswalde und Joachimsthal ist extra ein Kriegsgefangenenlager mit 20 französischen Gefangenen, die alle einen Handwerksberuf erlernt hatten, eingerichtet worden.[34]

Als 1941 Luftangriffe durch feindliche Flieger immer wahrscheinlicher erschienen, erging die Anordnung, dass der Geschäftsführer der Stiftung die alleinige Befehlsgewalt bei Angriffen und damit verbundener Brandgefahr erhalten sollte. Die Feuerwehrwachttürme sollten bei Alarm mit Soldaten besetzt und Meldefahrer bereitgestellt werden, um Brandausbrüche unverzüglich melden zu können.[35] Seit dieser Zeit erhielten die Gebäude von Carinhall und das Verwaltungsgebäude der Stiftung in Groß Schönebeck einen dunkelgrünen

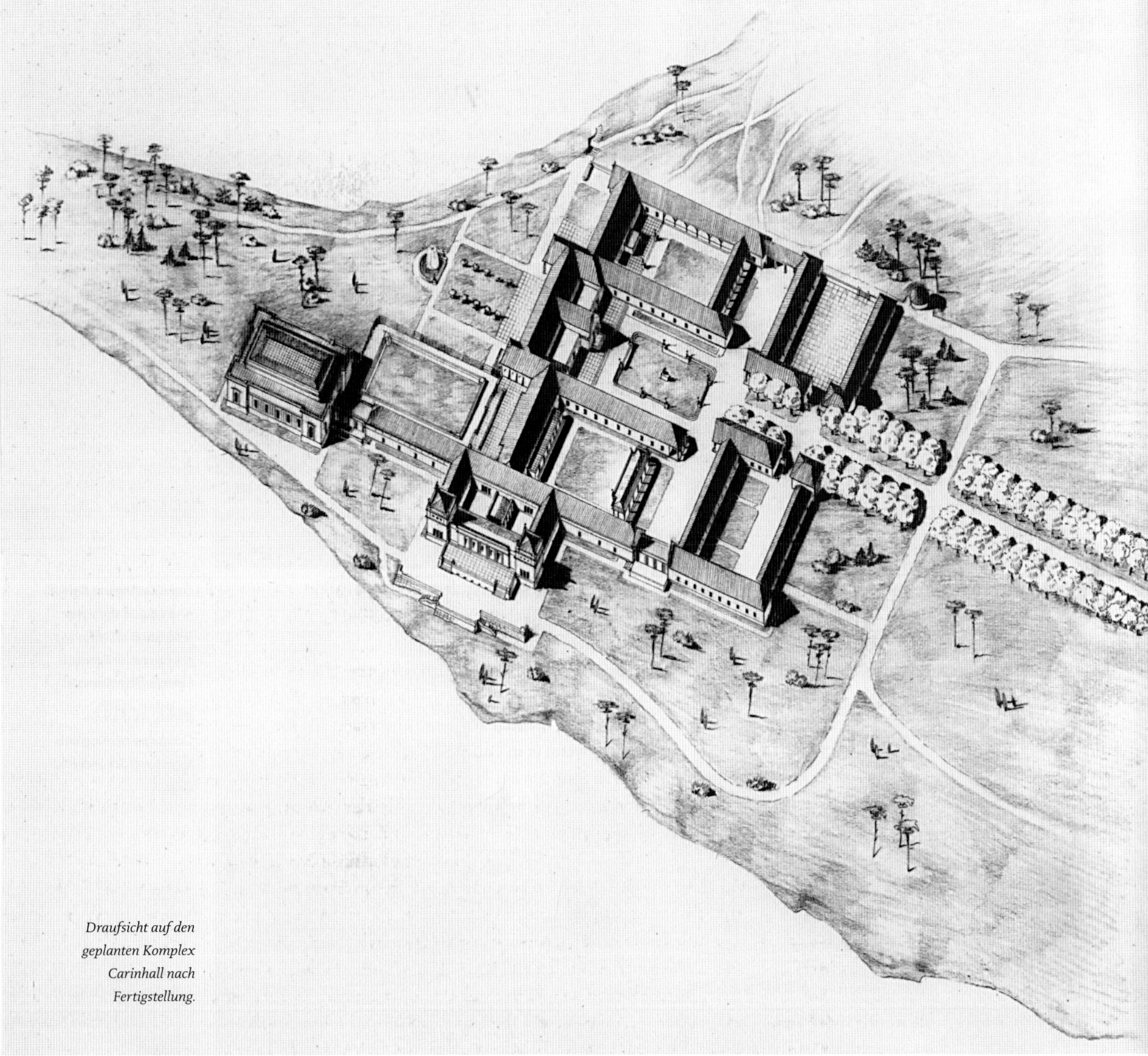

Draufsicht auf den geplanten Komplex Carinhall nach Fertigstellung.

Ausbaupläne von Carinhall bis 1953, Blick von der Seeseite.

Zeichnerische Ansicht von Carinhall von der Seeseite nach Fertigstellung.

11 Uhr Sitzung aller Jagdgeschwaderkommodores, 14 Uhr Essen mit den Offizieren, 15:30 Uhr Schlittenfahrt, 17 Uhr Kaffee, 18 Uhr Unterwassermassage und Bad, 19 Uhr Aktenstudium, 22 Uhr Film und 0:30 Herzanfall«.

Erste Hilfe leistete der Arzt aus Groß Schönebeck und später sein Arzt aus Berlin. Den Tag danach blieb Göring im Bett und wachte, nachdem ihm in den Morgenstunden ein Schlafmittel verabreicht worden war, erst gegen 12 Uhr auf. Am 26. Januar fühlte er sich besser und stand um 9 Uhr auf. Danach folgten eine Zeitungsschau und erste Meldungen. »12:30 Uhr zu Röntgenuntersuchung nach Berlin, um 18 Uhr schwimmen in Carinhall, um 19 Uhr Treffen mit dem Architekten«. Anschließend gab es Aktenstudium und um 21 Uhr Abendessen.

Über jagdliche Angelegenheiten lassen sich in Görings Aufzeichnungen nur ganz wenige Eintragungen finden, obwohl immer wieder Gespräche mit Schade überliefert sind. Zwei kurze jagdliche Notizen stammen ebenfalls aus dem Januar 1941. Am 3. Januar war um 10 Uhr Fechten angesagt, 12 Uhr Aktenstudium, 14 Uhr Essen und um 15 Uhr eine Ausfahrt zur Jagd auf Sauen. Anschließend um 16:30 Bettruhe und um

Ein Modell des geplanten Gesamtkomplexes von Carinhall bis 1953.

18 Uhr lieferte die »Chilenische Nachtigall« Rosita Serano[37] eine Gesangsvorstellung. Nachdem am 6. Januar von 11 bis 12 Uhr Bettruhe angesagt war, gab es um 13:30 Uhr ein Essen und eine Stunde später ging es wieder auf die Jagd.[38]

ZENTRUM DER GROSSEN UND GEHEIMEN DIPLOMATIE

Göring verstand wie kaum ein anderer Politiker seiner Zeit, dass die Jagd, neben einer persönlichen Bindung zum Jagdgast, auch Abhängigkeiten schaffen kann. Während eines Treffens des Wiener Oberbürgermeisters Hermann Neubacher[39] mit Hitler erwähnte dieser, dass der Außenminister demnächst zu einer großen Jagd in die Schorfheide kommen würde. Hitler, der für die Jagd nicht viel übrig hatte, brachte einige Einwände gegen den Sinn der Jagd vor. Neubacher meinte daraufhin, »eine solche Jagd sei von ungeheurem Vorteil, denn wenn man einflussreichen Jägern einen guten Hirsch, Rehbock oder eine grosse Jagd verspreche, könne man in diesem Zustand von ihnen alles erhalten; das hätten seit langer Zeit grosse Industriebetriebe erkannt, die nur deshalb sich grosse Jagden zugelegt hätten!« Martin Bormann, der diese Begebenheit 1942 zum Besten gab, berichtete weiter: »(…) von einem Menschen, bei dem man das nötige Jagdfieber erzeugt habe, könne man in diesem Zustand weit mehr erreichen als von einem Menschen, der Herr seiner Sinne sei.«[40] Göring beherrschte diese Klaviatur in einer seltenen Perfektion und in allen Facetten.

Wohl wissend, dass bereits in der Zeit der Monarchie und später in der kurzen Zeit der preußischen Demokratie unter Braun die Schorfheide der politischen Diplomatie große Dienste erwiesen hatte, wollte Gö-

Beratung mit der Luftwaffengeneralität vor Carinhall, 1943.

ring an die Tradition anknüpfen. Dazu nutze er das nach 1926 in den preußischen Staatsbesitz überführte alte Jagdhaus Hubertusstock. 1935 legte er fest, dass Hubertusstock vorerst als Gästehaus für seine diplomatischen Gäste genutzt werden sollte, bis Carinhall fertiggestellt sei. Die Versorgung der Gäste musste Revierförster Lindner übernehmen und dafür extra eine Haushälterin einstellen. Die Mehrkosten trug nicht der Reichsjägermeister selbst, sondern sie wurden aus dem Dispositionsfonds für Göring von der Deutschen Jägerschaft beglichen.[41]

Später, nachdem das Anwesen Carinhall angemessene Möglichkeiten bot, empfing Göring Vertreter der Wirtschaft, der Jägerschaft, hochrangige Politiker des In- und Auslandes sowie Mitarbeiter der Reichs- und Landesverwaltung nur noch dort. Ziel war stets, die Gäste zu beeindrucken und für seine Interessen günstig zu stimmen – entweder durch das Zurschaustellen seines angehäuften Prunkes oder durch die gemeinsame Jagd.

Göring hielt in Carinhall regelmäßig Beratungen mit seiner Luftwaffengeneralität und anderen Reichsbehörden ab. Am 5. Mai 1938 diskutierte er zum Beispiel als Beauftragter für den Vierjahresplan die Lage der deutschen Landwirtschaft mit Reichslandwirtschaftsminister Walther Darré. Dabei ging es unter anderem um die Versorgung der Bevölkerung, die Lagermöglichkeit von landwirtschaftlichen Erzeugnissen und die Technisierung der Landwirtschaft.[42] Darré war vermutlich auch am 23. August 1939 zugegen, als Göring bei einer Sitzung in Carinhall den Überfall auf Polen ankündigte, der dann am 1. September erfolgte und den Anfang des Zweiten Weltkriegs markierte.[43]

Während der Internationalen Jagdausstellung 1937 in Berlin kam auch der italienische Ministerpräsident Benito Mussolini[44] nach Carinhall. Dort überreichte

Botschafter von Moltke schloss seinen Bericht über das Treffen und zitierte: »Jawohl, eine Jagd ist keine leichte Angelegenheit; ähnlich wie die Diplomatie verlangt sie nicht nur Kunst und Mut, sondern auch viel Erfahrung und Vorsicht.« Nach Zitaten aus französischen Zeitungen soll auch über Litauen gesprochen worden sein, während andere Zeitungen sich mehr für einen tieferen Ausbau der polnisch-französischen Freundschaft einsetzten.[55] Diesem politischen Jagdbesuch folgten zwei weitere 1936 und 1937.[56]

Im August 1938 kam es zu einem Besuch des ungarischen Reichsverwesers Miklós Horthy (1868–1957)[57] und des Ministerpräsidenten Béla Imrédy von Óraoravicza (1891–1946)[58] in Berlin, bei dem Horthy auch nach Carinhall geladen wurde. In den dort geführten Gesprächen ging es unter anderem um die Zukunft der Tschechoslowakei. Imrédy erzählte dem deutschen Gesandten in Ungarn Otto von Erdmannsdorff (1888–1978)[59] später, dass er in Berlin dem Reichsaußenminister mehrfach mitgeteilt habe, Frankreich würde sich gegen Deutschland wenden, wenn Deutschland gegen die Tschechoslowakei vorginge.

Horthy meinte, dass »er, der seit Jahren nichts brennender wünsche als die baldige Verwirklichung der ungarischen Revisionsziele, jetzt auf Grund der weltpolitischen Lage habe als Warner auftreten müssen«. Allgemein wurde eingeschätzt, dass die Ungarn auf deutscher Seite marschieren würden, wenn auch »nur 60–70% Erfolgsaussichten vorhanden seien. Einen Selbstmord Ungarns könne man aber nicht von ihnen erwarten«[60], sollte der Konflikt sich ausweiten. Imrédy, der nicht nach Carinhall geladen worden war, versicherte Göring, dass Deutschland in Ungarn eine Peilstation »zur besseren Orientierung für etwa über tschechischem Gebiet operierende Flugzeuge« errichten könne. Darüber hinaus stellte er in Aussicht, dass deutsche Flugzeuge in Ungarn landen dürften, wenn sie über der Tschechoslowakei abgedrängt oder notlanden müssten. Abschließend lud Göring Horthy für Mitte September zu einer Elchjagd in die Rominter Heide ein.

Ähnlich verhielt es sich mit dem Königreich Bulgarien, das Göring 1935 mit seiner Frau auf ihrer Hochzeitsreise besuchte und dort mit überschwänglicher Freundlichkeit aufgenommen wurde. Höhepunkt war der Empfang im Jagdschloss von Tschamkoria, wo ihm das Großkreuz des Alexander Ordens verliehen wurde.[61] Göring lud daraufhin König Boris von Bulgarien (1894–1943)[62] zu einer Jagd in die Schorfheide ein,[63] die der König dankend annahm.

Vom 29. Mai bis zum 9. Juni 1939 weilte Prinzregent Paul von Jugoslawien (1893–1976)[64] für einen Besuch auf Carinhall. Aus diesem Anlass wies Göring alle deutschen Grenzpolizeikommissariate an, verschärfte Grenzkontrollen durchzuführen und insbesondere nach terrorverdächtigen jugoslawischen und anderen ausländischen Staatsangehörigen Ausschau zu halten.[65]

Wegen der großen Trockenheit im Mai 1939 befahl Göring, den Weg vom Bahnhof in Friedrichswalde, wo der Prinzregent mit dem Zug eintraf, bis nach Carinhall mit Wasser zu besprengen, um eine zu starke Staubentwicklung zu verhindern. Während seines Besuches wurde ihm unter anderem eine Serie von Abwurfstangen präsentiert.[66] Dass es bei den Gesprächen auf Carinhall auch um den bevorstehenden Überfall auf Polen ging, kann angenommen werden, denn für die deutsche Seite war es wichtig, dass Jugoslawien sich zurückhielt und nicht für Polen Partei ergriff. Göring gelang es, den Prinzregenten davon zu überzeugen, wenn auch nur kurzzeitig, denn im März 1941 wurde Paul gestürzt und auf dem Balkan entbrannte daraufhin ein erbitterter Partisanenkrieg gegen die deutschen Besatzer.

Es ist Göring nicht abzusprechen, dass er vielfach versuchte, über seine diplomatischen Verbindungen den drohenden Kriegsausbruch zu verhindern. Dazu diente auch sein Jagdbesuch im Februar 1937 in Polen, bei dem er versuchte, die wirtschaftlichen Beziehungen zu Polen zu intensivieren,[67] ebenso wie seine Bemühungen um einen Ausgleich mit Großbritannien.

König Boris III. von Bulgarien 1936 mit Dr. Hausendorff auf Hubertusstock.

Am 31. Januar 1936 empfing er den ehemaligen Luftfahrtminister Lord Londonderry in Carinhall, der zuvor eine Jagdeinladung erhalten hatte. Bei diesem Treffen wurde nicht nur über die Jagd gesprochen, sondern auch über den Stand der deutschen Luftwaffenrüstung und die aktuelle Situation in Europa.

Die Verbindungen vertieften sich mit dem britischen Botschafter Nevile Henderson 1937, den er am 20. Juli ebenfalls in Carinhall empfing und anschließend zu einer Jagd nach Rominten im Oktober einlud. Als sich beide am 22. Juli 1937 erneut in Carinhall trafen, wurde schon über eine militärische Auseinandersetzung mit Frankreich wegen der deutschen Minderheit in der Tschechoslowakei diskutiert. Als Göring den Vorschlag unterbreitete, Großbritannien solle die Funktion eines »Schiedsrichtern zwischen Berlin und Prag übernehmen«, soll Henderson geantwortet haben, »daß London keine anti-deutsche sondern eine Anti-Kriegspolitik verfolge«.[68] Letztlich konnte sich Göring mit seinen diplomatischen Initiativen bei Hitler nicht durchsetzen. Zu sehr war er in Sorge, dieser könne ihm seine Zuneigung entziehen und er seine Machtstellung und sein Jagdimperium verlieren.

Die Jagddiplomatie war freilich kein deutsches Monopol. Auch andere Länder nutzten diese Möglichkeit und empfingen nicht nur Staatsoberhäupter, sondern auch Funktionäre der zweiten Ebene zur Jagd. Der deutsche Staatssekretär von Weizsäcker aus dem Auswärtigen Amt informierte 1939 darüber, dass der ungarische Gesandte den deutschen Reichsaußenminister zur Jagd nach Ungarn eingeladen habe.[69] Der ungarische Innenminister hatte dagegen die Absicht, im Oktober oder November mit dem Reichsführer SS Himmler zur Jagd zu gehen,[70] und der italienische Botschafter teilte 1942 mit, dass Außenminister Graf Ciano als Jagdgast des deutschen Außenministers gleich-

Göring mit dem britischen Botschafter Sir Nevile Henderson in Deutschland vor dem Jägerhof Rominten.

falls auch Himmler bitten würde, wieder einmal nach Italien zu kommen.[71]

Carinhall war bereits frühzeitig ein Zentrum geworden, in dem die deutsche Expansionspolitik diskutiert und teilweise ebenso geplant wurde. Zahlreiche Treffen mit der deutschen Luftwaffengeneralität zeugen von den Planungen für Kriegseinsätze der Luftwaffe an allen Fronten. Während Göring 1942 noch die Luftfahrtindustrie lobte und die zu dieser Zeit sich abzeichnenden Probleme als lösbar bezeichnete, sah es ein Jahr später schon völlig anders aus. In einer Sitzung am 18. März 1943, zu der die Generäle der Luftwaffe und Vertreter der Industrie befohlen wurden, ließ er durchblicken, dass der Krieg verloren und er selbst jahrelang über neue Flugzeugmodelle belogen worden sei. »Hokuspokus ist mir vorgemacht. Sachen, die mir vor Jahren als absolut vorgeführt sind, sind noch nicht da. (...) Jetzt sind wir am Ende. Das Messerschmitt Amerika-Flugzeug, das Bomben über New York werfen sollte, ist nur Bluff. (...) Unsere Jäger können keine Nachtflüge machen (...), da zu schwierig zu handhaben. Viermotorige Flugzeuge: Ich wäre froh, wenn ich eins hätte! Das schlimmste: Der zusammengeschweisste Motor 619, – Irrsinnig, so etwas ›zusammengebasteltes‹; ein Scheissmotor! Dass man überhaupt wagt, einem so etwas vorzusetzen! (...) Das Gehirn ist den Konstrukteuren eingetrocknet. Keine neuen Gedanken seit Kriegsanfang und unvorstellbare Versäumnisse.«

Görings Wutanfall gipfelte in der Äußerung: »Wenn Euch allen schon nichts einfällt, dann sollte man wenigstens das Feindliche nachbauen, da es besser ist. Der Zustand ist schamlos! Unerhörte Pfuscherei! Alle Dinge nach Fantasie! Mir ist speiübel!« Er drohte mit der Einrichtung von Kriegsgerichten, die über das Versagen seiner Luftwaffe richten sollten. Abschließend stellte er fest: »Ich habe wenig Hoffnung. Was soll

Ihnen noch einfallen, wenn Ihnen jahrelang nichts eingefallen ist? Feststeht: Die Anderen können mehr! (...) Ich bin noch grün und gelb vor Neid, dass die Moskitos mit 450 km am Tag über Deutschland fliegen.«[72] Nachdem er sich wieder beruhigt hatte, widmete er sich dem weiteren Ausbau seines geliebten Carinhall.

JAGDKUNST

Mit dem Bau von Carinhall begann gleichzeitig eine Phase der Ausstattung mit hochwertiger Kunst. Diese wurde nicht nur in den Innenräumen platziert, sondern auch in den Außenanlagen. Dafür band Göring einige der damals bekanntesten Bildhauer an sich und beauftragte sie mit der Herstellung von Steinskulpturen und Bronzeplastiken. Eine Vielzahl davon ließ er in den zwei Innenhöfen und in den umliegenden Parkanlagen aufstellen. Als ein Beispiel für die vielen Objekte soll hier die Geschichte der »Nymphe von Fontainebleau« näher beschrieben werden.

1543 hatte der italienische Bildhauer Benvenuto Cellini von dem französischen König Franz I. den Auftrag für die Gestaltung des Haupttores von Schloss Fontainebleau erhalten. Dafür schuf Cellini ein großes, halbkreisförmiges Bronzerelief, das jedoch aufgrund von Unstimmigkeiten zwischen dem Künstler und Franz I. nicht mehr angebracht wurde. Es fand später seinen Platz über der Toreinfahrt des Schlosses Anet, das König Heinrich II. für seine Geliebte im Stil der Renaissance umbauen ließ. Die Inspiration für das Relief bildete eine Legende über den Ursprung des Schlosses Fontainebleau: Dieser zufolge hatte einer der königlichen Jagdhunde bei einer Jagd eine Quelle entdeckt, die seitdem – nach dem Namen des Hundes – als »Quelle des Bliard« bezeichnet wurde. »Personifiziert wird die Quelle durch eine Nymphe, dargestellt mit einem Gefäß, aus dem Wasser sprudelt. In der griechischen und römischen Mythologie sind Nymphen göttliche Mädchengestalten, die Quellen, Flüsse, Wälder, Grotten, Bäume oder Berge beleben. Sie sind die meist wohlmeinenden Naturgeister dieser Orte.«[73]

Da das Relief neben der Nymphe auch einen Keiler, Jagdhunde und das krönende Haupt eines monströsen Rothirsches zeigt, wurde sie schon damals als Diana, die Königin der Jagd, bezeichnet. Obwohl ihr die typischen Merkmale der Diana, Köcher, Pfeil und Bogen, fehlten, verfielen dieser Verwechslung später nicht nur Laien.

Während der Französischen Revolution wurde das Relief als ein Symbol des verachteten feudalen Jagdrechts vom Torbogen entfernt, wobei das Geweih beschädigt wurde. Das Kunstwerk kam nach Paris in den Louvre, wo es ab 1793 öffentlich ausgestellt war. 1848 fertigte Antoine-Louis Barye ein Gipsmodell an, bei dem das Geweih rekonstruiert werden konnte und das später für den Nachguss für Carinhall Verwendung fand.[74]

Mit dem Einmarsch deutscher Truppen und der Kapitulation Frankreichs eröffnete sich für Göring ein Land mit unzähligen Kunstschätzen aus unterschiedlichen Stilepochen. Am 5. November 1940[75] besuchte er den Louvre und ließ sich durch den Direktor die Ausstellung zeigen. Dabei fiel ihm das Bronzerelief auf und er war von ihm fasziniert. Zwei Tage später erteilte er den Befehl: »Ich ordne hiermit an, dass für meine Sammlung in Karinhall angefertigt werden:

1.) Eine Nachbildung der Madonna von Olivet in burgundischen Kalkstein.

2.) Eine Nachbildung der Diana aus Schloss Anet von Jean Goujon ohne Sockel und ohne Hund in Marmor.

3.) Ein Nachguss in Bronze der Diana von Fontainebleau von Benvenuto Cellini.

Ich beauftrage Herrn Kriegsverwaltungsrat Dr. Bunjes – Militärverwaltung Paris – sofort die notwendigen Verhandlungen zu führen.

Paris, den 7.11.1940 Göring«[76]

Zwei Wochen später legte der Chef der Pariser Militärverwaltung Göring den Kostenvoranschlag für einen Nachguss der (vermeintlichen) Diana-Bronze vor, der 436.000 Franc (umgerechnet 21.800 RM) auswies.

Göring bedankte sich und nahm das Angebot an. Den Guss übernahm nach der Vorlage im Louvre die bekannte Bronzegießerei Eugene Rudier, die auch Arbeiten von Arno Breker[77] für seine Kunstausstellung 1942 und für Hitler ausgeführt hatte. Am 9. Juni 1941 teilte die Gießerei mit, dass der Guss vollendet sei und der Gesamtpreis 300.000 Franc betrage. Anfang September war das Hochrelief verpackt und stand zur Abholung bereit, wobei man Göring empfahl, das Werk bei einem seiner nächsten Besuche in Paris in seinem Sonderzug mitzunehmen. Wahrscheinlich erfolgte der Transport Anfang April 1942, denn Rudier stellte noch einmal eine Rechnung in Höhe von 16.300 Franc für Verpackung und Transport.

Im Februar 1942 ließ die Bibliothekarin Gisela Limberger in Paris anfragen, ob für die Figur der Diana mit dem liegenden Hirsch für das vorgesehene Geweih, das Göring persönlich für die Gestaltung ausgesucht hatte, ein Foto ausreiche oder das Geweih selbst nach Paris gesandt werden müsse. Offenbar gefiel dem Auftraggeber die Geweihausbildung des Originals nicht und er hatte den Plan, diesen Teil der Darstellung mit einem Exemplar von seinen Hirschen auswechseln zu lassen. Sie verwechselte dabei die Bezeichnung Diana, da beide Kopien als solche bezeichnet wurden. Sie schrieb: »Wie mir von anderer Seite berichtet wurde, ist der Abguss der ›Diana‹ schon fertig. Ich nehme also an, dass das Geweih auf Wunsch des Herrn Reichsmarschall geändert werden soll.« Der Leiter der »Deutschen Kunsthistorische Forschungsstätte« in Paris, Dr. Hermann Bunjes, klärte sie auf und teilte mit, dass Göring den Wunsch habe, das Geweih der Diana von Schloss Anet nicht in Marmor, sondern durch Rudier in vergoldeter Bronze herstellen zu lassen. Dafür hatte Göring das Geweih seines in Rominten erlegten Hirsches mit dem Namen »Raufbold« ausgewählt. Generalmajor der Luftwaffe Hanesse wurde um Anweisungen gebeten, wie der Rücktransport des Geweihs nach Carinhall erfolgen könne.

Kaum waren die Arbeiten abgeschlossen, wurde Göring mitgeteilt, dass die Firma Rudier, auf Anweisung der französischen Verwaltung, geschlossen werden sollte. Göring intervenierte umgehend und gab am 18. Mai 1942 den Befehl, dass sämtliche Einschränkungen aufzuheben seien und Rudier alle Aufträge »für den Führer und den Reichsmarschall – es handelt sich im Augenblick besonders um Abgüsse von Werken des Bildhauers A. Breker durchführen kann.«[78] Ergänzend erhielt der Bronzegießer eine Bestätigung des Reichsleiters der NSDAP, Martin Bormann. Unter den noch offenen Aufträgen befand sich auch Brekers Bronzefigur »Eos«, die 150.000 Franc kostete. Insgesamt hatte Göring acht Figuren gießen lassen, die alle 1944 im Park von Carinhall aufgestellt waren und für die er 810.000 Franc bezahlte.

Eine Bronzefigur überlebte ebenfalls die Nachkriegszeit: die »Waldgruppe«, die auch als »Waldgeheimnis« oder »Mädchen mit Hirschkuh« bekannt war und von dem Bildhauer Hans Krückeberg[79] hergestellt wurde. Die Skulptur schuf der in Treuenbrietzen geborene Künstler 1925/26 für den Bürgerpark in Berlin-Pankow, wo sie jedoch nicht zur Aufstellung kam und stattdessen 1937 in die Kunstausstellung nach München gelangte. Dort bewunderte sie Hitler, der sie erwarb und anschließend Göring zum Geschenk machte. Im Park von Carinhall ließ dieser die »Waldgruppe« in unmittelbarer Nähe des Döllnsees aufstellen. Eine weitere Figur, die »Kämpfende Amazone« von Franz von Stuck, befindet sich heute im Stadtpark von Eberwalde.

Kurz vor der Sprengung der Gebäude im April 1945 versenkten Angehörige der Wachmannschaft das Kunstwerk – wie auch andere, die dicht an der Böschung standen – im nahen Döllnsee. Erst 1990 wurde es, gemeinsam mit »Eos« und der »Schreitenden«, auf Veranlassung des letzten Innenministers der DDR geborgen. Dabei zeigte sich, dass die »Waldgruppe« be-

Die Nymphe von Fontainebleau im Schlosspark von Groß Schönebeck.

schädigt war und ein Hinterlauf des Rottieres fehlte. Außer einer Kopie der »Venus« von Medici, die sich heute in der Verwaltung des Bundesamtes für zentrale Dienste und offene Vermögensfragen befindet, sind alle anderen Figuren im Schorfheidemuseum in Groß Schönebeck in der Ausstellung »Jagd und Macht« zu sehen.

Vor dem Internationalen Militärgerichtshof in Nürnberg antwortete Göring auf die Frage, wann Sachen in Carinhall vergraben worden seien: »Ungefähr Mitte April 1945. Die Gegenstände konnten nicht fortgebracht werden, da sie zu schwer waren, und die Russen waren im Begriff, die Oder zu überschreiten. Die meisten Sachen, die vergraben sind, haben mit dieser Angelegenheit hier gar nichts zu tun, es waren persönliche Sachen, die nicht im Ausland gekauft wurden.« Mit dem Vergraben der Kunstgegenstände war Major Frankenberg beauftragt worden. Er wurde, nachdem Göring noch auf Befehl von Hitler abgesetzt und verhaftet worden war, an die Front verlegt.[80] Über sein weiteres Schicksal ist nichts bekannt.

Am 28. April 1945, zwischen 10 und 12 Uhr, wurde Carinhall durch zehn Freiwillige der Wachmannschaft gesprengt. Von den gepflegten Außenanlagen mit den Bronze- und Steinskulpturen, blieb nicht viel erhalten. Fast ein Jahr lang war die Ruine sich selbst überlassen und wurde nur von der einheimischen Bevölkerung und sowjetischen Einheiten nach Kunstgegenständen abgesucht. Von dem Hauptgebäude war das Portal noch Jahre später zu erkennen.

Im Jahr 1946 setzte eine erste Bestandsaufnahme ein. In einem Reisebericht der Provinzialverwaltung der Mark Brandenburg vom 16. September 1946 hieß es: »Seit der letzten Besichtigung hat sich der Bestand an Skulpturen in einer ganz auffallenden Weise vermindert. (…) Es ist zu vermuten, dass von der gleichen

Links: Das romanische Taufbecken, um 1946.

Rechts: Noch teilweise verpackte Säulenelemente für den Erweiterungsbau, um 1946.

DIE STAATSJAGDGEBIETE

Im ganzen Reich wurden nach 1933 die alten, noch aus der Kaiserzeit stammenden Staatsjagdgebiete wieder zum Leben erweckt und nach den neuesten jagdwissenschaftlichen Erkenntnissen zu Musterrevieren ausgebaut. Freilich galt dabei stets: Wild vor Wald. Damit sollte sichergestellt werden, dass immer ausreichend Wild vorhanden war, um jeden Gast bedienen zu können und ihm einen guten Anblick und einen Abschuss zu verschaffen. Materielle sowie finanzielle Mittel spielten dabei eine untergeordnete Rolle. Nach einer Auflistung aus dem Jahr 1941 existierten reichsweit – neben der Schorfheide – folgende Jagdgebiete:

1. »Rominter Heide« (Ostpreußen)
2. »Elchwald« (Ostpreußen)
3. »Letzlinger Heide« (Altmark)
4. »Pleß« (Schlesien)
5. »Karwendel« (Tirol)
6. »Lobau« (Nähe von Wien)
7. »Darß« (Pommern)
8. »Saupark« (Springe, Hannover)
9. »Göhrde« (Lüneburg)
10. »Großhof« (Südtirol)
11. »Bialowies« (Polen, nach der Besetzung als Reichsjagdgebiet ausgewiesen)

Mit der dritten Durchführungsverordnung über den Aufbau der Reichsforstverwaltung vom 17. März 1941 sicherte Göring seine Machtposition abermals gesetzlich ab. In Paragraf 1 Abs. 2 hieß es: »Der Reichsjägermeister leitet in Staatsjagdrevieren die gesamte forstliche und jagdliche Verwaltung unmittelbar und ausschließlich.«[83] Aufgrund dieser Position veranlasste er zum Beispiel, dass die österreichischen Forstämter Neuberg, Mürzsteg und Frein, nachdem die Jagdpachtverhältnisse ausliefen, zu Staatsjagrevieren

Reste der Gruft für Carin Göring, r. Kurt Schade, 1956.

erklärt und dem Staatsjagdgebiet Lobau zugeschlagen wurden.[84]

Zum Jagdgebiet Bialowies schrieb Scherping, dass es sich dabei um das einzig noch erhaltene größere Urwaldgebiet in Mitteleuropa handle und seine Erhaltung von einmaliger Bedeutung sei. Die Gesamtgröße gab er mit rund 260.000 Hektar an und schlug Göring vor, 100.000 Hektar als Urwald und Staatsjagdrevier zu erhalten. Der stimmte dem Vorschlag zu.[85]

Während des Krieges wurde diese Region Ziel von Umsiedlungen kleiner Ortschaften und Rückzugsgebiet von Partisanen. Immer wieder kam es deshalb zu Exzessen gegen die Bevölkerung durch die Sicherungsdivision und ein Polizeibataillon. Diese Einheiten bestanden zum Teil aus Forstangehörigen, aber auch aus verurteilten Wilderern. Dazu hieß es: »Zug um Zug wurden (...) Forstbeamte aus dem Altreich, insbesondere aus den Staatsjagdrevieren, dorthin entsandt, die den Betrieb nach und nach aufnehmen und mit einem Kommando des Forstschutzkommandos (...) an der Befriedigung des Gebietes mithalfen.«[86]

DIE JAGDGÄSTE DES REICHSJÄGERMEISTERS

In den Staatsjagdgebieten übte Reichsjägermeister Göring die Jagd auf die stärksten Trophäenträger überwiegend selbst aus. Gleichzeitig nutzte er sie von Beginn an auch zu Repräsentationszwecken und lud zahlreiche Gäste aus Politik, Wirtschaft und Kultur aus dem In- und Ausland dorthin ein. Allein im Jahr 1937 folgten der Einladung unter anderem der ungarische Ministerpräsident Gyula Gömbös (1886–1936)[87], der im Revier Gollin einen Sechzehnender-Rothirsch erbeutete, Reichsfinanzminister Johann Ludwig Graf Schwerin von Krosigk, der im Revier Vietmannsdorf einen ungeraden Vierzehnender-Rothirsch streckte und der finnische Generalfeldmarschall Baron Carl Gustaf Emil Mannerheim, der im Revier Väter einen schwachen Damhirsch erlegte.[88]

Weniger prominente Jagdgäste wurden auf andere staatliche Reviere verteilt. So hatte das Regierungsforstamt Potsdam 1937 für den ägyptischen Gesandten Hassan Naschat Pascha, den rumänischen Gesandten Nicolae Petrescu-Comnen sowie den griechischen Gesandten Alexandros Rizos Rankavis je einen jagdbaren Rothirsch zu reservieren. Ebenso wurden für die Professoren der forstlichen Hochschule in Eberswalde regelmäßig Abschüsse vorgesehen. Den Angehörigen der Hochschule standen zur ausschließlichen jagdlichen Nutzung die vier Lehrreviere Chorin, Eberswalde, Finowtal und Freienwalde zu Verfügung.[89]

Die traditionelle jährliche Stangenschau nahm Göring regelmäßig zum Anlass, um sich selbst ein Bild von der Qualität der Trophäenträger zu machen. Alle aufgefundenen Abwurfstangen und Schaufeln vom Rot- und Damwild wurden ihm dafür vorgeführt. Sie fanden in Hubertusstock, 1936 auf der Försterei Wucker und später in Carinhall statt. Gleiche Vorführungen wurden auch auf dem Jägerhof in der Rominter Heide durchgeführt. Anhand dieser Abwürfe wurde entschieden, welche Hirsche noch entwicklungsfähig waren und geschont werden mussten und welche zum Abschuss freigegeben werden sollten. Dabei erhielten die Hirsche auch Namen wie zum Beispiel »Manfred«, »Der ewige Zwölfer«, »Herbert«, »Der Scheue«, »Der Sperrige«, »Der falsche Erich«, »Friedrich Wilhelm«, »Leiterhirsch Nr. 10«, »Wolfgang« oder »Wolf«, um sie später wiederzuerkennen.[90]

Für 1936 war die Geweihschau auf Wucker in der Nähe von Carinhall angeordnet worden. Alle aufgefundenen Abwurfstangen für die vorgesehenen Gästeabschüsse mussten dorthin gebracht werden. Dafür verantwortlich zeichneten Oberförster Friedrich Bosdorf und Revierförster Osterloff.[91] Fuckel achtete streng darauf, dass jeder Revierförster seine Hirsche kannte, und legte fest: »Jeder Forstbeamte, der Jagdgäste führt, ist für deren Tun und Handeln verantwortlich und hat für einen richtigen Gastabschuß gerade zu stehen.« Einschränkend stellte er fest: »Es ist natürlich ganz selbstverständlich, daß der Generalfeldmarschall [Göring] und der Herr Staatssekretär Körner die Auswahl der von ihnen zu erlegenden Hirsche selbst treffen.« Jedem begleitenden Beamten war es dabei untersagt, auch nur den Hauch einer Kritik anzubringen, wenn das Stück erlegt und ausgewertet wurde.

Nachdem die Stücke ein neues Geweih geschoben hatten und erneut bestätigt werden konnten, meldete der Geschäftsführer der Stiftung dem Reichsjagdamt die Anzahl der Hirsche, die jeweilige Endenzahl und das ungefähre Alter der Tiere. Zum Beispiel schrieb der Revierförster Buse aus Döllnkrug: »Besonders gut veranlagter Zukunftshirsch. Alter 7 Jahre (Der Hirsch trägt das fünfte Geweih Endenzahl 20). Der Hirsch ist sehr stark im Körperbau und hat einen starken Kragen. Brunftplatz im Vorjahr Jg. 118 u. 85 (Döllnkrug).«[92] Ähnlich lauteten die Meldungen aus anderen Revieren.

Nachdem Scherping Göring die vorbereitete Abschussliste vorgelegt hatte, endschied dieser, welcher Gast welchen Hirsch erlegen durfte. Dabei achtete er sorgfältig darauf, dass ihm selbst die stärksten Hirsche vorbehalten blieben. Die Verteilung zweitrangiger Gäste überließ Göring dann Scherping und Schade. Für den Herbst 1936 waren beispielsweise 28 Jagdgäste vorgesehen, die jeweils einen Hirsch erlegen durften. Zusätzlich wurden zwei Hirsche in Reserve vorgehalten für den Fall, dass Göring unvorhergesehene Gäste meldete.

Am 13. September 1936 fand in der Schorfheide anlässlich eines Besuches von Ferdinand von Bulgarien (1894–1943)[93] eine Jagd statt. Der einstige Zar, der seit 1918 im Exil lebte, streckte im Revier Döllnkrug einen Rothirsch mit 14 Enden, der auf ein Alter von 14 Jahren geschätzt wurde. Der anwesende Oberstleutnant

Rothirsch »Willi«, August 1936.

von Seidel erlegte im Revier Wucker einen Hirsch mit zwölf Enden.[94]

Am 23. September 1936 hatte Göring die Prinzessin von Meiningen aus dem Hause Sachsen-Coburg mit Oberst Wetzel zu Gast in der Schorfheide. Oberförster Bosdorf führte die Prinzessin auf der Jagd. Sie konnte am 24. im Revier Wucker einen zehnjährigen ungeraden Vierzehnender-Rothirsch mit vier Kilogramm Geweihgewicht strecken. Noch am selben Tag gelang es ihr außerdem, im Revier Vietmannsdorf, unter Führung von Oberförster Gantzer, einen acht Jahre alten Damhirsch zu erlegen.[95]

Am 10. und 11. November 1937 veranstaltete Göring eine große Jagd und lud dazu zehn hochrangige ausländische Persönlichkeiten ein. Die Einladungsliste liest sich teilweise wie ein Auszug aus einem Adelskalender. Unter den Gästen waren Graf Tuslowski aus Polen, den Oberförster Lindner auf einen Rothirsch führte; Major von Clapowski aus Polen, er pirschte mit Oberförster Knebusch; Graf Palffy aus der Tschechoslowakei, den Revierförster Staege führte; Gräfin Palffy, ebenfalls aus der Tschechoslowakei wurde von Forstassessor Coninx geführt; Baron de Wood mit Ehegattin, die Wildmeister Sieber auf Rotwild führte; Dr. Boje-Benzon mit Ehegattin aus Dänemark, die Forstmeister Dr. Kohl führte; Lord Belper aus England, den Oberförster Ganzer führte, sowie Sandór de Kiss aus Ungarn, der durch den Revierförster Schulz begleitet wurde.

Die Jagdgäste wurden mit einem Bus von Berlin direkt nach Carinhall gefahren und dort mit dem Jagdsignal »Begrüßung« empfangen. Anschließend fand ein Frühstück mit den jedem Gast zugeteilten Forstbeamten statt. Zur Übernachtung stand das Gästehaus – allgemein als »Schade-Haus« bekannt, das heutige Hotel Döllnsee – zur Verfügung. Minutiös wurde der gesamte Jagdablauf durchorganisiert und nichts dem Zufall

Jagdgäste nehmen im Fackelschein die Tagesstrecke ab.

überlassen. Für den Wildtransport waren die Feuerwehren aus den nahen Gemeinden verantwortlich. Sie brachten das erlegte Wild aus den Revieren zum Streckenplatz, wo im Fackelschein Forstmeister Dr. Kohl dem Jagdherrn Göring die Strecke meldete.[96]

Zu Einzelabschüssen lud Göring – vor und nach Beginn des Krieges – nicht nur Politiker, Adlige oder Diplomaten, sondern immer wieder auch Vertreter des Militärs und der Industrie ein. Gäste waren unter anderen die SA-Obergruppenführer Karl-Siegmund Litzmann, Werner Lorenz und SS-Obergruppenführer Karl Wolff, weiterhin Oberjägermeister von Martels zu Dänkern, Generalfeldmarschall Wilhelm Keitel oder der Inspektor der Nationalpolitischen Erziehungsanstalten, SS-Obergruppenführer August Heißmeyer, sowie Prinz Christoph von Hessen, außerdem – noch vor dem Überfall auf die Sowjetunion – Oberst Heinrich Aschenbrenner, Luftattaché an der Deutschen Botschaft in Moskau. Unter den regelmäßigen Gästen waren auch Familienangehörige von Görings verstorbener Ehefrau Carin. So erlegte deren Neffe Graf Carl Gustaf Rosen 1933 und 1934 je einen Damhirsch.

Einen großen Bahnhof gab es am 26. August 1938. An diesem Tag zog bei einer Waldfahrt ein Tross aus elf Pferdekutschen mit insgesamt 39 Passagieren durch die Schorfheide. Anlass war der Besuch des ungarischen Reichsverwesers Horthy. Göring holte als Generalfeldmarschall Horthy vom Bahnhof Eberswalde ab und fuhr mit ihm im offenen Auto bis nach Carinhall. Dort wurde der Tee eingenommen, bevor um 18 Uhr die Waldfahrt begann. Nachdem Göring seinen Gast mit dem Auto bis zum Eingang des Elch- und Ungarwildgeheges begleitet hatte, stiegen sie dort in eine Kutsche um und durchfuhren das Gehege. Die verbliebenen Gäste unternahmen von Carinhall aus eine Kutschfahrt durch das Revier Rarangsee. Anschließend wurde um

Links: Jagdgast, möglicherweise Reichsbauernführer Richard Walther Darré, am gestreckten Rothirsch.[97]

Rechts: Görings Kutschenkonvoi begegnet einem Rotwildrudel.

20 Uhr das Abendessen in Carinhall serviert, ehe die Gäste um 22.02 Uhr vom Bahnhof in Friedrichswalde die Rückreise antraten.

Eine Jagd gab es bei diesem Besuch nicht, doch sie wäre, bei einem entsprechenden Wunsch, ins Programm aufgenommen worden. Oberförster Lindner sollte dazu alle nötigen Vorbereitungen treffen. Der Wisentmeister Naue und der Wildmeister Sieber hatten die Weisung, ab 18 Uhr im Wisentgehege zu sein und zu versuchen, die Herde im Suppenbruch so an den Wildauer Damm heranzudrücken, dass sie während der Waldfahrt von den Besuchern gesehen werden konnte. Ebenso hatte der Elchwärter Zahl die Anweisung zu versuchen, das Elchwild und die Ungarhirsche an den Fahrtweg von Göring und Horthy zu drücken, damit auch sie beobachtet werden konnten.

Wenig später weilte auch der italienische Luftmarschall Italo Balbo, ein früher Weggefährte des Diktators Mussolini, in der Schorfheide und residierte in Hubertusstock. Dort ließ ihn Göring, der 1933 zur deutschen Ausgabe von dessen Buch »Der Marsch auf Rom« ein Geleitwort beigesteuert hatte, durch eine Gruppe Waldhornbläser begrüßen und unternahm mit ihm eine Pirschfahrt. Dabei erlegte Balbo den Rothirsch »Michael II«.[98]

Kaum vier Wochen später war der Ministerpräsident von Bolivien, Carlos Quintanilla Quiroga, zu Gast in der Schorfheide. Kurze Zeit später weilte der südafrikanische Verteidigungs- und Wirtschaftsminister Oswald Pirow in Berlin. Am Sonntag, dem 20. November 1938, lud Göring ihn zur Jagd auf einen Rot- und Damhirsch in die Schorfheide ein. Er wurde um 13.30 Uhr vom Hotel Adlon in Berlin abgeholt und direkt ins Revier gefahren. Für die Begleitpersonen Frau Pirow, den Gesandten Gie mit Ehefrau und neun weitere Gäste war in Hubertusstock ein Tee vorbereitet.[99]

Emmy Göring (2. v. r.) im Gespräch mit dem Staatsschauspieler Gustaf Gründgens (2. v. l.), der Schwester von Carin Göring, Fanny Gräfin Wilamowitz-Moellendorf (l.), und einem Unbekannten (r.).

Ein häufiger Jagdgast war bereits vor 1933 der spätere Boxweltmeister Max Schmeling (1905–2005)[100]. Er war befreundet mit dem bereits erwähnten Oberförster Bosdorf, der mit ihm und seiner Frau Anny[101] Ausflüge in sein Revier unternahm. Schmeling stand später Pate bei Bosdorfs Tochter Waltraud.[102] Als Schmeling 1936 in New York den Weltmeisterschaftskampf gegen Joe Louis gewann, erhielt er von Göring ein Glückwunschtelegramm und die Einladung zum Abschuss eines Hirsches nach Carinhall. Erst im September 1937 konnte Schmeling die Einladung annehmen und erlegte, in Begleitung von Göring, einen starken Sechzehnender-Rothirsch.[103]

Die Organisation von derart vielen Besuchen, Banketten, Ausfahrten und Jagden bedeutete einen großen logistischen Aufwand und erforderte absolute Disziplin der Forstbeamten, die mit dem damals propagierten Führerprinzip erreicht wurde, und vor allem viel Wild. Im Juni 1937[104] hatte Göring entschieden, dass auf einer Fläche von rund 40.000 Hektar, unter Berücksichtigung einer Zufütterung, ein Bestand von 1.600 Stück Rotwild, 1.400 Stück Damwild, 1.000 Stück Rehwild und 1.000 Stück Schwarzwild gehalten werden sollte, um allen Wünschen entsprechen zu können – insgesamt 5.000 Stück Wild. Dazu kam noch der Bestand von Elchen, Wisenten und Muffelwild. Und damit war der Höhepunkt noch nicht erreicht. Tatsächlich stand Göring und seinen Jagdgästen zu Beginn des Weltkriegs ein Bestand von 2.382 Stück Rotwild, 3.371 Stück Damwild, 1.000 Stück Rehwild und 1.062 Stück Schwarzwild zu Verfügung – alles in allem 7.815 Stück[105] Wild.

Alle Forstämter meldeten zu den jährlichen Abschussplänen beim Rot- und Damwild fast durchweg Wildzahlen, die über die festgelegte Wilddichte hinausgingen. Dadurch konnte der Bestand durch den vorgesehenen Jahresabschuss nicht gemindert werden – ein Teufelskreis. Die Forstbeamten begründeten die Situation damit, dass der Schorfheide viele Jagdgäste zugewiesen würden, deren Anzahl nicht im Voraus zu planen sei. Allen Verantwortlichen war klar, dass sich die hohe Anzahl von Wild auf die Güte der Trophäenausbildung auswirken würde, wenn die Bestände nicht drastisch reduziert würden. Voraussetzung dafür war jedoch, die Anzahl der Jagdgäste auf ein verträgliches Höchstmaß festzuschreiben.[106] Eine solche Entscheidung hätte freilich nur Göring selbst treffen können, was er nicht tat.

Nach dem Abschussplan für 1941 sollten in den 30 Rotwild führenden Oberförstereien der Mark Brandenburg 925 Stück Rotwild gestreckt werden. Dagegen waren bis zum 1. November nur 448 Abschüsse nachzuweisen. Beim Damwild sah es ähnlich aus. Obwohl laut Plan 783 Stück zum Abschuss vorgesehen waren, konnten nur 251 Stück gestreckt werden. Von solchen Abschussvorgaben war das Gebiet der Stiftung Schorfheide, wie auch die anderen Staatsjagdreviere, generell ausgeschlossen.[107]

Die Abschussrichtlinien für Schalenwild wurden in der Zeit des Nationalsozialismus mehrfach geändert. 1942 galt für den Rothirsch als Hegeziel: »Der fehlerfreie, voll entwickelte alte Hirsch mit befriedigendem Geweihgewicht bei starken Stangen, Endenfreudigkeit und beiderseitigen Kronenentwicklung.« Das Geweihgewicht sollte mindestens fünf Kilogramm haben. Beim Damwild musste der Schaufler mindestens drei Kilogramm erreichen. Alle Zukunftshirsche waren weitestgehend zu schonen. Zu diesem Zeitpunkt untersagte der Gaujägermeister der Mark Brandenburg, Freiherr von Dungern, bereits das Verfüttern von Kartoffeln, die für die menschliche Ernährung geeignet wären. Zur Wildfütterung durften nur Kleinkartoffeln, angefrorene oder beschädigte Exemplare zur Verwendung kommen.[108]

Durch die Einzäunung weiterer Teile der Schorfheide entstanden neue Probleme mit angrenzenden

Friedrich Bosdorf (l.), Max Schmeling und Patenkind Waltraud Bosdorf auf der Försterei Wucker.

Autogrammkarte Max Schmeling und seine Frau Anny Ondra.

Vor (nicht gesichert) dem italienischen Kommandanten der Milizia Nationale Forestale, General Augusto Agostini, wird ein Hirsch verblasen, 1939.

Rechte Seite:

Oben: Antwortschreiben von Willy Sachs auf die Jagdeinladung an den Geschäftsführer der Stiftung Schorfheide, Oktober 1942.

Unten: Antwortschreiben von Alwin Reemtsma auf die Jagdeinladung an den Geschäftsführer der Stiftung Schorfheide, Oktober 1942.

privaten Jagdbezirken, denn die wurden von alten Wildwechseln abgeschnitten. Das sahen die Eigenjagdbesitzer und Jagdpächter ungern, trauten sich jedoch nicht, offen gegen ihren obersten Jägermeister zu opponieren. Dennoch kam ihnen Göring, der jagdliche Ruhe um seine Schorfheide wünschte, entgegen. So wies er mit Erlass vom 11. Oktober 1937 den Geschäftsführer der Stiftung an: »Die Angrenzer an die Schorfheide, denen auf Grund besonderer Gegenleistungen Abschusshirsche freigegeben worden sind, sind als Staatsgäste anzusehen.« Konkret bedeutete dies, dass den Herren Dr. Schmidt-Schleusener, von Spangenberg und Bartsch je ein Damhirsch in den Forstämtern Schorfheide und Groß Dölln zugestanden wurde.

Dem Diplomvolkswirt Dr. Brodowski, der später sein angrenzendes Jagdgebiet an die Stiftung abgab und dafür ein Ersatzrevier erhielt, antwortete Scherping selbst und gab ihm zum Dank einen Damhirsch frei. Dabei bemerkte er aber, dass 1940 alle Ia-Rot- und Damhirsche gesperrt seien und deshalb nur Ib-Hirsche geschossen werden dürften. Eine weitere Einladung in den folgenden Jahren schloss Scherping aus, da »Sie das wirklich ausgezeichnete Revier Regelsdorf gepachtet haben und Ihnen damit m.E. ein sehr weitgehendes Entgegenkommen gezeigt worden ist«.[109]

Auch prominente Gäste aus Politik und Kultur kamen weiter zahlreich. 1940 weilten als Jagdgäste in Carinhall unter anderem Fürst zu Eulenburg-Liebenberg und Hertefeld (1881–1963)[110], von dem Göring regelmäßig Damwild bezog, Reichsstatthalter in Sachsen Martin Mutschmann, Reichsstatthalter in Bayern General Franz Ritter von Epp, der von Hitler verehrte Bildhauer Josef Thorak und der Generalinspekteur der Luftwaffe, Erhard Milch. Ein weiterer Besucher war der Architekt Martin Hammitzsch, ein Schwager Adolf Hitlers, der auf den »Hirsch Nr. 2« im Revier Rarangsee pirschen konnte. Reichsminister Hans Heinrich Lammers durfte den Sechzehnender-Hirsch »Horst«, Generalfeldmarschall Wilhelm Keitel den »Hakenhirsch« und Reinhard Heydrichs Adjutant, SS-Hauptsturmführer Kurt Pomme, den Hirsch »Manfred« strecken. Generalluftzeugmeister Ernst Udet und Ritter von Epp durften je einen Wisent erlegen. Von jeder Jagd wurde für den Gast ein Fotoalbum angefertigt und ihm nachgereicht.

Darüber hinaus erhielt der Inspektor der Nationalsozialistischen Erziehungsanstalten, SS-Obergruppenführer Heißmeyer, die Zusage, auf den Hirsch »Der Breitliegende« jagen zu dürfen; und dem Sekretär von Görings Schwester Olga Riegele wurde ebenfalls ein Rothirsch zugeteilt. Prinz Christoph von Hessen jagte auf den Hirsch »Der Engstehende«.

Das Forstamt Groß Schönebeck führte weitere Jagdgäste: Generaloberst Hubert Weise, der kommandierende General des I. Flak-Korps der Luftwaffe, schoss auf den Hirsch »Admiral«, General Richard Putzier auf den Hirsch »Der Knuffige«, Reichsleiter Max Amman auf den Hirsch »Markgraf«, der rumänische Gesandte Alexandru Romalo auf den Hirsch »Hoheit« und SS-Gruppenführer Reinhard Heydrich auf den Hirsch »Wilhelm«.[111] Eine besondere Beziehung muss Göring zu dem ostpreußischen Gauleiter Erich Koch gehabt haben, dem er sogar einen Wisent und zwei Damhirsche freigab.

30 hochrangige Persönlichkeiten aus Wirtschaft, Politik, Militär und den Sicherheitskreisen waren 1940 Gäste von Göring, mit denen er im Anschluss teilweise noch ausgiebige Gespräche führte. Dazu kamen Gäste aus Görings eigener Familie, die ebenfalls jagdlich betreut werden mussten. Alle Gäste wurden, je nach Rang und Stellung, entweder von Göring selbst, Scherping oder dem Geschäftsführer der Stiftung, Fuckel, schriftlich eingeladen. Und die so Beehrten kamen gern. Generalfeldmarschall Keitel war sich sicher, dass seine »dienstlichen Bindungen in dieser Kriegszeit kein absolutes Hindernis für die mir gebotene Jagdfreude sein

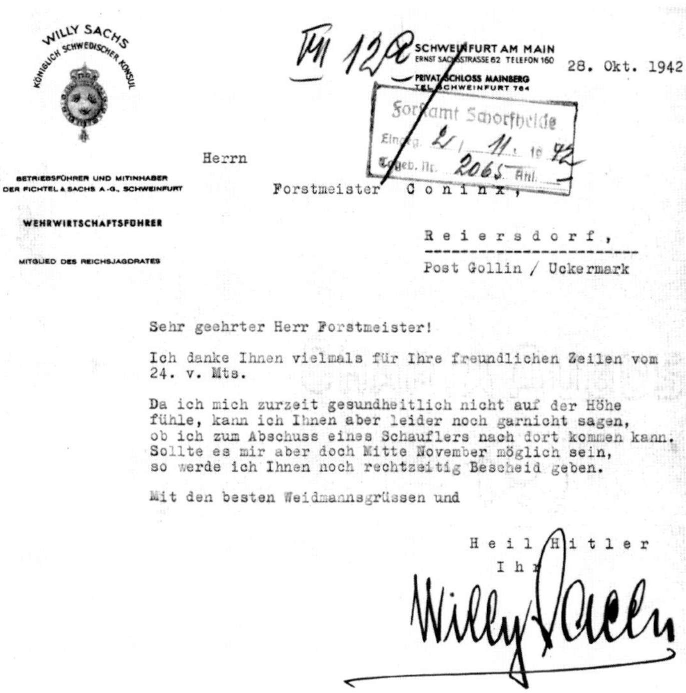

WILLY SACHS
KÖNIGLICH SCHWEDISCHER KONSUL
BETRIEBSFÜHRER UND MITINHABER DER FICHTEL & SACHS A.-G., SCHWEINFURT
WEHRWIRTSCHAFTSFÜHRER
MITGLIED DES REICHSJAGDRATES

VII 12a

SCHWEINFURT AM MAIN
ERNST SACHSSTRASSE 62 TELEFON 160
PRIVAT: SCHLOSS MAINBERG
TEL. SCHWEINFURT 764

28. Okt. 1942

Forstamt Schorfheide
Eingeg. 2. 11. 1942
Tageb. Nr. 2065 Anl.

Herrn
Forstmeister Coninx,
Reiersdorf,
Post Gollin / Uckermark

Sehr geehrter Herr Forstmeister!

Ich danke Ihnen vielmals für Ihre freundlichen Zeilen vom 24. v. Mts.

Da ich mich zurzeit gesundheitlich nicht auf der Höhe fühle, kann ich Ihnen aber leider noch garnicht sagen, ob ich zum Abschuss eines Schauflers nach dort kommen kann. Sollte es mir aber doch Mitte November möglich sein, so werde ich Ihnen noch rechtzeitig Bescheid geben.

Mit den besten Weidmannsgrüssen und

Heil Hitler
Ihr
Willy Sachs

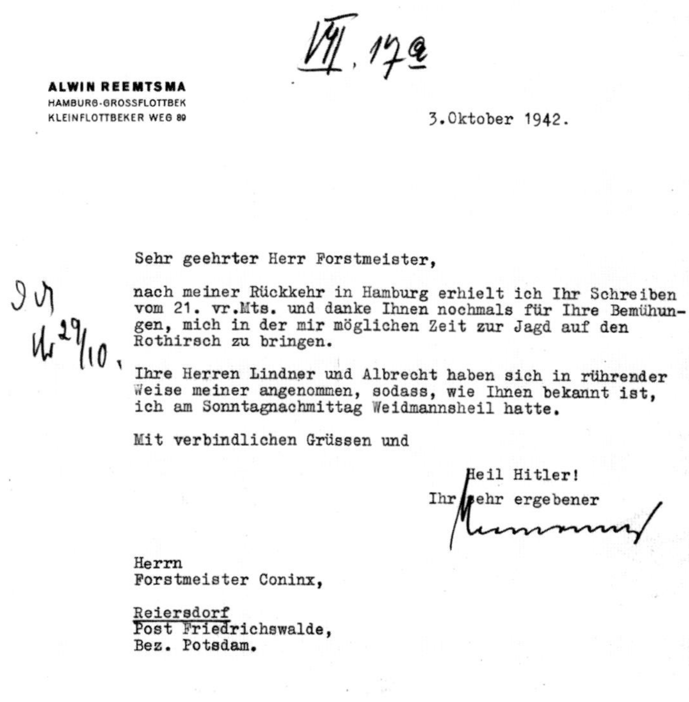

VII. 17a

ALWIN REEMTSMA
HAMBURG-GROSSFLOTTBEK
KLEINFLOTTBEKER WEG 89

3.Oktober 1942.

Sehr geehrter Herr Forstmeister,

nach meiner Rückkehr in Hamburg erhielt ich Ihr Schreiben vom 21. vr.Mts. und danke Ihnen nochmals für Ihre Bemühungen, mich in der mir möglichen Zeit zur Jagd auf den Rothirsch zu bringen.

Ihre Herren Lindner und Albrecht haben sich in rührender Weise meiner angenommen, sodass, wie Ihnen bekannt ist, ich am Sonntagnachmittag Weidmannsheil hatte.

Mit verbindlichen Grüssen und

Heil Hitler!
Ihr sehr ergebener

Herrn
Forstmeister Coninx,
Reiersdorf
Post Friedrichswalde,
Bez. Potsdam.

Reichsminister Heinrich Lammers bittet um Verschiebung seiner Pirsch, Oktober 1941.

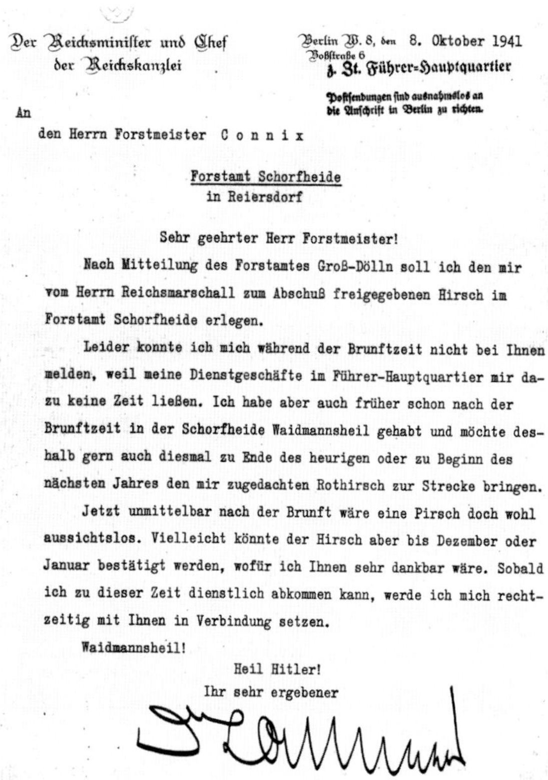

Der Reichsminister und Chef der Reichskanzlei

Berlin W. 8, den 8. Oktober 1941
Voßstraße 6
z. Zt. Führer-Hauptquartier

Postsendungen sind ausnahmslos an die Anschrift in Berlin zu richten.

An
den Herrn Forstmeister C o n n i x

Forstamt Schorfheide
in Reiersdorf

Sehr geehrter Herr Forstmeister!

Nach Mitteilung des Forstamtes Groß-Dölln soll ich den mir vom Herrn Reichsmarschall zum Abschuß freigegebenen Hirsch im Forstamt Schorfheide erlegen.

Leider konnte ich mich während der Brunftzeit nicht bei Ihnen melden, weil meine Dienstgeschäfte im Führer-Hauptquartier mir dazu keine Zeit ließen. Ich habe aber auch früher schon nach der Brunftzeit in der Schorfheide Waidmannsheil gehabt und möchte deshalb gern auch diesmal zu Ende des heurigen oder zu Beginn des nächsten Jahres den mir zugedachten Rothirsch zur Strecke bringen.

Jetzt unmittelbar nach der Brunft wäre eine Pirsch doch wohl aussichtslos. Vielleicht könnte der Hirsch aber bis Dezember oder Januar bestätigt werden, wofür ich Ihnen sehr dankbar wäre. Sobald ich zu dieser Zeit dienstlich abkommen kann, werde ich mich rechtzeitig mit Ihnen in Verbindung setzen.

Waidmannsheil!

Heil Hitler!
Ihr sehr ergebener

Jagdeinladung für Generalfeldmarschall Wilhelm Keitel, August 1940.

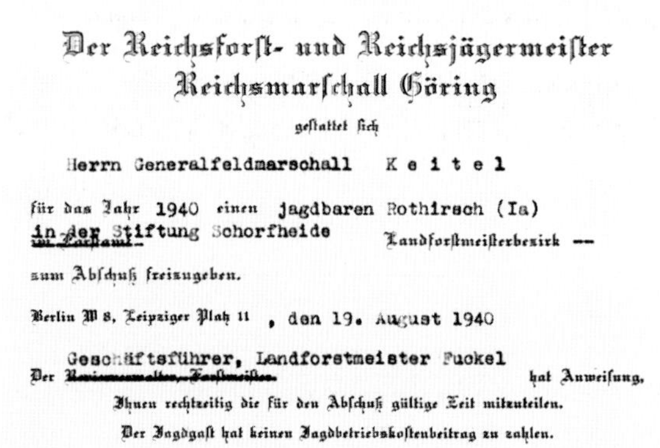

Der Reichsforst- und Reichsjägermeister
Reichsmarschall Göring
gestattet sich

Herrn Generalfeldmarschall K e i t e l

für das Jahr 1940 einen Jagdbaren Rothirsch (Ia)
in der Stiftung Schorfheide Landforstmeisterbezirk —
zum Abschuß freizugeben.

Berlin W 8, Leipziger Platz 11, den 19. August 1940

Geschäftsführer, Landforstmeister Fuckel
Der ~~Revierverwalter, Forstmeister~~ hat Anweisung,
Ihnen rechtzeitig die für den Abschuß gültige Zeit mitzuteilen.
Der Jagdgast hat keinen Jagdbetriebskostenbeitrag zu zahlen.

werden«, kam – und streckte im Revier Hubertusstock einen Damhirsch. Hitlers Schwager schrieb: »Da ich vor kurzem aus meiner Feldstellung in die Führerreserve des Stellv. Gen. Kdo. in Dresden versetzt wurde, wäre es mir gegenwärtig ohne Schwierigkeiten möglich, einer Jagdeinladung zu folgen.« Und SS-Obergruppenführer Heißmeyer antwortete, da »[ich] in der ersten Hälfte sehr viel auf Reisen bin, wird wohl die zweite Oktoberhälfte am geeignetsten für mich sein. Ich hoffe, dass nach der Brunftzeit der Abschuss nicht allzu zeitraubend sein wird.«[112]

Freilich mehrten sich, je länger der Krieg dauerte, die Absagen auf Görings Einladungen. So antwortete der General der Infanterie Kurt von Briesen: »Darf ich mit verbindlichem Dank die Einladung des Herrn Reichsmarschalls auf den Jagdbaren in der Schorfheide bestätigen. (…) Ob es mir in diesem Jahr möglich sein wird, der gütigen Einladung nachzukommen, ist nach der Kriegslage zweifelhaft.«

Die Verteilung der weiteren Jagdgäste Hermann Görings erfolgte auf folgende Forstämter:

Altplacht: Brigadeführer Schneller, General von Briesen (Kommandierender General des LII. Armekorps)

Groß Dölln: Generaldirektor Dr. Flick.

Groß Schönebeck: Generaldirektor Pleiger, Direktor Wick, Generaldirektor Janke (Kindel-Brauerei), Amtmann Butz.

Hubertusstock: Reichsleiter Ammann, Alwin Reemtsma (Zigarettenfabrikant), General Thomas, Geheimrat Allmers.

Schorfheide: Reichsminister Lammers (Chef der Reichskanzlei), Professor Dr. Hamnmitzsch (Schwager von Hitler, war verheiratet mit seiner Halbschwester Angela), General Putzier, General der Flieger (Er war am Aufbau der deutschen Luftwaffe beteiligt.) Frau Olga Riegele (Schwester von Göring).

Zehdenick: Generaldirektor Stahl, Herr Ploner, Konsul Willy Sachs (Er war unter anderem Betriebsführer bei Fichtel & Sachs, Wehrwirtschaftsführer, Mitglied des Reichsjagdrates), Büchsenmacher Schiwy, Professor Dr. Ernst, Oberst Reisch.[113]

Im Jagdjahr 1941 sind 33 Einladungen nachweisbar. Für Göring selbst waren in diesem Jahr vier kapitale Hirsche vorgesehen: ein Rothirsch von 20 Enden im Forstamt Schorfheide, der »Fürst«, ein ungerader Achtzehnender, ein ungerader Zwanzigender mit dem Namen »Eremit« im Forstamt Groß Schönebeck und der »Stolze«, ein Zwanzigender-Hirsch im Forstamt Hubertusstock.[114]

Zu den regelmäßigen Jagdgästen in der Schorfheide gehörte der Büchsenmacher Ludwig Schiwy, der für Göring die Jagdwaffen zusammenstellte. Für ihn war 1943 ein Zwölfender-Rothirsch der Klasse Ib reserviert worden. Alle Hirsche dieser Klasse sollten ein Mindestgeweihgewicht von fünf Kilogramm aufweisen.

Bei Weitem nicht alle illustren Gäste, denen in der Schorfheide Wild vor die Flinte getrieben wurde, waren im Umgang mit Jagdwaffen kundig. Deshalb wurden alle Revierverwalter angehalten, vor jedem Pirschgang dem Jagdgast die Möglichkeit anzubieten, mit seinem Gewehr einen Probeschuss abzugeben. Den jeweiligen begleitenden Förster wurde mit auf den Weg gegeben: »Falls es im Einzelfall notwendig erscheinen sollte, ist in geeigneter Form darauf hinzuweisen, daß ein jagdbarer[115] Rothirsch keine lebende Zielscheibe für Übungsschießen ist.« Kamen dennoch leichtfertige Fehlschüsse oder »grobe Verstöße gegen die Waidgerechtigkeit« vor, sollten diese dem Geschäftsführer der Stiftung gemeldet werden. Wenn Jagdgäste, die keine geübten Schützen waren, auf die Wisent- oder Sauenjagd gingen, war Göring offenbar auch um ihre Sicherheit besorgt. So ordnete er 1942 an, »daß bei der Jagd hoher Gäste auf Wisent und Sauen der begleitende Forstbeamte stets ein 2. geladenes Gewehr aus Sicherheitsgründen bei sich führt«.[116]

Natürlich kam es auch bei Erfahrenen unter den eingeladenen Jagdgästen zu Fehlschüssen, wenn auch anderer Art. 1941 beispielsweise erhielt Prof. Dr. Schmidt aus Eberswalde die Erlaubnis, einen Rothirsch der Altersklasse Ib oder IIb zu erlegen. Er verzichtete jedoch darauf und gab die Abschusserlaubnis an den Oberförster Jenß weiter. Ein Gefallen mit Folge: Der erlegte am 12. September einen Hirsch von 14 Enden, mit einem Geweihgewicht von 6,7 Kilogramm. Der Hirsch fiel jedoch in die Altersklasse Ia und war damit ein glatter Fehlabschuss mit unangenehmen Folgen. Prof. Schmidt erhielt das Verbot zukünftige Abschusserlaubnisse weiterzugeben und Oberförster Jenß eine dienstliche Rüge.

1942 beliefen sich die Jagdkosten in der Schorfheide auf 150.000 RM. Darin enthalten waren jedoch auch die Kosten für Schutzmaßnahmen gegen Wildschäden.[117]

Oben: Unbekannter Jagdgast mit gestrecktem Hirsch und Forstbeamten vor der Revierförsterei Rarangsee, 1941.

Unten: Vermutlich von Prof. Dr. Hammitzsch 1940 im Revier Rarangsee gestreckter Leiterhirsch Nr. 10 von ungeraden 14 Enden.

Links: Oberjägermeister Menthe mit seinem erlegten Hirsch, Spyker Hütte, 1934.

Rechts: Friedrich Lindner an einem von Graf Rosen erlegten Damhirsch, 13. Oktober 1942.

Während der ersten Kriegsjahre lief der Jagdbetrieb in der Schorfheide und in der Rominter Heide weiter, unabhängig davon, wie sich die Frontverläufe auf den Kriegsschauplätzen gestalteten. Ab dem Jagdjahr 1943 änderte sich das. Göring sprach zwar immer noch Jagdeinladungen aus, doch immer öfter meldeten sich Gäste ab, da ihre Anwesenheit an der Front kriegsbedingt unverzichtbar wurde.

VERDIENTE BEAMTE UND OFFIZIERE

Von Beginn an nutzte Göring die jagdlichen Möglichkeiten in der Schorfheide, um auch seine Mitarbeiter eng an sich zu binden. So gab er ihnen ebenfalls die Möglichkeit, dort auf die Jagd zu gehen, wenngleich von vornherein feststand, dass die Beamten des Reichsjagdamtes nur in den Randrevieren und lediglich auf zweitrangiges Wild jagen durften. Ende 1938 wandte sich beispielsweise Ministerialdirigent Georg Weber an Görings Chef des Ministeramtes, Generalmajor Karl Bodenschatz, mit der Bitte um eine Jagdgelegenheit in der Schorfheide: »Ich glaube bestimmt, daß der Generalfeldmarschall für mich und meine Lage Verständnis hat, zumal ja, wie mir bekannt, doch viele Leute von ihm schon derartige Vergünstigungen genossen haben und genießen.«[118]

Zu sehr wünschten sich treue Beamte und überzeugte Parteimitglieder, einmal von Göring eingeladen und in dessen Jagdrefugium jagen gehen zu dürfen – und freuten sich umso mehr, wenn es so weit war. So konnten 1941 unter anderem Mitglieder des Reichsjagdrates wie Ministerialdirigent Lueder, Oberlandforstmeister Vorreyer und Dr. Storch in Kremmen oder Oberforstmeister Potthoff im Revier Sachsenhausen einen Damhirsch erlegen (s. Tabelle VII).[119]

Im Fackelschein wird Göring ein von ihm erlegter Hirsch im Innenhof von Carinhall präsentiert.

Der italienische Luftmarschall Balbo (l.) mit Willy Schade (r.) im Jagdwagen vor dem Jagdschloss Hubertusstock.

Üblicher Transport von erlegtem Wild.

Beim Rehwildabschuss berücksichtigte Göring in den Kriegsjahren vermehrt Offiziere der Wehrmacht, die sich an der Front besondere Verdienste erworben hatten. Sie konnten – gewissermaßen als Auszeichnung – einen Rehbockabschuss zugeteilt bekommen. Doch schon 1942 hatte sich die Anzahl der Zuweisungen derart erhöht, dass das Reichsjagdamt den Bedarf nicht mehr absichern konnte. Scherping wies deshalb den Landforstmeister Schmanck in Potsdam an, ihn »im Umkreis von 100 km um Berlin herum einige Reviere zu benennen, in die Gäste zum Abschuß von Ib- und IIb-Böcken entsandt werden können, damit ich in besonders dringenden Fällen auf diese Reviere zurückgreifen kann«. Der schlug daraufhin die Forstämter Finkenkrug, Lehnin, Liebenwalde und Sachsenhausen vor.[120]

Obwohl spätestens zu Beginn des Jahres 1944 im Generalstab Klarheit darüber herrschte, dass der Krieg nicht mehr zu gewinnen war, spielte auch zu dieser Zeit der Wunsch nach einer Jagdausübung immer noch eine bedeutende Rolle. Am 6. Dezember 1944, die sowjetischen Truppen standen bereits vor den Grenzen Ostpreußens, wandte sich Scherping an den Oberlandforstmeister Lamberts: »Der Generaloberst Guderian hat den Wunsch geäußert, (...) mit zwei Herren seines Stabes an eine Drückjagd auf Rot- und Schwarzwild teilzunehmen. (...) Es kommt weniger auf große Strecken an, die ja sowieso nicht zu erreichen sind, als darauf, daß der Generaloberst einmal einen Tag auf der Jagd im Walde zubringt. (...) Die Angelegenheit selbst bitte ich vertraulich zu behandeln und nicht über die absolute dienstliche Notwendigkeit hinaus (Bekanntgabe an die Revierverwalter) zu verbreiten.« Scherping gab den Beamten in seinem Antwortschreiben ausdrücklich mit auf den Weg, dass eine Jagd auf Niederwild auszuschließen sei.[121]

Forstbeamte (1. v. l. R. Rakow) mit einem von Göring erlegten stärksten Hirsch von ung. 18 Enden, 1943.

DIE STRECKE DES REICHSJÄGERMEISTERS

Wieviel Wild Göring in seinem Leben zur Strecke brachte, ist heute – aufgrund der Verluste an Archivmaterial – nicht mehr nachweisbar. Bekannt sind überwiegend Abschüsse aus der Rominter Heide, wo er zum Beispiel in der Brunftzeit 1936 vom 26. September bis 1. Oktober sechs Hirsche streckte. Zur Brunft ein Jahr später erlegte er neun Rothirsche.[122] Im Weiteren werden hier nur Abschüsse aufgeführt, die aus dem Gebiet der Schorfheide überliefert sind.

Gleich nach seinem Machtantritt veranlasste Göring, dass alle jagdbaren starken Trophäenträger ihm direkt gemeldet werden mussten. Bereits in der ersten Septemberwoche 1933 ließ er der Forstverwaltung mitteilen, dass er gedenke, in die Schorfheide zu kommen, um auf die Jagd zu gehen. Daraufhin erhielt Dr. Hausendorff im August vom Oberlandforstmeister Potthoff die Aufforderung, unverzüglich den Stand der Brunft und den möglichen Abschuss starker Damhirsche durch den Ministerpräsidenten zu melden. »Es soll für jede Oberförsterei mindestens je ein Hirsch gemeldet werden«, lautete die Anweisung. Damit waren mindestens sechs Hirsche für Göring zu reservieren![123]

Stellte sich in einem Revier ein besonderer starker Trophäenträger ein, ging unverzüglich eine Meldung an das Reichsjagdamt. 1940 meldete zum Beispiel der Gauleiter von Hessen-Nassau: »Ich freue mich, Ihnen mitteilen zu können, dass ich trotz des vergangenen schlechten Winters in der Lage bin, dem Herrn Generalfeldmarschall einen ausserordentlich starken Bock zur Verfügung stellen zu können.«[124]

Seit seinem Machtantritt wurden alle Abschüsse von Göring in einer gesonderten Auflistung festgehalten. Leider ist das Originalabschussbuch nicht mehr

Links: Sechzehnender-Rothirsch.

Rechts: Der Hirsch Raufbold mit ung. 22 Enden, von Göring im Forstamt Warnen erlegt.

vorhanden, nur einige Einzellisten haben überdauert. Schade wies am 26. Januar 1944 als Vertreter des Geschäftsführers der Stiftung alle acht Forstämter an, für alles vom »Reichsmarschall selbst erlegte« Wild eine Bewertungskarte anzufertigen. Das betraf aber nur männliche Stücke. Danach hatte Göring bis zum 10. Februar 1944 in den Forstämtern der Schorfheide insgesamt 231 Trophäenträger erlegt (siehe Tabelle unten).[125]

Forstamt	Rothirsche	Damhirsche	Rehböcke	Keiler	Wisent	Muffel
Altplacht	3	3	3	3	–	–
Grumsin	6	3	3	9	–	–
Groß Dölln	3	3	3	6	–	3
Groß Schönebeck	6	6	3	6	–	3
Hubertusstock	9	6	3	6	12	6
Himmelpfort	3	3	9	6	–	3
Schorfheide	9	15	6	6	–	18
Zehdenick	9	6	6	6	–	9
Gesamtstückzahl	48	45	36	48	12	42

Für das laufende Jahr sind bis zum 20. Dezember 1944 weitere Abschüsse in verschiedenen Revieren bekannt:

- 5.1.1944, Revier unbekannt, Muffelwidder, von Göring erlegt, Schussentfernung 160 Meter, mit einer Doppelbüchse, Pirsch vom Wagen aus,
- 5.1.1944, Gollin, Muffelwidder, Pirsch mit Wagen, von Göring erlegt,
- 11.1.1944, Gollin, Damhirsch, Entfernung 150 Meter, von Göring erlegt,
- 25.1.1944, Wucker, Muffelwidder, Entfernung 180 Meter, von Göring erlegt mit Kipplaufbüchse,
- 25.1.1944, Wucker, Rothirsch »Der Blender«, 14 Enden, 4,5 Kilo Geweihgewicht, von Göring erlegt,
- 30.1.1944, Wucker, Muffelwidder, Entfernung 160 Meter, von Göring erlegt,
- 2.2.1944, Döllnkrug, Muffelwidder, von Göring erlegt, Pirsch vom Wagen aus, Entfernung 150 Meter mit einer Doppelbüchse,
- 12.2.1944, Wilhelmseichen, Keiler, 5 Jahre, 78 Kilo

Links: Görings Tagesstrecke vom 24.9.1938 in der Rominter Heide, v.l. der Hirsch »Fürst«, weitere und drei Gästehirsche.

Rechts: Göring im Forstamt Nassawen mit dem erlegten Vierundzwanzigender-Rothirsch, 1933.

schwer, Entfernung 110 Meter, von Göring erlegt, mit Kipplaufbüchse,
- 26.11.1944, Kaiserhorst, Rothirsch »Ernst« mit 14 Enden, von Göring erlegt, 13 Jahre alt, 7 Kilo Geweihgewicht, Entfernung 110 Meter mit einer Doppelbüchse.[126]

Während die sowjetischen Truppen die deutschen Verbände immer weiter zurückdrängten und alliierte Flugzeuge sich für die Bombardierung Dresdens rüsteten, ging in der Schorfheide Görings Schwester Olga Riegele noch auf die Jagd und schoss am 9. Februar 1944 (Tag der Bewertung) ihren letzten Muffelwidder.

Großen Wert legte Göring auf die Pflege der Jagdkultur. Jagdhornklänge, Feuer und Fackelschein beim Verblasen und Abschreiten der Strecke waren ein unumgängliches Muss. Die Forstämter waren dazu angewiesen, ihre Mitarbeiter zu Übungskursen mit dem Waldhorn zu entsenden, um stets über ausreichend Bläser zu verfügen. Im Bedarfsfall konnte er auf 25 Bläser aus allen Forstämtern zurückgreifen, wenn sich Jagdbesuch ankündigte.

Zu Beginn der hohen Jagdzeit ließ sich Göring regelmäßig über den Stand der Brunft unterrichten. Jedes Jahr hatte der Geschäftsführer der Stiftung Anfang September dazu einen Bericht abzugeben. 1936 übernahm dies Forstassessor Cornelsen, da Fuckel noch in Budapest weilte. Er hatte alle bestätigten Hirsche an den damaligen Adjutanten Oberjägermeister Menthe und an Schade zu melden, »besonders starke Hirsche, namentlich über die für den Abschuß durch den Herrn Ministerpräsidenten in Frage kommenden Kapitalhirsche«.

Es kam jedoch auch vor, dass starke Hirsche, die für den Reichsjägermeister vorgesehen waren, nicht zum Abschuss kamen. So schoss der Jagdpächter der angrenzende Gemeindefeldmark Storkow am 4. Oktober 1936 auf einen Achtzehnender-Rothirsch und trennte ihm dadurch den linken Vorderlauf kurz über den Rumpf ab. Dem Hirsch gelang es, sich wieder in das Stiftungsgebiet zurückzuziehen, und er wurde dort noch mehr-

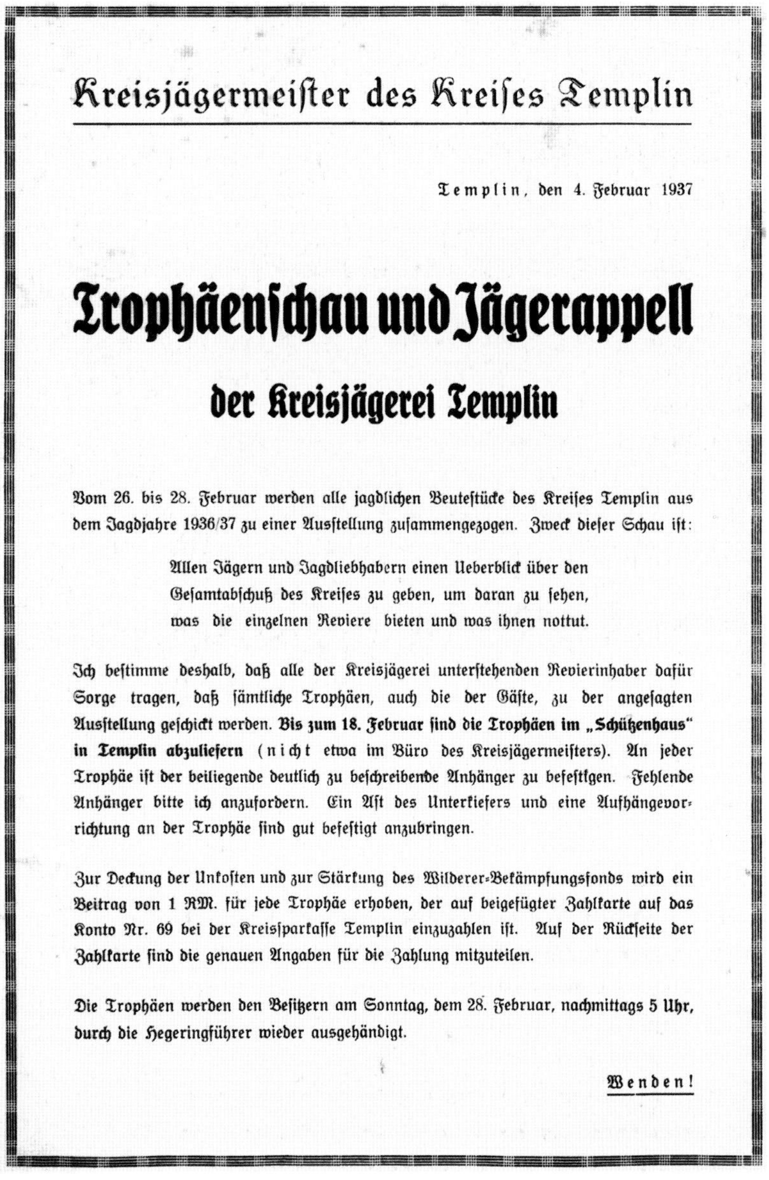

Kreisjägermeister des Kreises Templin

Templin, den 4. Februar 1937

Trophäenschau und Jägerappell

der Kreisjägerei Templin

Vom 26. bis 28. Februar werden alle jagdlichen Beutestücke des Kreises Templin aus dem Jagdjahre 1936/37 zu einer Ausstellung zusammengezogen. Zweck dieser Schau ist:

> Allen Jägern und Jagdliebhabern einen Ueberblick über den Gesamtabschuß des Kreises zu geben, um daran zu sehen, was die einzelnen Reviere bieten und was ihnen nottut.

Ich bestimme deshalb, daß alle der Kreisjägerei unterstehenden Revierinhaber dafür Sorge tragen, daß sämtliche Trophäen, auch die der Gäste, zu der angesagten Ausstellung geschickt werden. **Bis zum 18. Februar sind die Trophäen im „Schützenhaus" in Templin abzuliefern** (nicht etwa im Büro des Kreisjägermeisters). An jeder Trophäe ist der beiliegende deutlich zu beschreibende Anhänger zu befestigen. Fehlende Anhänger bitte ich anzufordern. Ein Ast des Unterkiefers und eine Aufhängevorrichtung an der Trophäe sind gut befestigt anzubringen.

Zur Deckung der Unkosten und zur Stärkung des Wilderer-Bekämpfungsfonds wird ein Beitrag von 1 RM. für jede Trophäe erhoben, der auf beigefügter Zahlkarte auf das Konto Nr. 69 bei der Kreissparkasse Templin einzuzahlen ist. Auf der Rückseite der Zahlkarte sind die genauen Angaben für die Zahlung mitzuteilen.

Die Trophäen werden den Besitzern am Sonntag, dem 28. Februar, nachmittags 5 Uhr, durch die Hegeringführer wieder ausgehändigt.

Wenden!

Plakat für die Trophäenschau der Kreisjägerei Templin.

fach von Waldarbeitern und Förstern gesehen. Der zuständige Oberförster Gantzer ließ darauf das Revier Ringofen absuchen, ohne auf den Hirsch zu treffen, der sich aber immer wieder an einer anderen Stelle des Reviers zeigte. Nachdem zehn Tage vergangen waren, ging man davon aus, dass der Hirsch überleben würde und immer noch von Göring geschossen werden könnte. Daraufhin gab der Forstamtsleiter die Weisung, dass der Hirsch weiter zu beobachten und dem »Reichsforstmeister oder einem Gast zu bestätigen sei«. Doch daraus wurde nichts mehr: Der Hirsch wurde am 17. Oktober verendet aufgefunden.[127] Ob dieser Vorfall für den Pächter ein Nachspiel hatte, ist nicht überliefert. Auch nicht, ob ein von dem Kreisjägermeister des Kreises Templin Belbe ein Jahr zuvor an alle Revierinhaber verfasster Rundbrief tatsächlich Görings Jagdgebaren galt, wiewohl es sehr deutlich umrissen war und kritisiert wurde. Darin hieß es: »Ob wohl alle Jäger verstehen, was ich wollte, als ich diesem oder jenem den jagdbaren Hirsch auf den Abschußplan setzte, ist die Frage, die mich bewegt und mich besorgt macht. (...) Sie, meine Herren, die größere Reviere haben, dürfen nie denken, alles Wild, was über die Grenze in ein kleineres Revier bummelt, gehört Ihnen und steht dem kleinen Nachbar nicht zu. Nein! Auch der kleine Jagdinhaber, vielleicht der Inhaber einer reinen Feldmark, hat das Recht auf die königliche Trophäe. Er soll nie das Gefühl haben, ich bin 2. Sorte Jäger. Heute konnte ich einen starken Zwölf- oder Vierzehnender schießen; ich durfte aber nicht, denn ich habe ja keinen Abschuß, trotzdem das Wild aus dem Walde nachts auf meinen Feldern äst und die Früchte stark beschädigt.«[128]

Scherping und seine Mitstreiter wollten dem mit dem neuen Reichsjagdgesetz entgegenwirken und so schrieb der Kreisjägermeister mahnend weiter: »Große und kleine Revierinhaber müssen zusammenarbeiten Hand in Hand zum Schutz des Wildes, zur Erreichung der Kameradschaft und des gegenseitigen Verstehens und zum Erreichen unserer Ziele im Sinne des Reichsjagdgesetzes. Es müssen daher in einem Rotwildbezirk wie z. B. in der Buchheide der Stadt Templin, mit den anschließenden Feldjagden viel weniger jagdbare Hirsche abgeschossen werden, wie freigegeben sind. (...) Also warten können, bis ihm Diana hold ist und ihm mal die lang ersehnte starke Trophäe beschert.«[129]

Göring inmitten der Forstbeamten des Forstamtes Tawellningken vor dem Forstamt Pait, 5. v. l. Generalforstmeister Walter von Keudell, rechts von Göring Oberförster B. Orlowski und Oberförster Heinrich Weber, in der Tür Gauleiter Koch, Revier Meyruhnen, 1934.

Nach der Sommerzählung 1940 erreichte der Wildstand in der Schorfheide mit 10.447 Stück einen Höchststand.[130] Hierbei muss berücksichtigt werden, dass in den Angaben auch der Jahresnachwuchs enthalten ist (siehe Tabelle X und unten). Im Forstamt Groß Dölln sah 1941 der Abschuss für Göring fünf Rothirsche mit einem geschätzten Geweihgewicht von mindestens fünf Kilogramm je Hirsch vor, von denen nur zwei geschossen werden konnten.

Eine Zählung auf einer Fläche von 4.800 Hektar zeigte, dass der Wildbestand die Vorgaben deutlich überschritt:

	Rotwild	Damwild	Muffelwild	Rehwild	Schwarzwild	Wisente	Elche	Wildpferde
Altplacht	345	285	21	155	141			
Groß Dölln	194	427	-	116	231			
Groß Schönebeck	459	709	-	90	217			
Grumsin	110	23	-	121	103			
Himmelpfort	151	189	-	407	117			
Hubertusstock	575	773	-	207	219	64	36	16
Schorfheide	849	923	150	224	262			
Zehdenick	392	633	83	152	278			
Gesamt	3.075	3.962	254	1.472	1.568	64	36	16

Zulässig	tatsächlicher Bestand
180 Stück Rotwild	217 Stück,
165 Stück Damwild	469 Stück,
120 Stück Schwarzwild	255 Stück.[131]

Damit betrug die Wilddichte 19,6 Stück auf 100 Hektar. Die stärksten Rothirsche standen im Forstamt Schorfheide mit 41 und Hubertusstock mit 20 Stück.[132]

Die von Scherping initiierte dritte Wildzählung ergab für die Schorfheide am 13. Februar 1942:

	Hirsche	Kahlwild	Summe
Wisente	-	-	66
Elche	-	-	29
Rotwild	977	885	1.862
Damwild	992	895	1.885
Schwarzwild	-	-	531
Muffel	-	-	234
Wildpferde	-	-	18, im Juni 20 Stück[133]
Gesamtbestand			4.625

1944 war der Rotwildbestand soweit heruntergeschossen, dass Scherping anordnete, die vorhandenen Stücke zu schonen. Der Jagdbetriebsplan des Forstamtes Groß Schönebeck sah für 1944 die Erlegung von 119 Stück Rotwild vor. Erlegt werden konnten aber nur 82 Stück. Darunter befand sich ein starker Hirsch mit ungeraden 22 Enden mit dem Namen »Der Gedrungene«, der für den Reichsmarschall vorgesehen war. Er konnte im Revier Prötze bestätigt werden und war, nach der Brunft, trotz aller Nachforschungen, nicht mehr aufzufinden. Vermutlich konnte er über den Wildzaun setzen und verschwand in irgendein privates Jagdrevier. Fünf weitere Hirsche konnten ebenfalls nicht gestreckt werden, weil die vorgesehenen Jagdgäste nicht erschienen.[134] Das jagdliche Ende warf bereits seine Schatten voraus.

Als Göring einmal den Wunsch äußerte, die Jagd auf den Fuchs ausüben zu wollen, kam Unruhe unter den Beamten auf, denn mit solch einem Wunsch hatten sie überhaupt nicht gerechnet. Fuckel trieb seine Revierförster regelrecht an, die entsprechenden Voraussetzungen für eine erfolgreiche Jagd zu schaffen: »Ich muß erwarten, daß mit allem Eifer versucht wird, dem Wunsch des Generalfeldmarschalls zu entsprechen und Fuchsjagden in der einen oder anderen Art zu ermöglichen.« In jedem Forstamt wurde daraufhin ein Luderplatz angelegt, der regelmäßig mit Aufbrüchen zu bestücken war. Kein Fuchs durfte in diesem Bereich geschossen werden und bei Neuschnee war zu prüfen, ob sich Füchse eingefunden hatten.[135]

Im Jahr 1942 arbeiteten für den Reichsmarschall, Reichsforst- und Reichsjägermeister allein in der Schorfheide 99 Forstbeamte und Angestellte. Darunter waren sieben Oberförster und 52 Revierförster.[136] Diese bemühten sich unablässig, all seine jagdlichen wie auch gestalterischen Wünsche am Waldbild umzusetzen. Bei der Bereitstellung von finanziellen Mitteln spielten für Göring weder der Kriegsverlauf noch der Mangel an Arbeitskräften – immer mehr Forstbeamte und Waldarbeiter mussten an die Kriegsfront – oder das Fehlen von Rohstoffen und Baumaterial und der Zusammenbruch der Lebensmittelversorgung eine Rolle.

JAGD UNTER KRIEGSBEDINGUNGEN

Mit Beginn des Krieges am 1. September 1939 befand sich der überwiegende Teil der Förstereien noch in dem Zustand wie vor 1918. Im Forstamt Reiersdorf verfügten zum Beispiel die Förstereien Döllnkrug, Gollin, Wilhelmseichen und Wucker weder über elektrisches Licht noch über Wasser- und Abwasserleitung, Bad oder Innentoilette.[137] In den verbliebenen Forstämtern sah es ähnlich aus. Diese Zustände bedeuteten eine enorme zusätzliche Belastung für die Förster und ihre Familien fernab von dörflichen Siedlungen. Zudem wurden unmittelbar zu Kriegsbeginn 35 Mitarbeiter der Stiftung Schorfheide eingezogen (s. Tabelle VIII), darunter sieben Forstmeister, was zu erheblichen Einschränkungen der Aufgabenerfüllung führte.

Im November 1940 wandte sich deshalb der Geschäftsführer der Stiftung, Fuckel, an den Chef des Ersatzheeres, Generaloberst Friedrich Fromm, und erinnerte ihn daran, »dass es mir eine ganz besondere Ehre und Freude gewesen ist, Herrn Generaloberst während einiger Stunden der Ausspannung zu einem jagdlichen Erfolg verhelfen und einen kleinen Ausschnitt aus den Schönheiten unserer Schorfheide zeigen zu können«[138]. Fromm hatte auf Einladung von Göring einen starken Damhirsch in der Schorfheide erlegen dürfen. Im Weiteren legte Fuckel seine Probleme in der Forstwirtschaft dar und bat Fromm darum, fünf eingezogene Forstmeister für einen längeren Wirtschaftsurlaub – womit er einige Monate meinte – freizustellen. Das Oberkommando der Wehrmacht antwortete mit Schreiben vom 16. Dezember 1940, dass der Arbeitsurlaub »bis auf weiteres befohlen worden« sei. Gleichzeitig hieß es, dass eine Freistellung der »am 18.9.1940 für die von der Stiftung Schorfheide beantragten 31 Beamten und Angestellten nicht möglich sein wird, weil die Kriegs- und die Ersatzlage zu unübersichtlich sind«.[139]

Mit schlechter werdender Kriegslage wurden beantragte Freistellungen kaum noch genehmigt, allenfalls dann, wenn hochrangige Offiziere dahinterstanden. Im Herbst 1941 bat etwa der Landforstmeister des Regierungsforstamtes um einen dreimonatigen Arbeitsurlaub für den Forstmeister Bertold, der als Leutnant in der Panzerersatzabteilung 5 seinen Dienst versah. Sein unmittelbarer Vorgesetzter hatte ein Einsehen und erlaubte ihm, je nach Bedarf, nach Neuglobsow in das Forstamt Menz zu fahren, um dort seinen Vertreter zu unterstützen. Hintergrund war eine Beschwerde von Generalfeldmarschall Milch, auf dessen Gut ein Fuchs bereits 50 Stück Geflügel gerissen hatte. Bertold bat um die Genehmigung, den Fuchs mit einer Eisenfalle fangen zu dürfen, die, nach dem Reichsjagdgesetz, nur mit Genehmigung des Reichsjagdamtes möglich war. Bertold erhielt die Erlaubnis. Ob er den Fuchs fangen konnte, ist nicht überliefert.[140]

Göring begutachtet Abwurfstangen, flankiert von seinen Forstoberen Walter Frevert (links) und Ulrich Scherping (rechts), um 1940. Frevert und Scherping waren Görings enge Mitarbeiter. Beide gaben dem deutschen Jagd- und Forstwesen entscheidende Impulse. Während des Krieges waren sie mitverantwortlich für die Auslöschung von Dörfern in Polen.

Auch für dringende waldbauliche Maßnahmen gelang es, einzelne Revierförster von der Front zurückzuholen – wenn auch nur für kurze Zeiträume. Im Dezember 1940 konnte Revierförster Erich Bruchmüller wieder zurück auf seine Försterei Wilhelmseichen, wo er jedoch nicht nur für den Waldbau, sondern auch für den angeordneten erhöhten Wildabschuss eingesetzt werden sollte.

Ab Mitte 1940 wirkte sich die Versorgungsknappheit im Reich auch auf die Jäger aus. Im Rundschreiben Nr. 23 ließ der Reichsjägermeister mitteilen, dass ihm Meldungen vorlägen, nachdem Jagdausübungsberechtigte mit dem Auto zur Jagd führen. Sie würden damit im »schärfsten Gegensatz zu meinem Erlaß bezüglich der Verwendung von Kraftfahrzeugen zu Jagdzwecken« stehen.

Scherping wies in dem Schreiben darauf hin, dass Jäger mit ihrem erlegten Rehbock auf dem Auto vor

Kneipen stundenlange Siegesfeiern abgehalten und damit einen Mangel an Einsicht und Verantwortungsgefühl gegenüber der Allgemeinheit gezeigt hätten. Das Reichsjagdamt sprach deutlich die Empfindungen von Teilen der Bevölkerung an, welche »die Jagd nun einmal als ein mehr oder minder feudales Vergnügen [ansähen]; die Einsicht für ihre Notwendigkeit besteht nur solange, wie das Verzehren des Hasen oder einer Rehkeule dauert«.[141]

Mit der Verschärfung der Kriegslage wurde das Erscheinen der Jagdzeitschriften immer mehr reduziert und auf einen monatlichen Rhythmus beschränkt. Manche Themen konnten nicht mehr behandelt werden. Der in der Jagdpresse vorgesehene Artikel »Das Ende zweier Einbrecher und Wilderer« durfte nicht erscheinen, da sich herausstellte, dass einer der Wilderer ein deutscher Deserteur gewesen war.[142] Ab 1944 wurde sogar die vollkommene Einstellung diskutiert und Beiträge nur noch auf amtliche Bekanntmachungen gekürzt. Ab Herbst 1944 erschienen die Zeitschriften ohne Umschlag und Bilder, ab 1945 gar nicht mehr. Damit fand die so glorifizierte Jagdpresse ein jähes Ende.[143]

Auch bei der Bereitstellung von Jagdmunition gab es 1943 erste spürbare Engpässe. Als Hilfsmittel führte das Reichsjagdamt die Munitionskarte ein, in die der Erwerb von Munition vom Verkäufer einzutragen war. Um einen übermäßigen Kauf von Jagdmunition zu vermeiden, war jeder Jagdausübungsberechtigte verpflichtet, beim Munitionskauf seinen Jagdschein und die neue Munitionskarte vorzulegen und die erworbene Munition einzutragen. Nach Ablauf eines Jahres hatte der Jäger die Karte bei seinem Kreisjägermeister einzusenden und abzeichnen zu lassen. Diese Regelung galt ebenso für die staatlichen Forsteinrichtungen.[144] Seit dieser Zeit ist die Vorlage des Jagdscheines, in Verbindung mit der Waffenbesitzkarte, beim Munitionserwerb obligatorisch. Damit sollte unterbunden werden, dass der Jäger in verschiedenen Verkaufsstellen Munition erwarb und hortete. Bis dahin verbreitete offizielle Aufrufe, keine Munition zu horten und nur so viel zu erwerben, wie für die eigene mittelfristige Jagdausübung tatsächlich notwendig war, hatten wenig Erfolg gezeigt.

Um den Bedarf an Jagdwaffen in Deutschland auch während des Krieges abdecken zu können, wurden entsprechende Waffen in den besetzten Ländern beschlagnahmt. Der Reichsjägermeister konnte deshalb im Rundschreiben Nr. 31 vom 23. Dezember 1941 darauf hinweisen: »Mir stehen eine größere Menge in besetzten Gebieten beschlagnahmte Jagdgewehre, zum überwiegenden Teil Doppelflinten, zur Verfügung. (...) Die Gewehre sind nur für den persönlichen Bedarf der Mitglieder des Reichsbundes Deutsche Jägerschaft oder von Volksdeutschen in den besetzten Gebieten bestimmt.«

Eine Erhebung im Regierungsbezirk Potsdam ergab für 1942 einen Bedarf von insgesamt 68 Jagdwaffen, den der Reichsjägermeister dank der »Beutewaffen« erfüllen konnte. Damit schuf sich Göring erneut eine treue Anhängerschaft unter den Jägern und überdeckte die zunehmende Mangelwirtschaft durch den Krieg.[145] Parolen wie: »Helft Fliegergeschädigten mit Waffen aus!«, »Laßt kein Wild verludern, sorgfältig Nachsuchen!«, »Sorgfalt beim Wildtransport hilft siegen!« oder »Jäger liefert die Fuchsbälge ab, die Front braucht sie!« sollten die ermüdete Jägerschaft wieder aufrütteln. Dabei wurde im Januar 1944, als die Schaffung des neuen Jagdgesetzes sich zum zehnten Mal jährte, das Jubiläum überschwänglich in der Presse bejubelt: »(...) es war eine bahnbrechende Tat, und der Reichsjägermeister schuf damit die Voraussetzungen, die deutsche Jagd volksverbundener denn je zu machen. Der bodenständige deutsche Mensch ist ohne die Waffe und ohne die Jagd nicht zu denken.«[146]

Solche oder ähnliche Äußerungen führten später in der Sowjetischen Besatzungszone dazu, dass äußerst strenge Strafen ausgesprochen wurden, wenn bei einem Deutschen eine – längst nicht mehr erlaubte – Waffe aufgefunden wurde.

WILDBRET FÜR DAS DEUTSCHE VOLK

Angesichts der kriegsbedingt zunehmenden Versorgungsschwierigkeiten fand am 10. Juni 1942 in Berlin eine Dienstbesprechung im »kleinen Rahmen« unter der Leitung von Göring statt. Das Ergebnis ging als Rundschreiben Nr. 7 an alle Landes- und Gaujägermeister und an den Reichsprotektor in Böhmen und Mähren. Darin hieß es: »Das Hauptziel der Abschussplanung (...) muss in der Hauptjagdzeit mit Rücksicht auf die Ernährungslage (...) die zahlenmäßige Verminderung des Schalenwildes sein. (...) Das Ziel der Wildverminderung aus ernährungswirtschaftlichen Gründen lässt daher auch während der Kriegsdauer keinen Raum für eine engherzige Beurteilung der Trophäen.« Selbst die Auslegung, in welche Kategorie Trophäen eingeordnet werden »muss grosszügig erfolgen«, so die Anweisung.

Obwohl noch vor wenigen Jahren vorgeschrieben, sollten nun alle Trophäenschauen unterbleiben, um unliebsame Beschwerden über einen möglichen Fehlabschuss gut veranlagter Hirsche aus dem Wege zu gehen. Göring argumentierte: »Es passt nicht in den Ernst der Zeit und den Existenzkampf des deutschen Volkes, wenn wegen eines angeblichen Fehlabschusses, der häufig nur wegen engherziger Beurteilung als Fehlabschuss erklärt wird, ehrengerichtliche Verhandlungen oder Verfahren vor den ordentlichen Gerichten eingeleitet werden. (...) man kann bei den sehr empfindlichen Einschränkungen, denen alle Teile der Bevölkerung ernährungsmässig unterworfen sind, nicht verlangen, dass sie Verständnis für Anordnungen der Jagdbehörden aufbringen, welche die Durchführung des Abschusses erschweren.«[147] Jeder Fehlabschuss konnte nun mit der kriegsbedingten Notwendigkeit begründet werden. Das bedeutete das teilweise Ausschalten des 1934 eingeführten neuen und so gelobten Reichsjagdgesetzes.

Göring ordnete weiterhin an, dass jegliche Beschränkung des Abschusses von Schalenwild über das Jagdgesetz hinaus aufgehoben war. Zusätzlich wurden alle jagdlichen Veranstaltungen, wie Jägerapelle, Pflichtschießen und Plakettenschießen verboten. Zum Abschluss verwies er noch einmal »eindringlich auf den Ernst der Lage. Das Jagdwesen im Reich kann nur dann von unerwünschten Eingriffen während der Kriegsdauer bewahrt bleiben, wenn die Jagdbehörden im engsten Einvernehmen mit der Partei, dem Reichsnährstand und den Verwaltungen zusammenarbeiten.« Es sollten nur solche Maßnahmen durchgeführt werden, welche »die Stärkung der Ernährungswirtschaft des deutschen Volkes durch Zuführung von Wildbret und Verminderung der Wildschäden bezwecken«.[148] Nicht ohne Grund verfügte Göring, dass sein Erlass nicht für eine Veröffentlichung bestimmt sei und schloss die Anordnung für seine ureigensten Jagdgebiete wie die Schorfheide und die Rominter Heide aus.

Mit dem Verlauf des Krieges und der Verknappung aller Ressourcen des täglichen Lebens ordnete Göring an, dass die Wildbestände weiter zu reduzieren seien. Das betraf vor allem die staatlichen Verwaltungsjagden. Waren die Abschussziele 1940, vor allem beim Rot- und Damwild, nicht erfüllt worden, ordnete er für 1941 eine Erhöhung des Abschusses um 20 Prozent an. Dagegen argumentierten die Forstbeamten, dass sie die Planziele nicht erreichen könnten, zu viele Beamte und Angestellte seien eingezogen worden. Die Entsendung von Jagdkommandos, um das Ziel zu erreichen, war schon wegen der Ausweitung des Krieges im Osten gegen die Sowjetunion nicht mehr möglich.

Jagdausübungsberechtigte waren seit Juni 1942 weiterhin verpflichtet, auch im Sommer mindestens 75 Prozent des erlegten Wildes dem Wildhandel zuzuführen. Diese Maßnahme führte zu erheblichen Schwierigkeiten bei der Versorgung des Wildes nach Erlegung, wenn warme Temperaturen vorherrschten, denn Kühlmöglichkeiten, wie wir sie heute kennen, waren damals nicht gegeben. Aus diesem Grund vermieden Jäger in den Sommermonaten schweres Wild zu erlegen. Denn bereits auf den Weg zum Wildhändler konnte das Wildbret verderben.

Verbrauchten private Jäger Wildbret nicht ausschließlich für sich selbst und gaben es an andere Verbraucher weiter, hatten sie vom Käufer die entsprechenden Fleischmarken einzuziehen. Hatte dagegen ein Jäger seinen Abschussplan zu 75 Prozent erfüllt, konnte er bei einem berechtigten Abschuss von weiteren fünf Stück Wild ein Stück, bei 15 zwei Stück oder bei 25 Stück drei Stück Wild, ohne Anrechnung auf die Reichsfleischkarte, für sich verwenden. In Anrechnung durften nur Reh-, Gamswild oder weibliches Rot- und Damwild kommen, was für einen ganz kleinen begrenzten Jägerkreis zu traf.[149] Für die großen staatlichen Reviere kam die Regelung nicht infrage. Sie bekamen eine Auflistung, an wen sie markenfreies Wildbret abzugeben hatten.

Für 1942 hatten zum Beispiel folgende Forstämter Wild abzugeben:

Forstamt	Berechtigte	
Borgsdorf	Ofm. von Bismark	Forst- u. Holzwirtschaftsamt
Erkner	Ofm. Klamroth	
	Ofö. Sitte	
Chorin	Prof. Dr. Dengler	Forstl. Hochschule Eberswalde
	Prof. Dr. Schwerdtfeger	
Freienwalde	Prof. Dr. Wiedemann	
Eberswalde	Prof. Dr. Hesmer	
Kummersdorf	Ldfm. Lamberts	Regierungsforstamt
Zechlin	Ldfm. Schmanck	
Hammer	Ldfm. Hitschold	

Darüber hinaus beantragte die Forstliche Hochschule in Eberswalde 1943 Abschüsse: für Prof. Dr. Dengler je einen jagdbaren Hirsch und einen Rehbock, für Prof. Dr. Wiedemann einen Rehbock und für Dr. Antonoff einen Rothirsch. Hier, wie in anderen Fällen, ging es den Schützen vorranging nicht um das Wildbret zur Versorgung, sondern vielmehr auch um das jagdliche Erlebnis und um die Erbeutung der Trophäe. Alle Antragsteller erhielten die gewünschten Abschüsse zugeteilt. Mitarbeiter des Harzforstamtes und des Ausbildungslagers für die deutsche Waldarbeit wurden anderen Forstämtern zugeteilt.

Selbst Reichsführer Himmler, der wie Hitler das Jagdwesen ablehnte und sich nicht vorstellen konnte, auf wehrloses Wild zu schießen, bat Göring 1943 um Wildlieferungen für seine »Nationalsozialistischen Erziehungsanstalten«. Göring entsprach diesem Wunsch und veranlasste, dass pro Kopf der Belegungsstärke ein Kilogramm Wildbret zu Verteilung kam.[150]

Trotz der sich verschärfenden Situation nicht nur an den Kriegsfronten, sondern in allen Bereichen des Lebens wurden weiterhin Jagdeinladungen ausgesprochen. Jährlich gab der Reichsjägermeister entsprechende Gästelisten heraus. Damit die Revierbeamten nicht übermäßig bei den Pirscheinsätzen beansprucht werden sollten, wurden maximal vier Pirschtage für gute Wildreviere angesetzt. Für andere Reviere mussten sieben Tage ausreichen. Kam in dieser Zeit der Jagdgast nicht zum Schuss, musste er wieder abreisen.

Landesbeamte konnten ebenfalls regelmäßig auf eine Einladung hoffen, so ging unter anderem an den Regierungsvizepräsidenten Honig in Potsdam eine Einladung, dem ein jagdbarer Rot- oder Damhirsch im Forstamt Woltersdorf zugesprochen worden war. Forstmeister Schüßler erhielt eine Einladung für einen Rothirsch im Forstamt Borgsdorf. Dort musste der zuständige Leiter jedoch melden, dass im gesamten Forstamt überhaupt kein jagdbarer Rothirsch vorhanden sei. Als Ursache wurden Beeren- und Pilzsammler angegeben, die das Wild ständig beunruhigen und vergrämen würden.

Andererseits scheute sich Ministerialdirigent Lueder nicht, für sich selbst um eine Einladung zu bitten. Er schrieb an Landesforstmeister Lamberts: »Um wenigstens etwas in den Bezirk Potsdam hinauszukommen, würde ich gern an ein oder zwei Drück- und Treibjagden teilnehmen. Ich wäre Ihnen daher sehr dankbar, wenn Sie mir je zwei Forstämter Ihres Bezirks mit einigermaßen lohnender Drück- und Treibjagd mitteilen und die Forstmeister anweisen würden, mir eine Einladung zukommen zu lassen.«

VERFEHLTE ABSCHUSSZIELE

Für das Regierungsforstamt Potsdam sah der Abschussplan für Rot- und Damwild 1942 mit Stichtag 1. November folgendes vor (siehe rechte Spalte).

Weder bei Dam- noch bei Rotwild konnte demnach der Plan erfüllt werden. Das kann einerseits bedeuten, dass die Wildbestandszahlen bewusst höher angegeben wurden, um einen höheren Abschuss genehmigt zu bekommen. Andererseits könnte die Jägerdichte sich durch die Kriegseinberufungen so sehr gelichtet haben, dass der Plan durch die Verbliebenen nicht mehr zu erfüllen war. Erkennbar ist aus diesen Zahlen, dass die Wilddichte beim Rot- und Damwild sehr niedrig war. Dadurch konnten die vom Reichsjagdamt geforderten Prozentzahlen beim Abschuss und die Lieferwünsche bereits nicht mehr im vollen Umfang umgesetzt werden.

Bereits 1939 gab es kritische Stimmen aus Potsdam. Der Regierungspräsident hatte sich beim Regierungsforstamt darüber beschwert, »dass die Stadt Potsdam bisher nur mit sehr wenig Wild beliefert wird und dass die Wildlieferung völlig unzureichend ist«.[152] Daraufhin wurde das Forstamt Königswald in Krampnitz angewiesen, mindestens ein Drittel des dort gestreckten Wildes sofort an drei Wildhandlungen in der Stadt abzugeben. Alle anderen Forstämter waren ebenfalls verpflichtet, an registrierte Wildhändler zu liefern. Ausgenommen hiervon waren erneut alle Forstämter der Stiftung Schorfheide.

Mit der Zunahme der Verknappung von Lebensmitteln ließ Göring 1941 die Abschussrichtlinien und die Höhe des Wildbestandes für Schalenwild neu festlegen. Für Rotwild galt ein Bestand von maximal zwei Stück auf 100 Hektar, je nach Bodengüte. Beim

	Rotwild		Damwild	
Forstamt	Plan	erlegt	Plan	erlegt
Altruppin	19	11	2	–
Borgsdorf	8	4	16	8
Chorin	29	19	–	–
Dippmannsdorf	5	–	10	3
Eberswalde	19	8	6	–
Erkner	58	21	–	–
Falkenhagen	–	–	37	7
Freienwalde	27	5	–	–
Finowtal	36	6	4	–
Gramzow	6	1	–	–
Grünaue	47	29	–	–
Hammer	20	2	107	23
Klein Wasserburg	19	8	2	–
Kremmen	17	1	111	30
Kummersdorf	17	5	178	58
Kunersdorf	–	–	13	2
Kolpin	17	9	–	–
Kgs. Wusterhausen	7	4	3	–
Königswald	23	9	49	25
Lehnin	–	–	36	14
Liebenwalde	40	19	8	3
Menz	60	23	6	3
Neuruppin	41	24	7	2
Neuglienicke	59	42	–	–
Neuendorf	84	44	–	–
Neuthymen	13	3	64	20
Potsdam	–	–	4	2
Rüdersdorf	19	11	–	–
Sachsenhausen	4	–	28	5
Schwenow	34	14	–	–
Staakow	43	8	12	–
Woltersdorf	14	12	38	13
Zechlin	72	22	3	–
Zechlinerhütte	23	11	4	1
Gesamt	849	551	746	479[151]

Damwild vier bis zwei Stück und beim Rehwild bis vier Stück je 100 Hektar. In dem Rundschreiben heißt es weiter: »Um eine möglichst schnelle Verminderung der Artverderber durchführen zu können, ist der Abschuss der gering und schlecht entwickelten Hirsche und Böcke den Beamten unbegrenzt freizugeben. (...) Ich erwarte, dass der festgesetzte Wildstand für je 100 ha Holzboden künftig erreicht wird.«[153]

1941 kam es daher für Teile der Provinz Brandenburg zu einer Konkretisierung, indem die Bodengüteklassen für zahlreiche Forstämter zentral festgelegt wurden. Dadurch sollten bessere Wildbestandszahlen für jedes Revier ermittelt werden können.

Mit Rundschreiben Nr. 20 vom 10. September 1941 legte der Reichsjägermeister fest, dass der Anrechnungssatz auf die Fleischkarte bei Wildbret zur Selbstversorgung des Jagdausübungsberechtigten unangetastet blieb. Bei ganzen Stücken waren 15 Prozent des Gesamtgewichtes, 30 Prozent bei Teilstücken auf die Fleischkarte anzurechnen. Der Erleger war verpflichtet, innerhalb einer Woche die entsprechenden Fleischmarken beim zuständigen Ernährungsamt abzugeben.

Der Bedarf konnte jedoch in Kriegszeiten nie ausreichend gedeckt werden. Für die Landesforsten erklärte Göring im Oktober 1941, dass die geforderte 20-prozentige Erhöhung des Abschusses beim Rotwild nicht erreicht worden sei und dass er, »infolge des Osteinsatzes« nicht in der Lage sei, »irgendwelche Abschusskommandos zur Verfügung zu stellen«, um die geforderten Abschusszahlen erreichen zu können (s. Tabelle IX).[154]

Auch in der Folge wurden die allgemeinen geforderten Abschusszahlen beim Rot-, Schwarz- und Rehwild nicht erreicht. 1943 forderte der Reichsjägermeister: »Ich ordne daher für das gesamte Reichsgebiet an, daß in jedem Hochwildjagdbezirk 20 v. H. mehr Rotwild abgeschossen wird, als im Abschußplan vorgesehen.« Ausgenommen von der Regelung waren starke Hirsche. Dabei verwies er erneut darauf, »durch zahlenmäßig hohen Abschuß allen Schalenwildes zur Ernährung des Volkes in doppelter Beziehung nämlich durch Lieferung von Wild und durch Verminderung von Wildschaden beizutragen«.[155]

Das Forstamt Sachsenhausen stellte 1943 den Antrag, bei einem Abschuss von nur 60 Stück Wild, von den Wildlieferungen nach Potsdam befreit zu werden. Vielmehr sollte die Stadt Oranienburg berücksichtigt werden, die fast überhaupt kein Wildbret bekam. Begründet wurde der Antrag damit, dass in Oranienburg umfangreiche Polizeieinheiten und Truppenteile der Waffen-SS zur Absicherung des Konzentrationslagers Sachsenhausen stationiert seien. Andere Stellen, wie das im Revier stationierte Reservelazarett Gabowsee oder der Kantinenbesitzer Muenow, der die Versorgung der Zwangsarbeiter übernehmen sollte, baten ebenfalls um Wildlieferungen. Dazu klagten die vollbeschäftigten Waldarbeiter des Forstamtes Neuthymen, dass sie erstmalig zum Weihnachtsfest 1943 kein Wild erhalten hatten.[156] Ebenso erhielt die Ehefrau des Forstbeamten Weihrauch aus Lüdendorf einen ablehnenden Bescheid, als sie 1944 um die Zuteilung eines markenfreien Stücks Wildbret bat: »Wenn auch nach den jetzigen Bestimmungen keine Möglichkeit bestehen sollte, daß jeder ein ganzes Stück erhalten kann, dann könnte doch meines Erachtens ein Stück geteilt werden, sodaß jeder wenigstens etwas davon bekommt und nicht einer alles und der Andere gar nichts.« Und verwies darauf, dass ihr Ehemann als Gefreiter, »der z. Zt. bei der Wehrmacht ist und an der Westfront kämpft, (...) leider keinen Urlaub bekommen [wird] um für sich selber ein Stück Rehwild schießen zu können, wie es anderen Revierförsterfrauen zugesagt worden ist«.[157]

Alle kriegswirtschaftlichen Maßnahmen galten nach wie vor nicht für die Schorfheide. Dort wurde der Wildbestand immer noch hochgehalten und alle dazu notwendigen Kosten von Jahr zu Jahr bereitgestellt. Im Dezember 1943 wies der amtierende Oberförster Lindner für das Forstamt Hubertusstock im Hegeplan Gesamtkosten von 120.000 RM aus.[158] Ein

Jahr später wurden im Wildhegeplan 1944 für das Forstamt Schorfheide mit den Revieren Döllnsee, Gollin, Kaiserhorst, Lindhorst, Libbesike, Rarangsee und Wucker noch insgesamt 60.000 RM vorgesehen, darunter 2.000 für Wildtransporte und 15.307 für Futtermittel.[159] Für das Forstamt Hubertusstock wurden wiederum Mittel für die jagdliche Anpachtung der angrenzenden Feldmarken der Gemeinden Altenhof, Eichhorst, Finowfurt, Marienwerder und Rosenbeck eingeplant. Für den Ankauf von lebendem Wild wurden 2.000 RM und für Hilfsleistungen beim Abschuss von Wisenten 280 RM vorgesehen. Es folgten 4.000 RM für die Unterhaltung des Wildzaunes und 16.200 RM für die Wildfütterung. Insgesamt wies der Haushalt dafür 120.000 RM aus.[160]

KONFLIKTE UM DIE WILDFÜTTERUNG

Die Diskussion über die Wildfütterung erreichte 1940 einen ersten Höhepunkt. Die Landesbauernschaft Südmark erklärte, dass die Bauernschaft sehr leicht zu der Überzeugung kommen könne, zum Beispiel Heu aus dem Wehrmachtsanteil zur Fütterung zu nutzen, den die Armee gar nicht benötige. Aus der Kreisbauernschaft Lilienfeld hieß es dazu: »Wenn mir vor einigen Monaten jemand erzählt hätte, dass im hiesigen Kreis ungefähr ein Viertel der gesamten von den Bauern abzuliefernden Heumenge zur Wildfütterung zu Verwendung kommen würde, hätte ich diesen Mann für einen Phantasten oder Miesmacher angesehen. (...) man muss sich wirklich an den Kopf greifen und sich fragen, ob an den massgebenden Stellen Leute sitzen, die total unfähig sind.«

Aus der Bauernschaft Holzkirchen war zu hören: »Wir Bauern liefern für die Wehrmacht restlos ab, aber zur Fütterung dieser Mistvicher kein Gramm, die sowieso im Sommer genug Schaden anrichten. (...) Wenn auch heuer wieder mit diesem Blödsinn angefangen wird, für die Kühe nichts zu fressen und diese Vicher möglichst gut füttern, damit auch fürs nächste Jahr für Unterhaltung und Sport gesorgt ist.«[161]

Als Rechtfertigung wurde 1941 aus dem Reichsjagdamt gemeldet, dass allein in der Landesforstverwaltung Salzburg im zurückliegenden Winter wegen mangelnder Winterfütterung 667 Stück Rotwild, 695 Stück Damwild und 1.348 Stück Rehwild verendet waren. Doch diese Argumentation half den Landwirten auch nicht weiter. Sie forderten einen radikalen Abschuss des Wildes, um ihre Viehbestände während des Krieges erhalten zu können.

Nachdem Scherping eine Bedarfsermittlung für das gesamte Reich erstellen ließ, bestand für den Winter 1941 ein Bedarf von 22.463 Tonnen Heu, 15.070 Tonnen Hackfrüchte und 7.350 Tonnen Kornfrüchte, um die Wildfütterungen absichern zu können. Davon war die Menge der Eigenerwirtschaftung durch die Forstämter von rund 9.000 Tonnen bereits abgezogen worden. Schon 1940 ergab eine Ermittlung im Reichsernährungsministerium unter Mitwirkung der Reichsstelle für Futtermittel und des Reichsjagdamtes, dass für die Wildfütterung in Deutschland jährlich 35.000 Tonnen Heu benötigt würden. Nach Angaben des Ministeriums konnten landesweit 1,6 Millionen Tonnen gewonnen werden, von denen die Wehrmacht allein 1,4 Millionen Tonnen beanspruchte. Für die private Viehwirtschaft verblieben demnach nur noch 200.000 Tonnen. Das Ministerium lehnte es ab, davon auch noch 35.000 Tonnen für die Wildfütterung abzuzweigen, wenn die Wehrmacht nicht auf diesen Teil verzichten würde.

Trotz der widrigen Umstände wurden 1941 in Deutschland inklusive der okkupierten Gebiete Böhmen und Mähren erlegt (Angaben in Stück.):

150	Elche,
80.000	Rotwild,
17.500	Damwild,
35.000	Schwarzwild,
705.000	Rehwild,
600	Muffelwild,

8.400	Gamswild,
5.000.000	Hasen,
1.500.000	Fasane,
2.500.000	Rebhühner und
500.000	Wildenten.[162]

Die Stiftung Schorfheide benötigte 1941 allein 750 Tonnen Heu, 1.675 Tonnen Hackfrüchte und 345 Tonnen Kornfrüchte, im Durchschnitt 265 Kilogramm pro Wildtier. Eine erstaunliche Bedarfsmenge, wenn man die Zahlen für die ganze Mark Brandenburg dagegenstellt, die für 1940 einen Wildstand von 29.932 Stück Rotwild, 9.454 Stück Damwild und 190.863 Stück Rehwild meldete. Dafür wurde ein Futterbedarf von 532 Tonnen Heu, 1.464 Tonnen Hackfrüchte und 122 Tonnen Kornfrüchte errechnet, das entsprach lediglich 21,5 Kilogramm pro Wildtier.

Ähnlich sah es im Regierungsforstamt Hannover aus, wo für das Staatsjagdrevier Saupark, mit insgesamt 609 Tieren, ein Bedarf von 176 Tonnen bestand, pro Tier also 289 Kilogramm Futter.[163] Währenddessen wurden für die Flächen außerhalb des Sauparks nur 22,6 Kilogramm errechnet. Es muss hierbei natürlich berücksichtigt werden, dass die Vegetation in den Gehegen übernutzt war und dadurch dem Wild natürliche Nahrung nur im begrenzten Maße zu Verfügung stand.

Schon fast flehentlich bat das Forstamt Salzburg-Oberdonau um Mitteilung darüber, wie der Mindestbedarf an Heu gedeckt werden könne, da »die Heubeschlagnahmen schon jetzt und zw. bereits am Halm auf der Wiese erfolgen«. Der Reichsminister für Ernährung und Landwirtschaft wurde aufgefordert, »beim Oberkommando der Wehrmacht dahin zu wirken, daß dieser (...) Mindestbedarf an Wildheu (...) freigegeben wird (...), damit das Wild nicht zum Verhungern verdammt ist«.[164]

Für den Winter 1943/44 konnte die Hauptgenossenschaft Kurmark der Stiftung nur noch 75 Tonnen Hafer und 50 Tonnen Heu bereitstellen. Die Lieferung von Mais und anderen Kraftfuttermitteln musste, kriegsbedingt, abgelehnt werden. Als die Lieferung von Speisekartoffeln zur Rotwildfütterung im Kreis Templin im Dezember 1943 bekannt wurde, regte sich Widerstand. Der Landesbauernführer der Kurmark Martin Wendt schrieb an den Reichsbauernführer: »Die Bauern des Kreises sind darüber ziemlich entrüstet, daß von ihnen jede zu Speisezwecken verwendbare Kartoffel gefordert wird, und ihre Futterbasis dadurch äußerst eingeengt wird, auf der anderen Seite Kartoffeln, die durchaus als Speisekartoffeln anzusprechen sind, für Wildfütterung Verwendung finden.«

Die Forstbeamten hielten dagegen, dass sie auf Anweisung von Göring handeln würden. Die jahrelange ideologische Beeinflussung war jedoch so tief in die Bauernschaft eingedrungen, dass sie felsenfest davon überzeugt waren, »daß der Reichsmarschall eine Anordnung, die Speisekartoffeln zur Wildfütterung zu verwenden, auf keinen Fall getroffen haben kann«.[165] Erst im März 1944 antwortet Schade, dass in Zukunft essbare Kartoffeln ausgesondert werden sollten.

Um die Abschusszahlen zu erhöhen, ordnete Göring in Änderung des Paragrafen 35 der Jagdnutzungsanordnung bereits 1940 an, dass Forstbeamte nach freier Wahl Jagdgäste einladen und diese ohne Führung auf abschussnotwendiges Rot- und Damwild waidwerken durften. Er schränkte jedoch ein, dass, bevor ein Trophäenträger gestreckt wurde, mindestens mehrere weibliche Stücke zu erlegen wären. Ebenso waren alle hinzugezogenen Hilfsjäger von der Erhebung jeglicher Jagdbetriebskosten entbunden.[166] Oberstjägermeister Scherping hatte auch in diesem Fall für die Umsetzung Sorge zu tragen.

Doch auch diese Maßnahme brachte nicht den gewünschten Erfolg. Ein Jahr später musste Scherping feststellen: »Diese dringend notwendige Verminderung ist bisher allgemein nicht erreicht worden, weil 1. Der Zuwachs viel zu niedrig errechnet wurde. (...) 2. Vor allem in den Pachtrevieren durch die Erschwerungen aller Art, die der Krieg mit sich bringt, eine Erfüllung des vorgeschriebenen Abschusses nicht annähernd zu erreichen ist.«[167] Er forderte daher, vor allem beim Rot- und Damwild, einen Abschuss von 70 bis 80 Stück des Frühjahrbestandes. Diese Regelung galt jedoch wiederum nicht für das Gebiet der Stiftung Schorfheide.

Göring unterließ nichts, um sein persönliches Jagdrefugium am Leben zu halten. Während an den Fronten das Futter für die Wehrmachtspferde nicht ausreichte, die Landwirtschaft zu immer höheren Abgaben genötigt wurde, um auch den Wildbestand zu halten, war in der Schorfheide bis zum Ende des Krieges noch fast alles in Hülle und Fülle vorhanden.

JAGD IM AUSLAND

Mit dem Jagdgesetz von 1934 war eine Jagdverpachtung an ausländische Jäger, die ihren ständigen Wohnsitz im Ausland hatten, nur noch mit der Genehmigung des Reichsjägermeisters möglich. Dazu musste von der Geheimen Staatspolizei (Gestapo) eine schriftliche Unbedenklichkeitsbescheinigung vorgelegt werden. Laufende Verträge konnten bis zum Ende der Pachtzeit bestehen bleiben, wenn ebenfalls eine Bescheinigung vorlag. Erhob ein ausländischer Pächter Einspruch, war generell eine Zustimmung zu versagen.[168]

Mit der Besetzung verschiedener Länder durch deutsche Truppen hatten die an den Gesandtschaften arbeitenden Forstattachés die Aufgabe, Zustandsberichte über die Jagd- und forstlichen Verhältnisse des jeweiligen Landes zu erarbeiten. Ähnliches erfolgte für die Länder, die mit Deutschland verbündet waren.

Als 1942 die bulgarische Jagd- und Schützenorganisation »SOKOL« Deutschland besuchte, war diese von der jagdlichen Gesetzgebung tief beeindruckt. Sie bat deshalb das Reichsjagdamt um Mithilfe bei der Neugestaltung des eigenen Jagdrechtes nach deutschem Vorbild. Der Verband schrieb: »Diese Umgestaltung bedarf natürlich reicher Kenntnisse, die wir leider nicht in dem Maße besitzen, wie dies in Deutschland der Fall ist.« Daraufhin entsandte der Verband den Inspektor der bulgarischen Jägerei, Dimiter Neidenoff Strojanoff, nach Berlin, der sich dort ausgiebig informieren sollte. Überwiegend besuchte er Niederwildreviere, Muffelgehege in Sachsen und im Niederdonaugebiet sowie die einzige im Krieg unterhaltene Fasanenzuchtanlage in Fretzdorf in der Ostprignitz, der bereits 1943, wegen mangelnder Futterbereitstellung, die Schließung drohte.[169]

Anders dagegen im besetzten Frankreich. Dort hatten alle französischen Jäger ihre Jagdwaffen abzugeben. Dazu kam für sie ein generelles Jagdverbot. Bis dahin hatte in Frankreich ein sehr lockeres Jagdrecht geherrscht. Jeder konnte einen Jagdschein erwerben, ohne eine Jagdprüfung ablegen zu müssen. Mit der Besetzung ging die Jagdausübung direkt an die deutsche Militärverwaltung über. In jeder Feldkommandantur wurden Jagdbezirke in einer Größe von etwa 1.000 Hektar errichtet. Für jeden Bezirk wurde ein Jagdleiter bestimmt, der die Jagdausübung nach deutschem Jagdrecht zu organisieren hatte. Alles erlegte Wild musste zur Verwertung kostenfrei der Wehrmacht zugeführt werden, ein Weiterverkauf war strengstens untersagt. Dagegen konnte der Erleger die Trophäe für sich behalten.

Es kam aber bald zu Beschwerden über Wildschäden durch Schwarzwild besonders in einem Teil Nordostfrankreichs. Der Sonderbeauftragte Hitlers, General von Unruh, schlug deshalb vor, sechs bis sieben ältere und nicht mehr im Dienst befindliche Offiziere zur Schwarzwildbekämpfung einzusetzen. Doch in Berlin belächelte man die Anfrage und teilte mit, dass sich in den Reihen der infrage kommenden Offiziere keiner recht finden ließ, denn der jüngste Bewerber für einen Jagdeinsatz in Frankreich hatte bereits das 70. Lebensjahr überschritten.[170]

In Norwegen herrschten ähnliche Verhältnisse. Das Jagdgesetz war aus dem Jahr 1899 und der Wildbestand, vor allem beim Nieder- und Elchwild, in einem desolaten Zustand. Das alte Jagdgesetz enthielt sehr milde Strafen bei Jagdvergehen und wurde weitgehend ignoriert. Der Reichskommissar für die besetzten norwegischen Gebiete schlug deshalb vor, zuverlässige norwegische Jäger in Deutschland auszubilden und sie dann als Jägermeister einzusetzen.

Die gesamte Jagdorganisation sollte nach deutschem Muster erfolgen. In dem Schreiben heißt es: »Die Neuordnung der jagdlichen Verhältnisse stößt infolge der (...) fast ausnahmslosen Einstellung der norwegischen Jägerschaft gegen die nötigen Hegemaßnahmen und die Grundbegriffe der Waidgerechtigkeit auf außerordentliche Schwierigkeiten.« Daraufhin erließ die Militärverwaltung eine Verordnung zur Bejagung von Schnepfen, Auer- und Birkhähnen und eine zweite Verordnung vom 14. August 1941, in der unter anderem die Jagdzeiten für das Hochwild geregelt wurde.

Die Regelung enthielt auch die Möglichkeit der Jagdausübung durch deutsche Offiziere auf das begehrte Elchwild. Abschließend hieß es: »Von der Ausübung eines stärkeren Druckes auf die Einstellung der Norweger zur Jagd wird vorerst abgesehen werden müssen, da sie [sich] gerade Eingriffe in das Jagdrecht leicht politisch auf die Bevölkerung ungünstig auswirken.« Als 1942 das neue Jagdgesetz in Kraft trat, war die deutsche Handschrift unverkennbar. Das Jagdwesen unterstand einem norwegischen Reichsjägermeister.[171]

Rumänien, damals als Verbündeter Deutschlands, hatte ebenfalls ein überaltertes Jagdgesetz. Dazu kam eine desolate Ausstattung der Jäger mit jagdlichen Utensilien. Selbst König Michael von Rumänien (1921–2017)[172] hatte Schwierigkeiten, sich mit ausreichender Jagdmunition zu versorgen. Mit einem entsprechenden Gesuch wandte er sich an die deutsche Gesandtschaft in Bukarest und bat um die Lieferung von 1.000 Schuss Munition. Im Tausch für eine zusätzlich benötigte Fräsmaschine bot er Gamskruken an.

Ebenso bat der rumänische Jagdverband das Auswärtige Amt um eine Ausfuhrgenehmigung für drei Millionen Schuss Schrotpatronen, die er bei der Firma Wolff in Walzrode bestellt hatte. Begründet wurde der Wunsch damit, dass die Jäger so mehr Wild erlegen könnten, um die Versorgung der Bevölkerung mit Wildbret zu verbessern. Auch in diesem Fall bemühte sich die deutsche Seite um Abhilfe. Dagegen wurde allen deutschen Jägern der Wunsch nach einer Ausreise für Jagdaufenthalte untersagt, nicht zuletzt wegen der prekären Devisensituation in Deutschland.

Im rumänischen Ort Buşteni unterhielt der Papierfabrikant Otto Schiel einen kleinen Tierpark, in dem er junge Bären hielt. In Kenntnis der großen Jagdleidenschaft wollte er dem Reichsjägermeister 1942 einen vier Monate alten Bären mit Namen »Seppel« zum Geschenk machen. Dazu wandte er sich mit seinem Wunsch an Scherping. Der ordnete an, dass der Bär zuerst nach Berlin in den dortigen Zoo gebracht und anschließend in Bialowies ausgesetzt werden sollte. Im Gegenzug wünschte Schiel eine Einreisegenehmigung für die Braut seines Sohnes Giesela von der Trenck, für die Scherping versprach, sich einzusetzen. Die Einladung zum Abschuss eines starken Rothirsches an Göring lehnte dieser dagegen mit der Begründung ab, dass er »während des Krieges aus Mangel an Zeit der Einladung leider nicht Folge leisten« könne.[173]

Ein Beispiel dafür, dass Göring für seine Visionen im Bereich der Jagd keinen Aufwand und keine finanziellen Mittel scheute, zeigt eine 1941 bei der Deutschen Gesandtschaft in Bukarest eingegangene Mitteilung. Aus dieser geht hervor, dass die Bemühungen rumänischer Jäger, Eier vom Auerwild aus verschiedenen Revieren der Karpaten für den Reichsmarschall zu beschaffen, Erfolg hatten. Der Generaldirektor der Rumänischen Jagddirektion Comsia konnte melden, »dass er für deutsche Jagdversuchszwecke einige Auerwildeier erhalten habe«. Per Flugzeug sandte er die Eier nach Berlin, damit sie dem Reichsjagdamt übergeben werden konnten. Von dort kamen sie direkt zu Siewert an den Werbellinsee. Der musste jedoch feststellen, dass die Eier angebrütet und durch die Verpackung im feuchten Moos in Fäulnis übergegangen und damit wertlos waren.

Immer wieder wurde Göring im Verlauf des Krieges lebendes Wild geschenkt. 1942 bekam er vom Königlich Ungarischen Hofjagdamt, dem Oberstjägermeister Kiss von Nemskér, einen in der freien Natur gefangenen Sakerfalken, der in Deutschland nicht vorkam. Über den Militärattaché in Bukarest, General der Flieger von Fütterer, wurde der Falke unmittelbar nach Berlin gebracht und Göring vorgeführt. Anschließend kam er an den Reichsfalkenhof zum Ordensmeister Renz Weller, der die weitere Haltung übernahm. In dem entsprechenden Schreiben verweist Nemskér auf den desolaten Rothirschbestand in dem Teil Siebenbürgens, der an Ungarn gefallen war: »Ich habe nun etwa 50.000 Hektar, ehemalig den rumänischen König gehörende Revier Görgény übernommen. – Ein Jammer! – (...) alles jung, jung, jung. Glücklicherweise sind irgendwo aus Russland eine Unmenge Wölfe eingebrochen, die nun alles Geraffel reissen.«

Zu dieser Problematik bemerkte Scherping in einem Antwortschreiben an Nemskér: »(...) nach meiner Erfahrung sind mit Wild übersetzte Reviere das Schlimmste, was es überhaupt gibt. Ich habe nun einen achtjährigen Kampf gegen diese übersetzten Reviere hinter mir (...), d. h. daß ich nachgewiesen habe, daß wirklich kapitale Hirsche nur in dünnbesetzten Revieren gedeihen. (...), daß Hirsche von der Güte, wie sie in den letzten beiden Jahren geschossen worden sind, in geschichtlicher Zeit in Deutschland niemals erlegt wurden. Wir sind jetzt schon auf 227 alte Nadlerpunkte gekommen.«

Weiterhin bot Nemskér in seinem Schreiben Göring seine Bärenzucht mit sieben Bären an, um sie möglicherweise ebenfalls in Bialowies auszusetzen: »Dem Herrn Reichsverweser von Horthy möchte ich erst dann von der Sache informieren, wenn ich Ihre Antwort bekomme, dass der Herr Reichsjägermeister die Zuchtbären gerne annehmen würde.« Scherping antwortete darauf, dass er erst den Reichsmarschall dazu hören müsse, und bat um Geduld. Göring stimmte einer Übernahme zu und Scherping sollte alles Notwendige veranlassen.

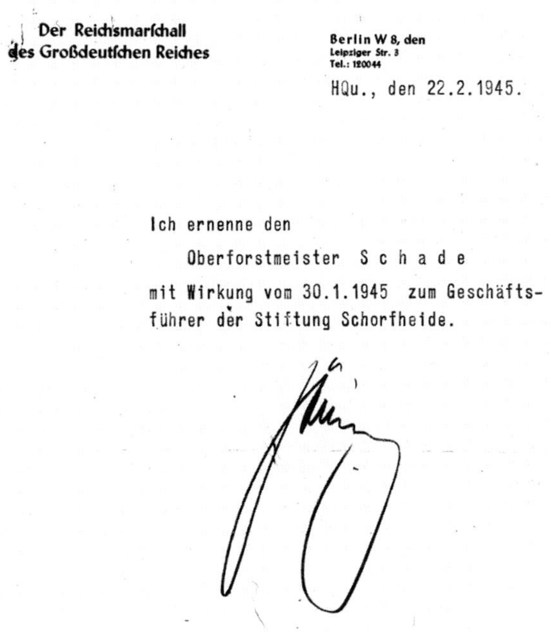

Der Reichsmarschall
des Großdeutschen Reiches

Berlin W 8, den
Leipziger Str. 3
Tel.: 120044

HQu., den 22.2.1945.

Ich ernenne den
Oberforstmeister S c h a d e
mit Wirkung vom 30.1.1945 zum Geschäfts-
führer der Stiftung Schorfheide.

Ernennung von Willy Schade zum Geschäftsführer der Stiftung mit Originalunterschrift von Göring.

Horthy teilte am 12. Juni 1942 Göring in einem Brief mit, dass er sehr gern fünf Bären absenden würde. Das Antworttelegramm aus Carinhall lautete: »Aufrichtigen Dank für den freundlichen Brief mit dem wunderbaren Angebot. (...) Bin von Herzen dankbar für das großzügige Geschenk.« Göring, der sich jegliche Endscheidung zu Aussetzungen von Wild vorbehielt, entschied, dass die Bären nach Bialowies gebracht und dort ausgesetzt werden sollten. Zum Dank erhielt Nemskér ein Bild von Göring mit persönlicher Widmung.

Nachdem Scherping mehrmals den Transport der Bären mit der Bahn favorisierte, schlug der ungarische Oberstjägermeister etwas entnervt vor: »Sie werden jedenfalls irgendein altes Bombenflugzeug, eine alte JU oder so etwas – vielleicht sogar einen englischen Bomber aus der Kriegsbeute – haben.« Scherping verwies auf die angespannte Kriegslage und bestand auf einem Transport der Bären mit der Bahn. Den Transport übernahm letztendlich die Firma »Schenker & Co. Berlin«.

Göring mit Staatssekretär Paul Körner und zwei geschossenen Elchen.

Die Begleitung der Bären ab der ungarischen Grenze, übernahm der Eichhorster Revierförster Albrecht mit einem Berufsjägerlehrling. Albrecht telegrafierte von unterwegs, dass er sechs Bären übernommen habe, die in einem guten Zustand seien.[174] Dann bricht die Akte ab. Es ist anzunehmen, dass sie von dort direkt nach Bialowies kamen.

Nachdem im Grenzgebiet von Südungarn zu Jugoslawien die Deutschfeindlichkeit zunahm, brach dort wieder das Wildererunwesen aus, ohne dass eine ordnende Hand hätte eingreifen können. Dadurch geriet die Lieferung der geforderten Mengen an Wildbret nach Deutschland ins Stocken. Die Regierung in Ungarn bat um die Lieferung von mindestens zwei Millionen Schuss Flintenmunition, was etwa 60 Tonnen Bleischrot entsprach, und 50.000 Schuss Gewehrmunition. Doch das Reichsjagdamt musste eingestehen, dass eine solche Menge nicht mehr geliefert werden könne, weil sonst der deutsche Wildabschuss, verursacht durch mangelnde Munition, nicht mehr zu gewährleisten sei.[175]

In der Zeit, als Jugoslawien noch als Verbündeter Deutschlands auftrat, wurde auch dort begonnen, das bestehende Jagdwesen nach deutschem Muster umzugestalten. Als Kroatien in den neuen Staat intrigiert wurde, sollte das dort seit 1931 bestehende Jagdgesetz für ganz Jugoslawien angeglichen werden. Durch die verschiedenen ethnischen Gruppierungen, die den neuen Staat beherrschten, konnte es aber erst 1935 in Kraft treten. Die Größe einer Eigenjagd wurde dort, anders als in Deutschland, auf 2.000 Hektar festgeschrieben.[176] An oberster Stelle stand ein Staatsjägermeister, der weitere Jägermeister ernennen konnte.

Durch die Neufestlegung der Grenze zu Österreich nach 1941 kam es zu Verschiebungen von Jagdpachtgrenzen im Grenzbereich. Die deutsche Seite verweigerte den kroatischen Jägern strikt die Jagd im Grenzbereich, die nur Deutsche ausüben durften. Die jugoslawischen Pächter, die auf ihre Jagdausübung in den bisherigen Grenzen bestanden, wandten sich an ihre Regierung, jedoch ohne Erfolg. Die Jagdpächter mussten die deutsche Entscheidung akzeptieren.[177]

Die Umsetzung des neuen und unter deutschem Einfluss entstandenen Jagdgesetzes stieß in der Bevölkerung auf großen Widerstand. Anregungen und Hinweise der jugoslawischen Jagdverwaltung hatten wenig Aussicht auf Erfolg, »da die ›Herrn Abgeordneten‹ intervenierten. Innere politische Vorgänge beschäftigten die Behörden, die alle die Jagd betreffenden Fragen unerledigt liessen. Hinzu kam noch eine gewaltige Stimmungsmacherei mit der Devise: ›Die Jagd gehört dem Bauer!‹, die, wenn auch an sich richtig, doch vielerorts falsch verstanden wurde und zu übermässigem Jagen führte.«[178]

Mit dem Zusammenbruch der Front auf dem Balkan und der Kriegserklärung Ungarns und Jugoslawiens an Deutschland traf die dort ansässigen deutschstämmigen Jäger das Schicksal, das sie anderen Jägern zuvor

Göring neben Generalforstmeister Walter von Keudell und rechts Oberförster Orlowski an seinem ersten erlegten Elch.

bereitet hatten. Jetzt mussten sie alle Waffen abgeben und duften keine Jagd mehr ausüben. So meldete der Volksbund der Deutschen in Ungarn, dass von jugoslawischer Seite 311 Jagdwaffen sowie 831 Handfeuerwaffen und von Ungarn 137 Jagdwaffen sowie 692 Handfeuerwaffen konfisziert worden waren.[179]

Mit dem Krieg gegen die Sowjetunion fiel der etwa 129.000 Hektar große Urwald von Bialowies unmittelbar in den Fokus von Göring, der dort den größten Naturschutzpark Europas errichten wollte. Schon im 14. Jahrhundert befand sich hier ein Jagdgebiet, in dem sich neben Bären, Luchs und Wolf auch freilebende Wisente aufhielten. Nachdem sowjetische Truppen das Gebiet 1939 aufgrund einer geheimen Abmachung mit Deutschland besetzt hatten, fanden sie noch 16 Wisente vor. Zu diesem Zeitpunkt soll es innerhalb der Sowjetunion nur noch einen einzigen reinblütigen Wisent gegeben haben.

Am 4. Januar 1940 hatte der »Rat der Volkskommissare Weißrusslands« das Gebiet unter Schutz gestellt, bis es 1941 von Deutschland okkupiert wurde. Unmittelbar danach versuchte das Reichsjagdamt eine deutsche Forst- und Jagdverwaltung aufzubauen. Es musste jedoch bald erkennen, dass es unmöglich sein würde, in den besetzten Teilen der Sowjetunion eine funktionierende Verwaltung zu errichten und zu unterhalten, weil dazu das deutsche Fachpersonal überhaupt nicht ausreichend vorhanden war.

Wenn auch Göring von Offizieren aus dem besetzten Teil der Sowjetunion gemeldet wurde, dass ein starker Trophäenträger ausgemacht worden sei, so war es ihm dennoch nicht möglich, dort die Jagd auszuüben. Zu unsicher war das Land hinter der Front und die Partisanenüberfälle waren unberechenbar. Zum Beispiel informierte ihn der Kommandeur einer Panzerdivision aus dem Gebiet um Charkow in der Ukrai-

Links: Göring neben Oberförster Orlowski (2. v. l.) an einem weiteren erlegten Elch.

Rechts: Göring ermahnt den Jagdgehilfen Georg während einer Elchjagd.

ne, dass dort ein starker Rotwildbestand bekannt sei. Es seien Hirsche darunter, die ein Geweihgewicht von zwölf bis 16 Kilogramm aufwiesen. Der Divisionskommandeur wollte selbst einen solchen Hirsch von dieser Qualität erlegt haben.[180] Göring konnte diese Mitteilung nur zur Kenntnis nehmen, für einen Jagdausflug war ihm dieses Gebiet zu unsicher.

VERHAFTUNGEN UND VERSETZUNGEN

Göring hatte die Eigenheit, ihm Untergebene im Überschwang zu loben und mit Auszeichnungen zu überschütten, sie aber unverzüglich fallen zu lassen, wenn ihm der Betreffende als fragwürdig gemeldet wurde oder inzwischen als nutzlos erschien. So erging es zum Beispiel Forstmeister Bruno Orlowski, dem 1919 das Forstamt Tawellningken in Ostpreußen durch den damaligen Ministerpräsidenten Otto Braun übertragen worden war und der ihn auf seinen Elchjagden führte.

Ab 1933 besuchte Göring das Elchgebiet und zollte Orlowski seine Anerkennung für die bisherige Arbeit zur Erhaltung der dortigen Elchbestände. Er machte ihm einige Geschenke und holte ihn im Sommer 1934 nach Pröckelwitz, wo Göring zu einem Jagdbesuch beim Fürsten zu Dohna-Schlobitten weilte. Dort ernannte er ihn zum Elchjägermeister, so eine eigens geschaffene neue Stellenbezeichnung innerhalb der Vereinigung »Deutsche Jägerschaft«, und zum Oberforstmeister. Während die Ernennung zum Elchjägermeister vollzogen wurde, blieb die Bestätigung zum Oberforstmeister aus.

Als Göring dann im September 1934 zur Elchjagd nach Tawellningken kam, führte Orlowski ihn auf drei starke Elchschauffler, die er alle schoss. Als Dank dafür

Dorfidylle in Loye, Ostpreußen.

eröffnete er dem Forstmeister, dass er ihm ein Auto schenken würde. Die Freude war nicht nur bei dem Beschenkten, sondern auch bei seiner Familie groß, doch das Geschenk ließ auf sich warten. Ein Jahr später kam Göring erneut zur Elchjagd. In Verbindung mit seinen Revierförstern gelang es Orlowski, den Reichsjägermeister erneut auf drei starke Elche zu führen, die er wiederum alle streckte. Sie waren die bis dahin stärksten, die im Forstamt erlegt werden konnten. Alle Trophäen wurden 1936 auf der Jagdausstellung der Grünen Woche in Berlin gezeigt.

Orlowski sprach Göring auf sein Versprechen vom Vorjahr an, der sich verwundert zeigte und Klärung versprach. Zwischenzeitlich hatte sich Orlowski selbst ein Auto zugelegt und erbat von seinem Dienstherrn dafür einen Zuschuss. Der sagte einen Betrag von 40.000 RM zu, wovon 5.000 als Beihilfe für das Auto, 7.000 als Geschenk für die 14 Revierförster des Forstamtes und der Rest zur Anlegung von Weidenkulturen verwendet werden sollten.

1936 kam Göring im September zum dritten Mal zur Elchjagd, blieb 14 Tage und konnte diesmal keinen ihm angemessenen Elch erlegen. Anschließend fuhr er verärgert in das angrenzende Revier des Grafen Hayserlingk-Rautenburg und erlegte dort einen Schaufler. Er fühlte sich von Orlowski brüskiert und konnte ihm nicht verzeihen, dass dieser ihn nicht zum Schuss gebracht hatte. Kaum zurück in Berlin, veranlasse er Generalforstmeister von Keudell, dem Forstmeister mitzuteilen, dass er versetzt werden sollte. Als Begründung wurde nur angegeben, Orlowski habe es nicht verstanden, sich das Vertrauen der Partei zu erwerben. Als Nachfolger setzte er den Forstmeister Kramer ein, der bis zum Kriegsende das Amt ausübte.

Ob Orlowski einer Intrige seiner adligen Jagdnachbarn zum Opfer gefallen war oder Göring hinterbracht wurde, dass Orlowski dem Sozialdemokraten Braun und Steiger nahegestanden hatte, ist heute nicht mehr zu klären. Sicher ist nur, dass Orlowski erst auf Anraten des zuständigen Ortsgruppenleiters der NSDAP in die Partei eintrat und bei einer Versammlung ostpreußischer Kreisjägermeister gesagt wurde: »Den Elchjägermeister haben wir nun endlich zur Strecke gebracht!«[181]

1937 wurde Orlowski in das pommersche Forstamt Jakobshagen versetzt und gleichzeitig beurlaubt. Fast eineinhalb Jahre wartete Orlowski – vergeblich – auf ein Verfahren, in dem er sich verteidigen wollte. Letztlich durfte Orlowski im Juni 1939 seine Arbeit wieder aufnehmen.

In einem anderen Fall wurde dem luxemburgischen Forstassessor Wilhelm Rischard eine Unterhaltung mit französischen Kriegsgefangenen zum Verhängnis. Rischard war 1941 an das Forstamt Eberswalde versetzt worden, wo er in der Versuchsanstalt für Waldwirtschaft unter Professor Dr. Wiedemann arbeitete. Während einer Dienstreise in den Harz kam er mit französischen Kriegsgefangenen in Kontakt, mit denen er sich unbedarft in französischer Sprache unterhielt. Eine durch den anwesenden Revierförster später abgegebene eidesstattliche Aussage belastete ihn schwer. Er soll im Gespräch mit den Gefangenen seine ablehnende Haltung gegenüber dem Deutschtum geäußert haben. Im August 1941 wurde er wegen verbotenen Umgangs mit Kriegsgefangenen verhaftet und nur wenig später von einem Sondergericht in Luxemburg zu einer Gefängnisstrafe von einem Jahr verurteilt.[182]

ZWANGSARBEITER UND KRIEGSGEFANGENE

Die Stiftung Schorfheide suchte während des Krieges nach Möglichkeiten, um den Verlust an Arbeitskräften, die sie durch die Einberufung an die Front verloren hatte, zu kompensieren. Vor allem ging es um Arbeitskräfte für den dringend benötigten Holzeinschlag. Göring gab daraufhin sein Einverständnis, dass im Stiftungsgebiet Kriegsgefangenenlager eingerichtet und die Gefangenen für Waldarbeiten eingesetzt wurden. So sollte die seit 1938 leerstehende Revierförsterei Lindhorst im Laufe des Krieges zu einem ersten Lager für Kriegsgefangene eingerichtet werden.[183] 1942 entstand in Groß Dölln ein Lager für 30 Gefangene. Im Oktober 1943 wurden diesem Forstamt 35 italienische Gefangene zugewiesen. Für 1944 war noch der Einsatz von 100 sowjetischen Gefangenen vorgesehen, die jedoch durch italienische ersetzt wurden, die in das Zivilverhältnis überführt worden waren. Dadurch konnte man auf eine Umzäunung des Lagers und eine verstärkte Bewachung verzichten.[184] Dennoch konnte der Bedarf an Arbeitskräften immer noch nicht gedeckt werden.

In Bebersee befand sich ein Lager für zwölf Zwangsarbeiter aus östlichen Ländern. Ein weiteres gab es in Gollin mit 20 Gefangenen aus Serbien und in Götschendorf eines mit zehn sowjetischen. Sie mussten täglich zehn Stunden arbeiten, von 7 bis 17 Uhr. Für die sowjetischen, polnischen und anderen osteuropäischen Gefangenen waren Fleischrationen nur von der Freibank, also minderwertiges oder Pferdefleisch, vorgesehen.[185]

Anfang des Jahres 1941 gab die Geheime Staatspolizei eine Richtlinie heraus, die festlegte, wie mit ausländischen Arbeitern aus den besetzten Gebieten umzugehen war. Dabei wurde unterschieden »zwischen solchen germanischer und fremdvölkischer Abstammung«. Zur »germanischen Abstammung« wurden Dänen, Flamen, Norweger und Niederländer gezählt. Sie sollten wie Deutsche behandelt werden. Dagegen wurden Belgier, Franzosen, Polen, Italiener, Jugoslawen, Tschechen und Slowaken zu Fremdvölkern deklariert, bei denen zum Beispiel bei Arbeitsverweigerung »und sonstigen Verstößen rücksichtslos vorzugehen« war. Hierbei muss berücksichtigt werden, dass es sich dabei noch nicht einmal um Kriegsgefangene handelte, sondern um zur Zwangsarbeit nach Deutschland verpflichtete Zivilisten.

Abtransport von Zwangsarbeitern aus den besetzten Gebieten der Sowjetunion. Die zwangsverpflichteten Männer werden von ihren Angehörigen zur Bahnstation Jankowo begleitet, März 1943.

Mit zunehmender Verschlechterung der wirtschaftlichen Lage wurden 1943 die allgemeinen Bedingungen für Fremdarbeiter gelockert, um deren Arbeitsmoral zu steigern. So sollten unter anderem die seelische Betreuung verstärkt und Sprachkurse gefördert werden. Den »Ostarbeitern«, wie sie damals allgemein genannt wurden, wurde zugesichert, an arbeitsfreien Tagen das Lager verlassen zu können. Die damit beabsichtigte politische Beeinflussung sollte »(...) in erster Linie die Kräfte gegen den Bolschewismus wecken« und war »entsprechend zu gestalten«.[186]

Bereits bei Ausbruch des Krieges wies Fuckel an, dass Gefangene im Umkreis von zehn Kilometern um Carinhall nicht eingesetzt werden durften. Keinesfalls sollte sich Göring in irgendeiner Form durch die Gefangenen belästigt und gefährdet fühlen. Dabei waren es mit zunehmendem Verlauf des Krieges eher die Gefangenen, die gefährdet waren. Zunehmend ließen sich Teile der deutschen Bevölkerung aggressiv gegenüber Gefangenen aus, die sie für gefallene Familienangehörige oder für die allgemeine Kriegsnotlage und die bestehenden Einschränkungen verantwortlich machten. Noch am 12. April 1945 veröffentlichte die Stiftung Schorfheide einen Sonderbefehl des Befehlshabers des Ersatzheeres, der gleichzeitig für das Kriegsgefangenenwesen zuständig war. In diesem hieß es, dass in Fragen »der Behandlung der Fremdvölker in zivilen Kreisen und auch im Bereich des Kriegsgefangenenwesens selbst eine gewisse Scharfmacherei um sich gegriffen [habe], die politische Maßnahmen, Werbungsaktionen und Leistungssteigerung stört und deshalb unbedingt unterbunden werden muß«.[187]

Mit der immer näher an die Schorfheide heranrückenden Front und der für viele offensichtlich unvermeidlichen Niederlage gelangten die jagdlichen Ambitionen immer mehr in den Hintergrund. Jetzt war nicht mehr die Erfüllung der Abschusspläne maßgebend, sondern es galt, einerseits durch Wildfleisch die Lebensmittellage zu verbessern und andererseits dem Feind nichts zu überzulassen. Das Gebiet der Schorfheide diente nun nicht mehr ausschließlich als exklusives Jagdgebiet, sondern ebenso als ein Ort, wo Flüchtige sich verstecken oder auf der Flucht sich sicher fühlen konnten.

1942 erging ein Erlass des Reichsforstmeister in Abstimmung mit dem Reichsführer-SS, der die Vollmachten für Forstbeamte und Jäger beim Zusammentreffen mit entflohenen Kriegsgefangenen regelte. »Der Reichsführer SS steht mit mir auf dem Standpunkt, daß die Mitwirkung nicht durch rechtliche Bedenken über die Befugnis zum Waffengebrauch gehemmt werden darf.«

Bis zu diesem Zeitpunkt galt die Regelung, dass Forstbeamte oder Jäger lediglich befugt, aber nicht verpflichtet waren, von der Waffe Gebrauch zu machen. Nunmehr war der Jäger angewiesen, bei entwichenen, wildernden Kriegsgefangenen oder feindlichen Fallschirmjägern »und dergleichen, von der Schußwaffe Gebrauch zu machen, wenn sonst das Entweichen (...) nicht verhindert werden kann«. Die Abgabe von Schrotschüssen, die auf naher Distanz zu verheerenden Verletzungen führen, war jetzt für den Fall der Notwehr erlaubt. Noch im Erlass von 1940 war dies unter Hinweis auf das Genfer Abkommen verboten gewesen.[188]

FALLSCHIRMSPRINGER UND ANDERE VERDÄCHTIGE PERSONEN

Göring ließ im April 1944 die Geschäftsführung der Stiftung Schorfheide wissen, dass »Agenten« durch feindliche Flugzeuge abgesetzt würden und es sich dabei um deutsche Emigranten handeln könne, die durch die Heimatsprache nicht gleich auffallen würden. Gegenüber solchen im Wald anzutreffenden Zivilisten gelte deshalb höchste Vorsicht. Damit war fast jeder verdächtig. In den Wäldern des Reiches ging nun die Angst um, von hinter der Front abgesetzten feindlichen Kämpfern angegriffen zu werden.

Schon vor Beginn des Krieges hatte Göring im August 1939 – unter höchster Geheimhaltung – für den Ernstfall die Bewaffnung der Haumeister der Stiftung als Forst- und Jagdschutzgehilfen angeordnet. Sie wurden mit einer Pistole und Munition ausgerüstet und waren berechtigt, den Forsthut der Deutschen Jägerschaft als Legitimation zu tragen. Sie hatten unter anderem die Aufgabe, abgeworfene Bomben oder abgestürzte Flugzeuge zu melden.

Einen großen, zentralen Luftangriff auf Carinhall oder das Gebiet der Schorfheide gab es zu keinem Zeitpunkt. In der überwiegenden Mehrheit handelte es sich bei den hier abgeworfenen Kampfmitteln um Einzelabwürfe. 1941 kam es am 13. August zu einem Überflug von 40 Bombern, die drei Bomben über dem Revier Prötze abwarfen. Die Entfernung zu Carinhall betrug etwa zwölf Kilometer. Die Bomben richteten aber nur Waldschäden an und wurden nicht mit einem vorgesehenen Angriff auf Görings Landsitz in Verbindung gebracht.[189] Ab und zu gab es auch später noch Abwürfe von Brandbomben aus englischen Flugzeugen, eine explodierte in der Nähe der Revierförsterei Kaiserhorst, jedoch ohne größeren Schaden anzurichten.[190] Am 20. Januar 1944 stürzte eine abgeschossene englische viermotorige Maschine im Revier Döllnkrug ab. Von der siebenköpfigen Besatzung wurden fünf Mitglieder am Absturzort tot aufgefunden, ein weiteres nahm ein Waldarbeiter lebend fest, ein anderes konnte entkommen.

Je schlimmer die Lage wurde, desto stumpfer wurden auch die Waffen des Reichsjägermeisters, dem bald nur noch Worte blieben. Um der verheerenden Stimmung in der Bevölkerung entgegenzuwirken, ließ Göring in einem Schreiben an die Forstmeister der Stiftung im Dezember 1943 mitteilen, dass der »Reichsmarschall wünscht, daß das Wort ›Katastrophe‹, das sich im Zusammenhang mit den Luftangriffen und deren Folgen eingebürgert hat, aus allen amtlichen Schriftstücken und dem gesamten Sprachgebrauch ausgemerzt wird«. Richtigerweise befürchtete er, dass die Psyche der Bevölkerung darunter leiden könnte und die Maßnahmen der NSDAP nicht mehr bedingungslos ausgeführt würden. Daher sollte beispielsweise als Ersatz für das Wort »Katastropheneinsatz« eher der Begriff »Selbsthilfe« Verwendung finden.[191]

Am 13. März 1945 leitete die Stiftung eine Geheiminformation für eine Sonderfahndungsmaßnahme an alle Forstbeamten weiter. Demzufolge waren nicht nur alle staatlichen, sondern auch die kommunalen und privaten Forstbeamten verpflichtet sich an einer Suchaktion zu beteiligen. In einem Rundschreiben der Sicherheitspolizei (SP) und des Sicherheitsdienstes (SD) hieß es, dass man durch gefangene feindliche Fallschirmspringer in Erfahrung gebracht habe, dass »eine Reihe von Fallschirmagenten abgesetzt worden« seien, die teilweise in Zivil oder in deutscher Wehrmachtsuniform auftraten. Die Kontrolle verdächtiger Personen sollte immer unter Einsatz der Waffe erfolgen und »Agenten« seien, »wenn möglich, lebendig [zu] fangen«. Eine Vernehmung der Gefangenen war dagegen ausdrücklich verboten, lediglich das Abfragen nach dem Aufenthalt weiterer abgesprungener Fallschirmspringer galt als zulässig.[192] Dass die Repressalien sich nicht immer nur gegen ausländische »Agenten« richteten, zeigen die folgenden Beispiele.

1942 bat der Eigentümer des rund 200 Hektar großen Gutes Altplacht, Martin Morath, um den Ankauf einer kleinen Wiesenfläche aus dem Stiftungsgebiet, die direkt an sein Gut angrenzte. Der Antrag wurde mit der Begründung abgelehnt, dass die Fläche eingezäunt und ins Jagdgebiet der Stiftung eingegliedert werden solle. Was Morath zum damaligen Zeitpunkt nicht wusste, war, dass die Stiftung plante, seinen eigenen Grundbesitz, »gegebenenfalls im Wege der Enteignung – in das Reichsnaturschutzgebiet einzubeziehen und dann gleichfalls den Besitz einzugattern«. Nur wenig später landete er deshalb wegen Jagdvergehen und als vermeintlicher »Kriegswirtschaftsverbrecher« vor einem Berliner Sondergericht, das ihn zu zwei Jahren Gefängnis verurteilte. Durch ein daraufhin eingeleitetes Jägerehrengericht wurde ihm gleichzeitig der Jagdschein entzogen, sodass er auf seinem eigenen Grund und Boden nicht mehr die Jagd ausüben konnte. Der Gefängnisstrafe entging Morath nur, weil er sich als »Freiwilliger« an die Kriegsfront meldete. Einen Verkauf seines Gutes lehnte er dennoch weiterhin vehement ab. Die Stiftung hatte das Nachsehen.

In einem Brief an den Reichsjägermeister beschwerte sich daraufhin Schade, dass es untragbar sei, »einen derart vorbelasteten Mann als Grenznachbar« zu haben. Er schlug deshalb vor, wenigstens die Jagd anzupachten, da das der Stiftung zustehende Enteignungsrecht während des Krieges nicht angewendet werden durfte. Doch auch das lehnte der Eigentümer ab und verpachtete seine Jagd kurzerhand an einen ihm vertrauten Dritten. Schade wiederum gab nicht auf und bat darum, dem Kreisjägermeister als Untere Jagdbehörde die Weisung zu erteilen, »die Jagdpacht innerhalb kürzester Zeit auf die Stiftung zu« übertragen. Doch Scherping verwies darauf, dass der Jagdpachtvertrag rechtskräftig sei und entsprechend des Reichsjagdgesetztes die Jagd erst nach Ablauf der Pachtzeit übernommen werden könne.[193] Das nahe Kriegsende verhinderte in diesem Fall Schlimmeres.

Mit dem Attentat auf Hitler am 20. Juli 1944 geriet die Schorfheide in den Fokus von Mitgliedern des Widerstandsnetzwerks und Mitwissern, die aus der nahen Reichshauptstadt fliehen wollten. Die weiten, großflächigen und dünnbesiedelten Wälder versprachen ihnen zumindest zeitweise Schutz vor Verfolgung. Unter anderem suchte hier Oberleutnant der Reserve Heinrich Graf von Lehndorff-Steinort Schutz, der aus einer alten ostpreußischen Adelsfamilie stammte und in Königsberg als Verbindungsoffizier für den Umsturzversuch fungiert hatte. Nach seiner Verhaftung versuchte er, aus dem Königsberger Untersuchungsgefängnis zu

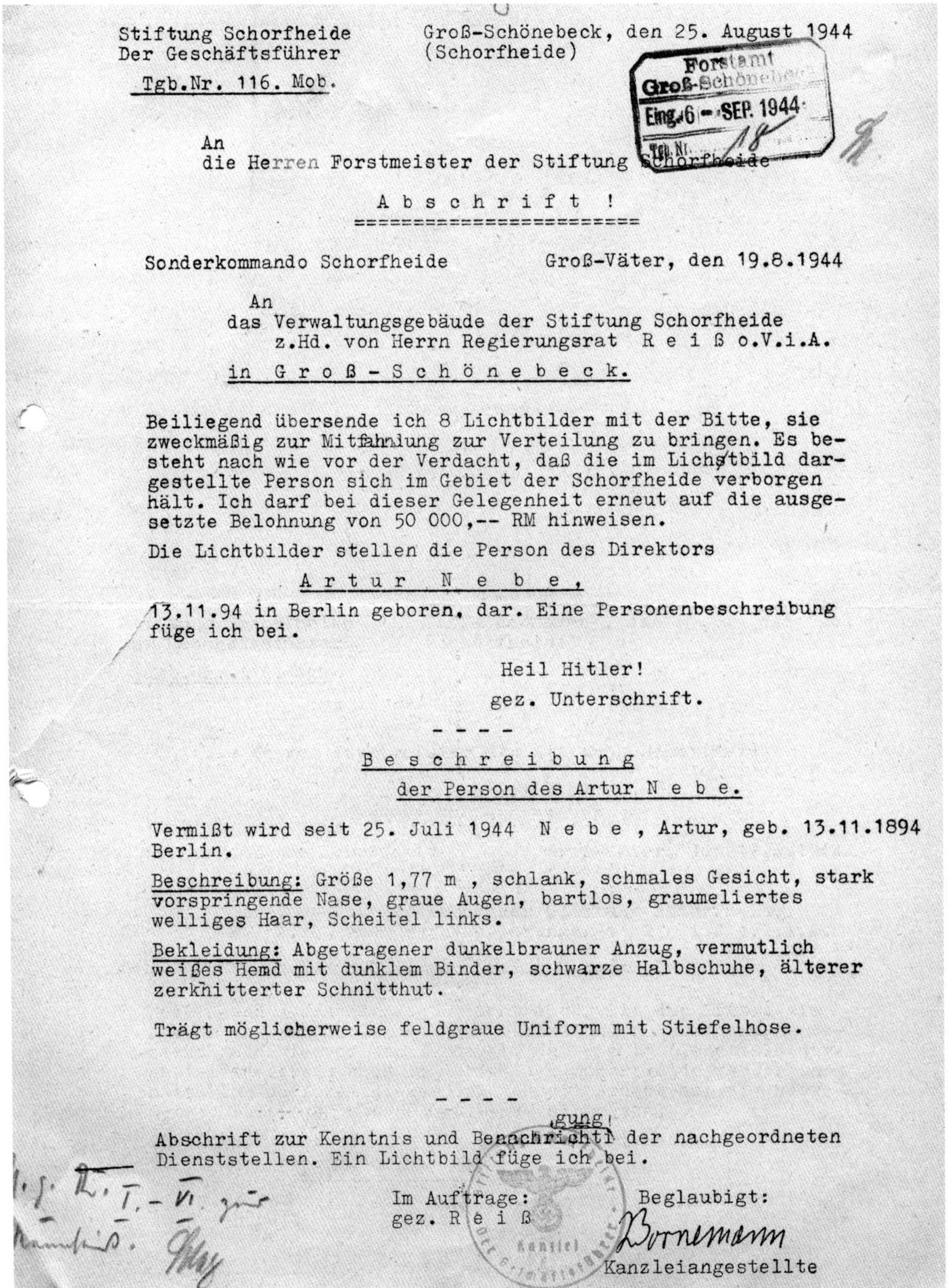

Stiftung Schorfheide
Der Geschäftsführer
Tgb.Nr. 116. Mob.

Groß-Schönebeck, den 25. August 1944
(Schorfheide)

Forstamt Groß-Schönebeck
Eing. 6 - SEP. 1944
Tgb. Nr. 18

An
die Herren Forstmeister der Stiftung Schorfheide

A b s c h r i f t !

Sonderkommando Schorfheide   Groß-Väter, den 19.8.1944

An
das Verwaltungsgebäude der Stiftung Schorfheide
z.Hd. von Herrn Regierungsrat R e i ß o.V.i.A.
in G r o ß - S c h ö n e b e c k.

Beiliegend übersende ich 8 Lichtbilder mit der Bitte, sie zweckmäßig zur Mitfahndung zur Verteilung zu bringen. Es besteht nach wie vor der Verdacht, daß die im Lichtbild dargestellte Person sich im Gebiet der Schorfheide verborgen hält. Ich darf bei dieser Gelegenheit erneut auf die ausgesetzte Belohnung von 50 000,-- RM hinweisen.

Die Lichtbilder stellen die Person des Direktors

A r t u r N e b e ,

13.11.94 in Berlin geboren, dar. Eine Personenbeschreibung füge ich bei.

Heil Hitler!
gez. Unterschrift.

- - - -

B e s c h r e i b u n g
der Person des Artur N e b e.

Vermißt wird seit 25. Juli 1944 N e b e , Artur, geb. 13.11.1894 Berlin.

Beschreibung: Größe 1,77 m , schlank, schmales Gesicht, stark vorspringende Nase, graue Augen, bartlos, graumeliertes welliges Haar, Scheitel links.

Bekleidung: Abgetragener dunkelbrauner Anzug, vermutlich weißes Hemd mit dunklem Binder, schwarze Halbschuhe, älterer zerknitterter Schnitthut.

Trägt möglicherweise feldgraue Uniform mit Stiefelhose.

- - - -

Abschrift zur Kenntnis und Benachrichtigung der nachgeordneten Dienststellen. Ein Lichtbild füge ich bei.

Im Auftrage:
gez. R e i ß

Beglaubigt:
Bornemann
Kanzleiangestellte

Fahndungsblatt für Artur Nebe.

fliehen, und wurde daraufhin am 8. August in einem Gefangenentransport per Bahn in die Zentrale der Geheimen Staatspolizei nach Berlin verlegt. Als er dort mit einem Polizeiauto vom Bahnhof abgeholt und in die Prinz-Albrecht-Straße gebracht werden sollte, gelang ihm vor dem Tor des Gefängnisses die erneute Flucht. In Zivilkleidung, ohne Gürtel und Schnürsenkel in den Schuhen, gelang es ihm, Berlin unbemerkt zu verlassen. Sein Ziel war das Gut seiner Schwiegereltern im mecklenburgischen Conow, in der Nähe von Feldberg. Dabei führte sein Fluchtweg an Oranienburg und dem Konzentrationslager Sachsenhausen vorbei durch die Schorfheide. »Als er in die Waldgegend der Schorfheide kommt, ernährt er sich von Beeren. (...) Er durchquert das Jagdgebiet von Göring mit dessen hochbewachten Landsitz Karinhall.«[194] Fünf Tage schlug er sich so durch die Natur und wurde, kurz vor seinem Ziel, von einem Förster festgenommen. Von Lehndorff gab sich zu erkennen, doch der Förster übergab ihn der alarmierten Polizei. Nach einem kurzen Prozess wurde er am 4. September 1944 im Gefängnis Berlin-Plötzensee hingerichtet. Es war ihm nicht mehr vergönnt, seine hochschwangere Frau noch einmal zu sehen.[195]

Artur Nebe in Zivil, 1944.

Im Spätsommer 1944 gab es eine weitere, aufsehenerregende Verfolgung. Am 25. August ging von der Verwaltung der Stiftung in Groß Schönebeck ein Rundschreiben an alle Forstmeister: Gesucht werde »Direktor Arthur Nebe«[196], geboren am 13. November 1894 in Berlin und vermisst seit dem 25. Juli 1944. Der Gesuchte wurde als ein 1,77 Meter großer, schlanker Mann beschrieben, der in einem abgetragenen, dunkelbraunen Anzug, möglicherweise auch in einer feldgrauen Uniform mit Stiefelhosen unterwegs sei. Neben einem Foto wurde besonders darauf hingewiesen, dass eine Belohnung in Höhe von 50.000 RM ausgesetzt sei.[197] Nach einer vorsichtigen Umrechnung entspricht der Betrag heute circa 150.000 Euro.

Auffallend ist die enorme Höhe der Belohnung, die den Uneingeweihten glauben machen musste, hier werde ein wohlhabender Firmendirektor vermisst. Tatsächlich handelte sich aber um einen der höchstdekorierten Kriminalbeamten des Deutschen Reiches. Als am 30. September 1936 das Reichskriminalpolizeiamt (RKPA) als oberste Behörde der Kriminalpolizei gegründet worden war, wurde Nebe dessen erster Leiter und gleichzeitig Mitarbeiter des Reichssicherheitshauptamtes (RSHA). In dieser Dienststellung stieg er später bis in den Generalsrang eines SS-Gruppenführers auf.[198] Hitler hatte zu ihm ein uneingeschränktes Vertrauen, war Nebe doch derjenige, der das Attentat auf ihn am 8. November 1939 im Münchner Hofbräukeller aufklären konnte. Seitdem zog Hitler ihn bei der Ermittlung in speziellen Sabotageakten hinzu und erteilte ihm Sondervollmachten.

Nebe war während des Krieges an Massakern an sowjetischen Zivilisten, an der Erprobung von Giftgas zur Massentötung und an der Deportation von Juden, Sinti und Roma beteiligt. Umso widersprüchlicher war seine Verbindung zum deutschen Widerstand. In diesem Zusammenhang soll er von der Gruppe um Graf Stauffenberg beauftragt worden sein, mehrere Kriminalbeamte in Bereitschaft zu halten, um am 20. Juli 1944 nach dem Tod Hitlers nationalsozialistische Führungskräfte zu verhaften. Nach dem Scheitern des Anschlags setzte Nebe sich aus Berlin ab und flüchtete zu einem Pfarrer nach Menz, wo er für kurze Zeit Aufnahme fand. Danach setzte er seine Flucht fort und wurde später von einer seiner zahlreichen Liebschaften verraten. Sein letztes Versteck war im brandenburgischen Motzen bei Mittenwalde. Dort wurde er am 16. Januar 1945 von der Geheimen Staatspolizei verhaftet.[199] Über seine Verhaftung, Prozess und Hinrichtung ist bis heute nur sehr wenig bekannt, die Unterlagen konnten entweder noch vernichtet werden oder sind in den Nachkriegswirren verloren gegangen. Vermutet wird, das Nebe am 3. März 1945 in Berlin-Plötzensee hingerichtet worden ist.

UMSIEDLUNGEN UND ZUCHTERFOLGE
Der Wildbestand in der Schorfheide

Hitler hatte 1936 die Parole ausgegeben, dass »ganz besonders in den Steinwüsten der Industriebezirke die noch vorhandene instinktive Naturverbundenheit bei der Stadtbevölkerung am Leben erhalten und gestärkt und die deutsche Jugend soweit wie möglich in Berührung mit der freien Natur gebracht werden« müsse. Diese Äußerung griff Göring nur allzu gerne auf, um die Umsetzung seiner Visionen in verschiedenen Jagdgebieten in Deutschland voranzutreiben. Besonders bot sich das größte Waldgebiet um die Hauptstadt Berlin – die Schorfheide – an, um ehemals hier lebende Wisente, Elche und Wildpferde zu halten. Es sollte das größte Wildgehege in Europa werden.

ZAUNBAU

Um das noch vorhandene und das neu ausgesetzte Wild in den Schorfheide-Revieren vor dem Abschuss durch Jäger angrenzender Jagdgebiete sichern zu können, erwies sich eine erneute und umfangreiche Einzäunung des preußischen Staatsforstbesitzes als notwendig. Der alte Wildzaun, der in der Zeit der Monarchie installiert worden war, wurde während der Weimarer Republik nicht vollständig abgebaut – und fand deshalb für die Neueinzäunung der Schorfheide noch einmal Verwendung. Der neue Zaun sollte entlang fast derselben Strecke entstehen wie jener, der bis zur Auflösung des königlichen Hofjagdgeheges 1918 bestanden hatte. Aufgrund der Erfahrungen aus der Zeit Kaiser Wilhelms II. konnte der Pfahlabstand des Zaunes allerdings von vier auf sieben Meter vergrößert werden. Die Pfosten aus Kiefernholz wurden mit Steinkohlenteeröl imprägniert und waren jeweils 3,50 Meter lang. 1936 wurden 100 Kilometer Wildzaun ausgewechselt und neu gesetzt. Für 1937 waren weitere 50 Kilometer vorgesehen.[1]

Die Gesamtkosten für die Instandsetzung des alten Zaunes, den Ersatz durch Neubau sowie die zu erwartenden Erweiterungen in den Forstämtern Grimnitz (Ostteil), Pechteich (Südteil), Zehdenick (Westteil) und Reiersdorf (Revier Libbesicke) wurden 1936 mit 533.670 RM veranschlagt. Außerdem kamen noch 45 Kilometer Zaun für die Reviere Alt Placht und Himmelpfort dazu, die mit 115.000 RM zu Buche schlugen. Neben dem Außenzaun entstand noch eine Vielzahl von sogenannten Innen- oder Kulturzäunen. Allein von diesen wurden im Jahr 1937 insgesamt 115 Kilometer gezogen.

Besonderen Wert legte man auf die Anfertigung der Gattertore, die an Ein- und Ausfallwegen sowie an Straßen das Auswechseln von Wild verhindern sollten. Dafür standen mehrere Ausführungen zur Auswahl: erstens ein Gittertor, das schon in der Vorkriegszeit verbaut wurde und von den Pferde- oder Kraftwagenfahrern zu betätigen war; zweitens ein aus zwei selbsttätig schließenden Toren bestehendes Schleusentor, das ebenfalls von den Benutzern per Hand betätigt werden musste; drittens ein selbstschließendes Kettentor, das nach dem Ingenieur Siewert, dem Vater des Filmema-

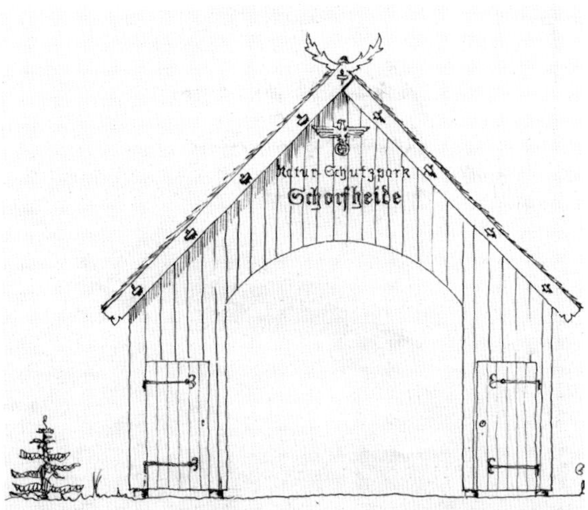

Links: Entwurf eines Torhauses an der Zufahrtsstraße R 109 nahe Groß Schönebeck, vor 1939.

Rechts: Versuchszaun in der Schorfheide, der sich nicht durchsetzte, um 1936.

Sogenanntes selbstschließendes Falltor, das sich ebenfalls nicht durchsetzte.

chers Horst Siewert, Siewert-Tor genannt wurde. Dazu kamen noch das Pittacker-Tor, das Siewert-Darßer-Tor mit ähnlichen Funktionen und das Alarmtor, das sich später aus dem Schleusentor entwickelte. Verwendet wurden meist das Kettentor und das Alarmtor, das mit seinen Lichtschranken und Hubsignaltönen fast zur Perfektion entwickelt worden war. Sie standen zum Beispiel auf der stark befahrenen Durchgangsstraße, der Reichsstraße 109, der heutigen Landstraße 100, an den Ein- und Ausgängen der Schorfheide.

1940 umfasste die Fläche der Stiftung Schorfheide etwa 55.000 Hektar. Davon lagen circa 40.000 Hektar innerhalb eines Zaunes, der wegen seines besonderen Musters als sogenannter Schorfheide-Zaun in die Geschichte einging. Die Gesamtlänge aller Zäune im Stiftungsgebiet betrug über 400 Kilometer. Nach 1945 fiel der Zaun dem allgemeinen Materialmangel zum Opfer. Draht und Pfähle waren wegen ihrer sehr guten Qualität bei den Landwirten gefragte Artikel. Vereinzelt sind die alten Holzpfähle auch heute noch in einigen Gärten privater Haushalte zu finden und erreichen somit schon eine Haltbarkeit von über 75 Jahren. Im späteren Staatsjagdgebiet Schorfheide in der DDR ist das Zaunmuster übernommen worden.

ROTWILD

Ähnlich wie in den früheren Jagdepochen der preußischen Könige und deutschen Kaiser wurde Göring suggeriert, dass durch Blutauffrischung eine stärkere Trophäenqualität beim Rotwild erzielt werden könne. Daraufhin veranlasste er, dass 1935 fünf Stück aus dem Bestand des Grafen Edelsheim in der Tschechoslowakei eingefangen und in das Eichheider Gehege gebracht wurden. 1936 erfolgte eine weitere Lieferung von 15 Tieren, die zuerst in ein 250 Hektar großes Quarantänegatter kamen. Aus Jugoslawien kamen im Februar und März 1935 weitere 18 Stück. 30 Stück folgten aus der Rominter Heide in Ostpreußen sowie ein Stück aus Siebenbürgen in Rumänien. Von den insgesamt 69 Stück Rotwild verendeten jedoch sieben recht schnell, überwiegend an Entkräftung infolge des langen Transports.[2]

Nach Angaben von Dr. Hausendorff wurde das Wild 1935 mit 50 Stück heimischen und 20 Stück aus Rominten in einem Gatter gehalten. Frühzeitig wurde darauf hingewiesen, dass mit der Umsetzung aus Rominten ein verstärkter Parasitenbefall einhergehen könne, da das dortige Rotwild wegen der besseren Äsungsverhältnisse widerstandsfähiger sei als das in der Schorfheide. Aus diesem Grund musste 1935 tatsächlich ein Tier wegen Leberegelbefall erlegt werden, zwei weitere verendeten ebenfalls an dem Befall.

Scherping lehnte schon frühzeitig eine Vermischung der Wildbestände ab. Er ging davon aus, dass es nicht mehr möglich sei, parasitenfreies Wild zu bekommen und sah seine Ansicht nach den Befällen bekräftigt: »Meine ablehnende Stellungnahme gegen das Einsetzen lebenden Wildes zur Blutauffrischung, besonders aus dem Ausland, wird dadurch nur bestätigt.«[3] Seinen Reichsjägermeister konnte er allerdings nicht überzeugen. Zu groß war der Mythos von den an Enden reicheren und schwereren Geweihen der Rominter Hirsche.

Bis zum 15. April 1935 kamen u.a. in die Schorfheide fünf Stück aus dem Bestand von Graf Edelsheim, Tschechoslowakei, 13 Stück aus dem Staatsrevier Belje, Jugoslawien und ein Rothirsch aus dem Gehege von Herrn v. Spiess, Siebenbürgen.

Ein für Hermann Göring vorgesehener vier- bis fünfjähriger Rothirsch aus dem Bestand des Grafen Edelsheim, 1935.

Insgesamt umfassten die Lieferungen 56 Stück, davon verendeten sieben. Die Lieferung aus Rominten bestand aus vier Hirschen, zwölf Alttieren, fünf Schmaltieren und neun Kälbern.[4]

1936 ging die Fangaktion in der Rominter Heide weiter, wo zehn bis 15 Stück weibliches Rotwild eingefangen und in der Schorfheide ausgesetzt wurden. Im folgenden Jahr sollte eine weitere Lieferung von 15 Stück erfolgen. Für das Rotwild war im Revier Eichheide extra ein Zuchtgehege angelegt worden, in dem auf Anweisung von Scherping alle schwachen, für die Weiterzucht nicht mehr benötigten heimischen Tiere abgeschossen werden sollten.

Neben der Einbürgerung in der Schorfheide wurde auch Rotwild von hier in andere Gebiete gebracht, um dort ebenfalls eine stärkere Geweihbildung durch Blutauffrischung zu erzielen. Im April 1941 teilte beispielsweise der Befehlshaber im Wehrkreis I in Königsberg mit, dass das Gatter auf dem Truppenübungsplatz Mlawa in Polen fertiggestellt sei und das Wild mit Lastkraftwagen der Wehrmacht geholt werden könne.[5]

Im Januar 1942 gab Scherping dem Oberforstamt in Nassawen (Rominter Heide) eine Anordnung von Göring weiter: »Ich beabsichtige, in der Schorfheide zur Neubesiedlung einiger Ostgebiete Rotwild einzufangen. Fänge und Fänger sind vorhanden, jedoch keine Transportkästen.« Daher bat er um die Zusendung der dortigen 18 Kästen. 1942 konnte die Stiftung vermelden, dass mit dem Fang von 10 bis 15 Stück Rotwild zu rechnen sei. Göring ordnete daraufhin an, die Tiere für das Generalkommando des I. Armeekorps einzufangen und an das Heeresforstamt Mlawa zu senden.[6]

1943 teilte der Heeresoberforstmeister Günther vom Forstamt Jaworow in Polen mit, dass er in der Nähe der Stadt Lemberg einen 70.000 Hektar großen Truppenübungsplatz verwalte, wovon 25.000 Hektar Wald seien. »Die Jagd darin hat sich der Gouverneur des Distrikts Galizien gesichert. Dieses grosse Gebiet ist praktisch wildleer, da die Sowjets es völlig ausgeschossen haben.«[7] Er bat das Reichsjagdamt um die Vermittlung von Rotwild, das er dort aussetzen könne. Außer dem Gouverneur hatten auch der Chef des Ersatzheeres und die Heeresforstverwaltung selbst großes Interesse daran, dort die Jagd auszuüben.

In der Hoffnung, ein Rotwildverhältnis von 1:10 zu schaffen, fragte Günther, »ob uns nicht aus der Rominter Heide Kahlwild verkauft werden kann. Bei der dort vorhandenen Blutlinie ist es eigentlich um jedes geschossene Stück Rotwild schade (...), während hier im Osten meilenweit, herrliche Wälder den deutschen Jäger durch ihre Wildarmut schier erdrücken.« Bei ihren Planungen für ein neues Jagdgebiet schienen sie völlig zu ignorieren, dass sich die Kriegssituation an der Ostfront längst gegen Deutschland gewendet hatte und an eine Jagd bald nicht mehr zu denken war. Ohnehin antwortete Scherping, dass er kein Rotwild aus Rominten liefern könne, da wegen Schneemangels eine Fangaktion nicht mehr möglich sei und es dort so wenig Beamte gebe, dass nur noch kriegswichtige Arbeiten durchgeführt werden könnten.

Ähnlich verwunderlich erscheint aus heutiger Sicht das Anliegen des kommandierenden Generals des XIII. Fliegerkorps, General Seidmann, der noch im März 1944 an die Regierung des Generalgouvernements in Polen die Anfrage nach einer Jagdausübung für sich und seine Jagdgäste in den Karpaten stellte. Aus Krakau wurde ihm mitgeteilt, dass er und seine Gäste, unbeschadet einer vorbehaltlichen Genehmigung, die Jagd auf Schwarzwild, Wölfe, Rehböcke und Auerhähne ausüben könnten. In dem Dankschreiben an Scherping verlieh er noch seiner Hoffnung Ausdruck, dass er und die ihn begleitenden »Kameraden die ihnen gebotenen jagdlichen Genüsse voll werden auskosten können«.[8]

DIE WISENTZUCHT[9]

Schon vor dem Ersten Weltkrieg hatte sich der Frankfurter Zoo darum bemüht, die in Deutschland noch lebenden Wisente stammbuchmäßig zu erfassen, um drohende Inzuchtschäden zu verhindern. Erfreulicherweise gelang es dem Fürsten Pleß in Schlesien, seinen Bestand von drei auf 70 Stück zu erhöhen. Doch der Krieg, der Zerfall des Zarenreiches und das ausufernde Wildererunwesen im einzig noch erhaltenen Lebensraum der Wisente im urwaldähnlichen Bialowies bereiteten den zaghaften Anfängen der Rettung ein jähes Ende. Auch die 1916 aufgekommene Idee, im königlichen Forstrevier Labiau in Ostpreußen, wo um 1723 der letzte preußische Wisent gewildert worden war, einen Wisentschutzpark einzurichten, verlief nach dem verlorenen Weltkrieg im Sande.[10]

Mitte der 1920er Jahre gab es dann im Berliner Zoologischen Garten erste Kreuzungsversuche von Wisent und Bison mit dem Ziel, die Art zu erhalten. Die dabei gezüchteten Tiere gelangten in den Saupark Springe südlich von Hannover, wo im Frühjahr 1928 das auf Initiative von Lutz Heck, dem stellvertretenden Berliner Zoodirektor, angelegte Wisentgehege fertiggestellt worden war. Die räumlichen Verhältnisse ermöglichten dort eine erste Ausweitung der Verdrängungszucht. »In kleinem Umfang, mit einem Wisentstier und zwei Bisonkühen begann ich die Zucht schon 1927 im Saupark Springe mit vollster staatlicher Unterstützung«, schrieb Lutz Heck später.[11] Und weiter: »1928 brachte ich einen der schönsten und größten damals lebenden reinblütigen Wisentstiere, (...) den berühmten ›Bernstein‹, nach Springe, dessen edle, kraftvolle Gestalt mit dem hohen Widerrist jedem Besucher einen unvergeßlichen Eindruck machte. Ihm wurden drei Bisonkühe zugestellt. (...) Die kleine Herde hatte sich bald so vermehrt, daß man ihr einen größeren Bewegungsraum gönnte.«[12]

Laut Heck soll es vor 1933 in Deutschland nur noch 23 reinblütige Wisente gegeben haben, überwiegend in zoologischen Haltungen. Graf Arnim-Boitzenburg züchtete mit drei, das Forstamt Springe mit fünf und Pleß mit sieben reinblütigen Wisentkühen.

Göring nahm später die Erhaltungszucht in Springe für sich in Anspruch und ließ ihn weiter ausbauen. Sein Plan war, den Besuchern der nahen Hauptstadt Berlins ein großes Wildtiergehege mit ehemals ausgestorbenen Arten präsentieren zu können. Natürlich bot sich das größte Waldgebiet – die Schorfheide – dafür an, um Wisente, Elche und Wildpferde zu halten. Es sollte das größte Wildgehege in Europa werden. Dazu plante Göring 1934 sogar ein eigenes »Gesetz über die Erhaltung des Wisentwildes« zu erlassen. Er argumentierte: »Die Gefahr des völligen Aussterbens dieser wertvollen Tierart wird nur dann endgültig beseitigt werden können, wenn die Fortzüchtung auf möglichst breite Grundlage unter einheitlicher Aufsicht erfolgt. Insbesondere muss vermieden werden, dass wertvolle Zuchttiere, wie es noch vor kurzem geschehen ist, infolge hoher Angebote an das Ausland verkauft werden.«[13]

Wisente im Schaugehege am Werbellinsee, Januar 1934.

Ein im Wisentgehege des Grafen Arnim-Boitzenburg geschossener Wisent, 1934.

In Paragraf 3 des Entwurfs hieß es: »An allen zum Verkauf kommenden Wisenten steht dem Reichsjägermeister in Berlin ein Vorkaufsrecht zu.« Damit wollte Göring den gesamten Handel mit Wisenten in Deutschland kontrollieren und sichern. In der Begründung hieß es: »Das Wisentwild, das in Deutschland in der freien Wildbahn nicht mehr vorkommt,

Göring auf dem Gehegezaun anlässlich der Eröffnung, 1934.

ist bis auf 70 Stücke Gesamt-Welt-Bestand durch das Fortschreiten der Kultur und die Verfolgung seitens der Menschen ausgerottet worden. Von dem Gesamtbestande befinden sich 21 Stück reinblütiger Wisente in Deutschland, ferner noch 24 Stück Mischlinge (amerikanischer Bison x Wisent).«[14]

Gegen den Entwurf legte der Justizminister unter Berufung auf das Reichsjagdgesetz Widerspruch ein und schlug Göring die Umsetzung auf dem Verordnungsweg vor. Daraufhin wurde der Gesetzentwurf vom Generalforstmeister von Keudell zurückgezogen. Göring ließ sich in seinen Plänen jedoch nicht beirren und ließ 1934 in der Nähe der Gemeinde Eichhorst ein Wisentschaugehege mit einer Größe von rund 50 Hektar errichten. Am 10. Juni eröffnete er im Beisein zahlreicher namhafter Gäste aus dem In- und Ausland das in der Nähe des Werbellinsees gelegene Gehege für die Wisentzucht. Für die Sicherheit der 40 geladenen Gäste war Arthur Nebe verantwortlich, der später zum höchsten deutschen Kriminalbeamten avancierte.

Inszenierter Höhepunkt der Eröffnung war die Freilassung des fortan nur noch »Iwan« genannten reinblütigen Wisentstiers M 119 »Schalk« aus seiner im Gehege aufgestellten Transportkiste, in der er aus dem Berliner Zoo angeliefert worden war. Damit der Wisent ruhig aus seiner Kiste trat, wurde davor eine Wisentkuh platziert. Das erwies sich jedoch als wenig erfolgreich. Der anwesende englische Botschafter in Deutschland, Sir Eric Phipps[15], berichtete später: »Der Bison verließ seinen Stall [Transportkiste] mit größtem Widerwillen und machte, nachdem er eine Kuh traurig angeblickt hatte, kehrt.«[16]

Mit ihm befanden sich am Eröffnungstag bereits zwei reinrassige Wisentstiere, vier Wisent-Bison-Kreuzungskühe und drei Wisent-Bison-Kreuzungsjungstiere im Gehege.[17] Nach dem damaligen Sprachgebrauch war die Anlage vorgesehen, um »der Erholung des deutschen Volkes zu dienen, dem Gedanken des Reichsnaturschutzgesetzes zu dienen, den Sinn für Naturverbundenheit, vorwiegend bei der grossstädtischen Bevölkerung zu erwecken und zu vertiefen«. Für dieses erste Gehege setzte sich später die Bezeichnung »Wisentschaugehege« durch.

Und die Besucher kamen: 1935 waren es bereits 88.000 und ein Jahr später 145.000. Das in der Nähe befindliche alte Jagdschloss Hubertusstock mit seiner ur- und frühgeschichtlichen Sammlung und der nahen Grabungsstätte am »Wildauer Berg« wurde wenig später in das Besuchsangebot mit eingezogen.[18] In der Folge vergrößerte man die Gehege in den Revieren Eichhorst und Pechteich auf 1.320 Hektar. Im Laufe der Jahre konnten die Besucher echte Wisentstiere und Kreuzungstiere beobachten, denen, des höheren Schauwertes wegen, bald auch einige Wildpferde sowie Rot-, Dam- und Rehwild mit ins Gehege gegeben wurden.

Bereits im Jahr zuvor hatte ein für den weiteren Werdegang der Wisentzucht und -haltung in den Grenzen des Deutschen Reiches viel wichtigeres Er-

Einweihung des Wisentschaugeheges am 10. Juni 1934, v.r. Göring, Generalforstmeister Walter von Keudell und der Geschäftsführer der Stiftung Schorfheide Dr. Hausendorff.

eignis stattgefunden, von dem die Öffentlichkeit allerdings erst im Nachhinein erfuhr. Am 1. April 1934 hatten sechs Männer – alle damaligen Wisenthalter Deutschlands[19] – mit ihren Unterschriften unter ein Gründungsprotokoll die »Deutsche Fachschaft der Wisent-Züchter und -Halter« aus der Taufe gehoben und Reichsjägermeister Göring zu ihrem Vorsitzenden gewählt, der unverzüglich den inzwischen zum Direktor des Berliner Zoos avancierten Lutz Heck zu seinem Stellvertreter ernannte.

Der machte dem Reichsjägermeister bei der Veröffentlichung des Protokolls in der Zeitschrift »Deutsche Jagd« vom 26. August 1934 noch eine ganz besondere Freude, indem er im begleitenden Artikel ausdrücklich ankündigte: »Da bald überzählige Stiere gesetzt werden, wird auch die Jagd auf den Wisent in absehbarer Zeit wieder möglich sein.«[20] Vorsorglich wurde den künftigen Wisent-Waidmännern am Ende dieses Beitrages auch schon einmal mit an die Hand gegeben: »[Es] sei darauf hingewiesen, daß der Wisent als einziges Wildrind auch in der Jägersprache als solches zu behandeln ist. Also sind die richtigen Bezeichnungen: Kuhkalb, Färse oder Sterke, Kuh, Bullkalb und Bulle oder Stier, Bezeichnungen wie für unser Rotwild. Der Kopfschmuck heißt nicht ›Aufsatz‹, sondern es sind richtige Hörner.«

Die überzähligen männlichen Tiere kamen in das im Revier Eichhorst errichtete 600 Hektar große Verwilderungsgehege, das als Jagdgehege diente. Ab 1939 wurde es mit dem größten Teil des Pechteicher Reviers zusammengelegt und erreichte nun eine Größe von 1.800 Hektar. In diesem wurden alle Mischlingsstiere gehalten und für den Abschuss durch Jagdgäste von Göring reserviert.[21]

Am 17. Oktober 1934 berichtete Dr. Hausendorff in einem Schreiben von der Ankunft der schwedischen

Eingang des Wisent-schaugeheges, 1934.

Wisente in der Schorfheide: »[Es] sind 1 Stier und 1 Kalb; der Stier war recht unruhig in der Kiste und hatte sich die Hinterläufe durchgeschlagen. Ich bin eben im Begriff, zur Entladung zum Wisentgehege zu fahren.«[22] Schon wenige Tage darauf, am 21. Oktober, wurde auf Einladung der »Deutschen Fachschaft der Wisent-Züchter und -Halter« am Eingang zum Wisentgehege das von Professor Max Esser geschaffene, drei Meter lange und 2,80 Meter hohe Wisentmal enthüllt. Gebrannt wurde es von der »Keramischen Werkstatt Gildenhall« in Neuruppin.

Der stellvertretende »Fachschaftsführer« verkündete in seiner Rede, dass sich in dem Schau- und Verwilderungsgatter nunmehr 23 Wisente befanden. Unter staunender Anteilnahme konnten die geladenen Gäste schließlich verfolgen, wie mit den drei Jungstieren und den beiden schwedischen Stücken zum ersten Mal männliche Wisentmischlinge durch den eigens dafür vorgesehenen Laufzaun in das größere Jagdgehege getrieben wurden. Ganz ohne Pathos ging freilich auch das nicht: Hatte sich Hausendorff doch vorgenommen, den Gästen gegenüber zum Ausdruck zu bringen, »dass nunmehr erstmalig in Deutschland Wisentwild in ein großes Waldgebiet gelassen worden sei«. Für diesen Anlass hatte er sich aus Pleß das Jagdsignal »Wisent tot« kommen und es von Forstschülern einstudieren lassen. Es sollte nach der Freilassung erklingen, da es bisher in der Schorfheide unbekannt war und von den älteren Forstbeamten nicht vorgetragen werden konnte. Im nahen Jagdschloss Hubertusstock endete die Veranstaltung mit einem Empfang durch Göring.[23]

Nach wie vor standen jedoch keine Bisonkühe in der Schorfheide, die für eine Verdrängungszucht unerlässlich waren. Um sie ebenso wie Elche zu beschaffen, reiste Lutz Heck im Herbst 1935 im Auftrag des

Freilassung des Wisentstiers »Iwan« ins Schaugehege am 10. Juni 1934.

Reichsjägermeisters nach Kanada.[24] Er berichtete: »Die Kanadischen Naturschutzbehörden, besonders der damalige Ministerpräsident Mackenzie-King, hatten volles Verständnis für meine Wünsche. Es wurden zwanzig Bisonkühe zur Verfügung gestellt.«[25] Acht dieser Bisons, fünf Kühe, eine Färse und zwei Kälber, kamen in die Schorfheide, wo ihnen der aus Königsberg herbeigeschaffte reinrassige Wisentstier M 204 »Boy« beigegeben wurde. Eigens für sie wurde 1936 in den Jagen 131/132 der Revierförsterei Eichheide das dritte Gehege errichtet. Mit Ausnahme des Stiers wurde der gesamte Bisonbestand des Geheges 1939 in den Naturpark Darß verbracht und das Gehege wieder aufgelöst.[26]

Die Zucht in der Schorfheide entwickelte sich gut. Die bei der Verdrängungszucht angefallenen Halbblut-Stiere, die sich nicht weitervererben durften, mussten mit acht bis zehn Monaten aus der Herde entnommen werden und wurden dem Jagdgehege zugeführt. Die weiblichen Jungtiere verblieben zur weiteren Zucht bei den weiblichen Tieren. Dieses Jagd- oder auch Eichhorst-Pechteicher-Gehege blieb allein der Jagd vorbehalten. Göring selbst entschied, wer dort zur Pirsch auf einen der Stiere gehen und ihn zur Strecke bringen durfte. Görings Äußerung – »Es wird hoffentlich nicht ganz ungefährlich sein, den Wisent zu jagen.« – deutet auf seine fragwürdigen Jagdneigungen hin, die nicht selten die wissenschaftlichen Arbeiten in der Schorfheide behinderten. Dazu wurde die Jagd auf den Wisent oft auch noch propagandistisch aufgebauscht. Als Göring selbst einmal einen starken Wisentstier erlegt hatte, musste dieser in einer Eichhorster Garage so lange gelagert werden, bis die »UFA«[27] die nötigen Aufnahmen gemacht hatte. Aufgrund der langen Liegezeit ohne Kühlung musste er anschließend entsorgt werden.

Bei anderen nationalsozialistischen Größen wie Gauleiter Martin Mutschmann, dem Flieger Generaloberst Ernst Udet und dem SS-Obersturmbannführer Willy Sachs, die im Jahr 1940 einen Wisent erlegen durften, wurde jeweils eine Bildersammlung von der Jagd angefertigt. In dem Begleitschreiben des Geschäftsführers der Stiftung Schorfheide hieß es dazu: »Ich bitte die beifolgende Bildersammlung zur Erinnerung an die recht winterliche Jagdfahrt auf den urigen Wisent als kleine Gabe der Stiftung Schorfheide entgegen nehmen zu wollen. Heil Hitler, Waidmannsheil und Horrido«.

Allein von 1938 bis 1940 wurden im Jagdgehege 19 Wisente von auserwählten Jägern gestreckt, bis Anfang 1945 waren es weitere 30. Neben den bereits genannten Persönlichkeiten zählten zu den bevorzugten Jagdgästen in dem von der örtlichen Bevölkerung und den Waldarbeitern bald »Bullenkloster« genannten Gehege unter anderem Zar Boris III. von Bulgarien, der Unternehmer und Göring-Finanzier Reemtsma und der Geschäftsführer der Stiftung Schorfheide Fuckel.[28]

In einem erhaltenen Schreiben vom 20. März 1942 wurden die Wisentstier-Abschüsse der beiden Vormonate taggenau aufgelistet. Am 14. Februar: General der Flieger Hans-Georg von Seidel, am 18. Februar: Generaldirektor Sonnemann, am 20. Februar: Oberst Adolf Galland, am 23. Februar: General der Flieger Kurt Student und Generaloberst Fritz Fromm, am 13. März: Zoodirektor Heck und am 14. März: der Leiter des Reichssicherheitshauptamts und »Stellvertretende Reichsprotektor in Böhmen und Mähren« Reinhardt Heydrich. Es könnte Heydrichs letzte Jagd gewesen sein, denn wenige Wochen später erlag er in Prag den Folgen eines Attentats. Sogar Görings Schwester Olga Riegele zählte zu den Wisentschützen. Nur Paul Pleiger, der Generaldirektor Reichswerke Hermann Göring, war offenbar nicht zum Schuss gekommen.[29]

Als weiteres Gehege neben dem gelegentlich als »Zuchtgehege« bezeichneten Schaugehege und dem bereits erwähnten Bisongehege war 1936 auch das etwa 500 Hektar große Suppenbruchgehege entstanden, in das die im Zuchtgehege gesetzten weiblichen Wisente überführt wurden. Für diese wurde der reinrassige Stier M 243 »Pupil« aus Bialowies eingeführt. Von den beiden reinrassigen Wisentstieren »Iwan« und »Pupil« stammen die im Folgenden aufgelisteten, 1939 von den hier namentlich aufgeführten Kühen gesetzten Kälber ab.

Im Zuchtgehege Wildau, von Schalk:

1. Kuhkalb am 05.05.1939 aus »Fritzi«
2. Stierkalb am 16.05.1939 aus »Budewiga«
3. Kuhkalb am 17.05.1939 aus »Schwarzia«
4. Stierkalb am 25.05.1939 aus »Erika«
5. Stierkalb am 30.05.1939 aus »Anita«
6. Kuhkalb am 04.06.1939 aus »Markula«

Im Suppenbruchgehege, von Pupil:

7. Kuhkalb am 13.05.1939 mit ¾ Anteilen einer Wisentkuh
8. Stierkalb am 21.05.1939 mit ¾ Anteilen einer Wisentkuh
9. Stierkalb am 25.05.1939 mit ¾ Anteilen einer Wisentkuh[30].

Wegen der Größe und Unübersichtlichkeit des Geheges war im Suppenbruchgehege eine genaue Zuordnung der Kälber zu den Muttertieren schon für das Jahr 1939 nicht mehr möglich, weshalb die Angabe der Muttertiere ohne Namen erfolgte.

Im Jahr 1939 gab es erste Rückschläge. Der Wisentbulle »Pupil« musste am 22. Februar erschossen werden, da er sich nicht mehr erheben konnte. Den Eintragungen im Internationalen Zuchtbuch zufolge soll 1939 aus Bialowies, möglicherweise als Ersatz für »Pupil«, der dort am 26. Juni 1936 geborene reinrassige Stier M 258 »Purytanin« in die Schorfheide gebracht worden sein. Beide waren direkte Nachkommen des einst in Boitzenburg geborenen M 163 »Borusse«, der 1929 ins damals polnische Bialowies abgegeben worden war.[31]

1938 zeigten sich in der Schorfheide erste Anzeichen der Maul- und Klauenseuche, die aber zu keinen Verlusten führte. Als Gegenmaßnahme wurden mit einer Lösung getränkte Matten ausgelegt. Hier zeigte sich, dass die Haltung von Tieren in beengten Gehegen stets mit Risiken verbunden ist. Gerade im Zuchtgehege traten immer wieder einzelne Krankheiten auf. Wegen der schädlichen Larven von Lungen- und Magenwürmern wurde eine Teilung des Geheges vorgenommen und die Tiere alle sechs Wochen umgesetzt. Pfleger mussten regelmäßig die Gehege von der Losung säubern, um einer Wiederaufnahme der Parasiten vorzubeugen. Auch der Befall durch Leberegel bereitete Sorgen. Um dem entgegenzuwirken, wurde die Einzäunung der offenen Abzugsgräben in den Wiesen der Gehege angeordnet. Der auftretende Durchfall konnte mit Eichenreisig bekämpft werden, das zweimal in der Woche in das Zuchtgehege zugefüttert wurde. Auch soll das Eichenreisig zur Vorbeugung der Unfruchtbarkeit bei den Wisentkühen hilfreich gewesen sein.

Trotz dieser Herausforderungen gelang es innerhalb weniger Jahre, eine bedeutende Wisentherde heranzuzüchten. Am 15. Juni 1941 lebten in den drei Gehegen der Schorfheide insgesamt 72 Wisente, davon 13 im Wisentschaugehege, 42 im Suppenbruchgehege und 17 im Wisentjagdgehege. Zum 1. Oktober 1941 wurden schon 76 Wisente gezählt.[32]

Wisentschaugehege:
7 Kühe: Fritzi, Baldine, Maskula, Budewiga, Schwarzia, Anita und Erika
1 Färse geb. 25.04.1940 nach Schalk aus Fritzi
1 Stierkalb geb. 19.05.1941 nach Schalk aus Erika
1 Kuhkalb geb. 05.06.1941 nach Schalk aus Maskula
1 Kuhkalb geb. 06.06.1941 nach Schalk aus Fritzi
1 Stierkalb geb. 07.06.1941 nach Schalk aus Budewiga
1 Kuhkalb geb. 13.06.1941 nach Schalk aus Anita

Der nahezu handzahme Wisentstier M 195 »Pless«, genannt »Siegfried«, aus demselben Gehege, der erst am 27. Februar 1941 aus Pleß geholt worden war, verendete schon am 20. Mai 1941 an Tuberkulose. Für ihn wurde am 13. August 1941 ein reinblütiger Stier aus dem Berliner Zoo überführt. Somit verblieben im Schaugehege 13 Wisente.

Suppenbruchgehege:
1 Stier »Boy«, reinblütig, geb. 1931,
1 Stier M 265 »Sprengel«, reinblütig, geb. 1936 (seit 1937 in der Schorfheide),
1 Stier M 496 »Sprössling«, reinblütig, geb. 1938,
15 Kühe,
8 Färsen,
8 Färsen, dies waren Kälber aus dem Jahre 1940 aus »Boy«, nach Kühen aus dem Suppenbruch, bei denen kein namentlicher Nachweis mehr geführt werden konnte.
7 Stiere, diese Jährlingsstiere wurden im Herbst 1941 in das Eichhorst-Pechteicher Gehege überführt.
1 Kuhkalb, geb. 12.05.1941 aus »Boy« nach einer Kuh aus dem Gehege. Zusammen war die Herde im Suppenbruch mit 42 Tieren damit die größte.

Wisentjagdgehege (Eichhorst-Pechteicher Gehege):
13 Mischlingsstiere,
4 Jährlingsstiere vom Wisentschaugehege

Göring sprach oft davon, er wolle einmal in der Heide eine große Herde Wisente »brausen« sehen. Doch war es nicht möglich, die Schorfheide so abzusichern, dass eventuelle Angriffe auf Besucher zu vermeiden gewesen wären. Schon im Juni 1937 ließ er durch Körner den Auftrag erteilen: »Von größeren Gehegen, in denen Wisente gehalten werden, Erfahrungen über die Frage der Bösartigkeit des Wisent zu sammeln.« Unter den deutschen Wisentzüchtern kamen Joachim Dietlof Graf Arnim-Boitzenburg (1898–1972)[33], Forstmeister Leo Behrendt aus Springe und Lutz Heck alle zu demselben Schluss: »Die sog. Bösartigkeit des Wisent [wird] allein durch die Unvernunft der Menschen hervorgerufen, die das Necken der in Gefangenschaft gehaltenen Tiere nicht lassen können.« Gleichwohl meinten sie, dass »der Wisent, besonders wenn

Martialisch wird einem gestreckten Wisent die letzte Ehre erwiesen. U.a. dabei Willy Schade (l.) und Oskar Fuckel (M.).

er im jagdlichen Alter in Verhältnisse gebracht wird, die der freien Wildbahn gleichen, sehr schnell wieder verwildern wird und dann die gleiche Scheu vor den Menschen bekommen wird, wie anderes Wild«.[34] Gefahrenmomente sahen sie nur während der Brunft und der Führung der Kälber.

Letztlich wurden in der Schorfheide aber nie Wisente außerhalb der Gehege ausgesetzt. Es blieb bei den Plänen, die Tiere in späteren Jahren freizulassen. Dazu sollten die öffentlichen Straßen wie der Joachimsthaler und der Wildauer Damm zur damaligen R 109, die Eichhorster Straße sowie die Chaussee nach Dölln für jeglichen Verkehr gesperrt werden.

Wie sehr Göring die Wisentzucht am Herzen lag, zeigt ein Ereignis im Sommer 1942, als auf etwa 150 Hektar am Südrand des Forstamtes Pechteich/Hubertusstock ein Waldbrand tobte. Dieser blieb den an den Löscharbeiten Beteiligten noch lange in Erinnerung – allerdings nicht wegen des Feuers. »Als das eigentliche Ablöschen des bereits eingekreisten Feuers begann, erschien Göring mit zahlreicher Begleitung auf der Brandfläche. Er zeigte sich mit der Meldung des die Löscharbeiten leitenden Forstmeisters, daß das Feuer eingekreist und in Teilen bereits gelöscht sei, daß zumindest die größte Gefahr gebannt sei, wenig einverstanden und wollte sofort die Leitung der weiteren Löscharbeiten selbst übernehmen. – Das Gatter des Wisentzuchtgeheges war durch das Feuer auf einer Länge von 600 m in Mitleidenschaft gezogen. Göring war nicht davon zu überzeugen, daß die Wisente sich in die entfernteren Teile des 600 ha großen Geheges zurückgezogen hätten. Er malte seinen Zuhörern mit vielen Worten aus, daß die anwesenden Forstbeamten zur Schußwaffe greifen müßten, wenn die Wisentherde ›angebraust‹ käme und die Löschmannschaften annehmen sollte. Noch manches Mal danach hat Göring geschildert, welches Unglück durch das Feuer und die Wisente hätte eintreten können, wenn er nicht persönlich eingegriffen hätte.«[35]

Nach Beginn des Krieges machten sich zunehmend Engpässe beim Winterzusatzfutter für die zahlreichen Gehege- und Gatterhaltungen in der Schorfheide bemerkbar. Das benötigte Heu wurde zwar weitgehend auf umliegenden Wiesen selbst gewonnen, doch kam man in anderen Staatsjagdrevieren schon bald nicht mehr ohne Zusatzlieferungen aus Wehrmachtskontingenten aus. Nur zögerlich zeigte man sich bereit, den hohen Wildbesatz zu reduzieren. Bei den Wisenten wurden jedoch keine Abstriche gemacht. Nur sie und die Elche konnten bis 1945 – sogar noch mit Sesamkuchen – zugefüttert werden.

1942 teilte Graf Arnim-Boizenburg Scherping mit, dass er bereit sei, seine Stiere »Boston«, »Bober« und »Bote« zum Preis von 5.700 RM an die Stiftung abzugeben, da die schwierige Futterversorgung sich auch bei ihm bemerkbar gemacht habe. Nachdem die Entscheidung gefallen war, die Stiere anzukaufen, sollten die Boizenburger Wisente nach Bialowies im besetzten Weißrussland gebracht werden. Da jedoch das dortige Gebiet bereits von Partisanen kontrolliert wurde, gelangte je ein Stier in die Schorfheide, auf den Darß und in das Neandertaler Gehege.[36]

Selbst in der Schorfheide mussten die Tiere mit Blick auf ihren Nutzen für die Zucht bewertet werden. Am 16. September 1942 ging Scherping ein kurzes Schreiben von Lutz Heck zu: »Bitte folgenden Vorschlag machen zu dürfen: In der Schorfheide müssen wegen Zuchtunfähigkeit 3 Halbblutkühe (alte Bezeichnung) ausscheiden und zwar: Baldine, Majora und Kornelia. Diese Kühe überanstrengen die Bullen, da sie in mehrwöchigem Rhythmus brunftig werden, zum Beschlag kommen, aber nicht aufnehmen. Heil Hitler! Lutz Heck«. Der Vollzugsvermerk von Scherping lautete kurz: »(...) wurden abgeschossen. z.d.A. 28.10.42«.[37] Im Juni 1942 wurde der Wisentbestand mit 77 Stück angegeben.[38] Aus der vom Juli 1943 erhalten gebliebenen Nachweisung für das Folgejahr ist nicht ersichtlich, ob es sich nur um einen Nachtrag handelte, oder ob in diesem Jahr tatsächlich nur die zehn Wisentkälber gesetzt wurden. Geschlecht und Abstammung konnten aus diesem Freigehege ebenfalls nicht angegeben werden. Mit der Geburt weiterer Kälber war zu diesem Zeitpunkt noch zu rechnen, die jedoch nicht mehr nachweisbar sind.[39]

Die letzte Zählung der Tiere aus allen Wisentgehegen erfolgte am 15. Juni 1944. Da darin das Wisentschaugehege nicht mehr erwähnt wird, ist anzunehmen, dass es aufgelöst worden war und diese Tiere nun auch ins Suppenbruch-Gehege kamen, in dem insgesamt 60 Wisente gezählt wurden.

Im Eichhorst-Pechteicher Gehege befanden sich noch acht Mischlingsstiere.[40] Zusammen ergibt das eine Zahl von 68 Tieren. Selbst bei optimalster Vermehrungsrate wäre damit die für das Kriegsende 1945 angegebene Anzahl von 96 Wisenten fraglich. Wahrscheinlicher wird sie indes, wenn die seinerzeit nach der Schorfheide evakuierte Wisentherde des Berliner Zoos hinzugezählt wird.[41]

Göring war von dieser Tierart derart besessen, dass er im seit Sommer 1940 besetzten Frankreich nach einem alten Wisentskelett forschen ließ, von dem er erfahren hatte. Die Ermittlungen der Forstlichen Hochschule in Tharandt ergaben, dass sich zwei Wisentpräparate im Museum National d'Histoire Naturelle in Paris befanden, ein weiteres im Institut d'Oceonographie ebenfalls in Paris und ein Wisent im Museum in Elbeuf. Eines der Präparate im Pariser Naturkundemuseum stammte von einem Wisent, der 1788 in Siebenbürgen gefangen und nach Wien in den Hetzgarten gebracht worden war. Anschließend war er 1796 in den Tiergarten Schönbrunn gelangt. Beim Einmarsch französischer Truppen 1809 lebte er noch, ging jedoch später ein. Napoleon I. ordnete daraufhin an, das Fell nach Paris zu bringen und dort ein Vollpräparat anzufertigen. Dabei ging das eigentliche Skelett verloren und konnte später nicht mehr aufgefunden

Der präparierte Wisent im Nationalmuseum in Paris, 1941

werden. Der Wisent galt als letzter Karpatenwisent, der dem kaukasischen genetisch näherstand als der preußisch-litauische. Im Pariser Museum wurde das Exemplar als »Bison d'Empereur« geführt, was auf Napoleon hinwies, der dessen Bedeutung und Seltenheitswert gekannt haben muss. Worüber die Ermittler absolutes Stillschweigen zu wahren hatten, war, dass Göring das Präparat nach Berlin überführen wollte, um es in dem geplanten Reichsjagdmuseum zu präsentieren.[42] Der Kriegsverlauf vereitelte aber auch in diesem Punkt jegliche Ambitionen, weshalb sich das Präparat noch heute im Naturkundemuseum in Paris befindet.[43]

Ebenso wie die Wisente und Wisentmischlinge auf dem Darß wurden auch in der Schorfheide in den unmittelbaren Nachkriegswirren 1945 alle Tiere getötet. Der weitaus größte Teil von ihnen dürfte in die Gulaschkanonen der sowjetischen Besatzungstruppen gewandert sein. Lediglich der reinrassige Stier M 223 »Botho-Ernst« überlebte in Boitzenburg das Kriegsende noch um wenige Monate. Doch schon zum Jahreswechsel 1946 gab es keinen einzigen Wisent mehr in der Sowjetischen Besatzungszone. »Botho-Ernst«, so hieß es, sei am Heiligabend bei der Überführung in den Berliner Zoo verstorben.

Über elf Jahre lang war in der Schorfheide im großen Stil und mit erheblichem finanziellen und logistischen Aufwand die Verdrängungszucht praktiziert worden. Fast nichts hatte man dabei unversucht gelassen, um in dem für Deutschland einzigartigen Großversuch wieder reinblütige Wisente rückzuzüchten. Das führte neben einigen vom Phänotyp her bereits recht wisentähnlichen Mischlingen allerdings auch zu einer größeren Zahl eher weniger ansehnlicher Kreuzungstiere. Erst nach der dritten oder vierten Generation sollte es nach den Regeln des Mendelschen Vererbungsgesetzes möglich sein, einen Wisent zu züchten, der nicht nur in Körperform, Haar und Farbe, sondern auch von seinen genetischen Merkmalen her dem reinblütigen Wisent fast gleichkam. Beim Betrachten der wenigen erhalten gebliebenen Abbildungen von Kreuzungstieren kann man durchaus geteilter Meinung über die Sinnhaftigkeit eines solchen Großversuchs sein, insbesondere vor dem geistigen Hintergrund der NS-Rassentheorien und ihrer Folgen.[44]

Durch den vollkommenen Zusammenbruch des nationalsozialistischen Deutschlands fanden Wisentforschung und Züchtung in der Schorfheide ein jähes Ende. Nach dem Kriegsende wurden in der Sowjetischen Besatzungszone und später in der DDR fast systematisch alle Erinnerungen an das maßgeblich vom Reichsjägermeister Göring initiierte Großprojekt getilgt. Wertvolle Sammlungen und Dokumentationen, die hier im Rahmen der Wildtierforschung und von diversen Wiederansiedlungsversuchen zusammengetragen und erstellt worden waren, gingen größtenteils verloren. Nur einzelne Unterlagen gelangten seinerzeit in die Bundesrepublik oder in private Hände. Soweit sie nicht in Unkenntnis vernichtet wurden, sind sie heute weit verstreut und oft nur schwer zugänglich.

Ungewöhnlich lange blieb allein ein letztes Zeugnis erhalten, das einst unweit des Besuchereinganges zum Wisentschaugehege an der Straße von Wildau bei Eichhorst stand: die vom Bildhauer Max Esser (1885–1945)[45] geschaffene lebensgroße Keramikplastik eines Wisentstiers. Ein Akt mit sogar öffentlich geführter propagandistischer Vorbereitung war es, im August 1958 ausgerechnet den zuständigen Revierförster Walter Albrecht mit der Beseitigung des Denkmals zu beauftragen. Er, der zuletzt mit der Sorge um die Wisente betraut gewesen war und mit angesehen hatte, wie man sie 1945 abgeschossen hatte, musste nun das Wisentdenkmal mithilfe eines Traktors umkippen und in einer Grube verscharren lassen.[46] Heute kann man es als Nachbildung wieder in der Schorfheide im Ortsteil Eichhorst sehen.

Ab 1955 gab es in der DDR wieder erste Wisente zu sehen – im Tierpark Berlin. Und schon 1957 begann auf dem Damerower Werder, auf einer in den Kölpinsee ragenden Halbinsel in der Nähe von Waren/Müritz, mit zwei vom polnischen Staat als Geschenk erhaltenen Tieren ein erneuter Versuch, Wisente zu züchten. Mit Erfolg, denn die reinrassige Zucht besteht bis heute und konnte schon zahlreiche Jungkälber und -stiere an andere Zuchtstätten abgeben und damit einen Beitrag dazu leisten, dass der weltweite Bestand sich inzwischen wieder auf gut 7.200 Wisente erholt hat. Selbst eine Reihe von Auswilderungsprojekten in die freie Natur konnten aufgrund dieser erfreulichen Entwicklung europaweit angeschoben oder sogar schon realisiert werden. Auch in die Schorfheide ist der Wisent zurückgekehrt und kann in einem großzügigen Gehege im Wildpark Schorfheide bei Groß Schönebeck gefahrlos beobachtet werden.[47] In zeitgenössischen Karten findet sich südwestlich des Werbellinsees zwischen Eichhorst und Hubertusstock noch immer die dort wie ein Flurname wirkende Bezeichnung »Wisentgehege« und erinnert an eine längst vergangene Zeit.[48]

ELCHE

Während das Projekt der Wisentzucht durchaus erfolgreich verlief, gestaltete sich die Wiedereinbürgerung des Elchwildes in das Gebiet der Schorfheide schwieriger. Dabei ging Göring es ähnlich zügig an. Bereits im April 1934 kam aus Schweden der erste Elch »Elko«, kurze Zeit später ein weibliches Tier. Der Reichsjägermeister hatte angeordnet, dass Forstmeister Orlowski aus Tawellningken in Ostpreußen kommen sollte, um die hiesigen Haltungsmöglichkeiten zu prüfen und Empfehlungen zu geben. Bei der Suche nach dem passenden Gebiet für ein Gehege fiel die Wahl auf das Areal um die beiden Pinnow-Seen. Dazu wurden in der Umgebung Eschen und Weiden angepflanzt, um dem Elchwild zusätzliche Nahrungsmöglichkeiten zu bieten.

Das Wisentdenkmal war 1956 noch unbeschädigt. Es wurde danach aus politischen Gründen abgerissen.

Dennoch sah Orlowski das Äsungsangebot in dem 2.000 Hektar großen, damals als Jagdgehege deklarierten Gebiet als problematisch an. Es gebe zu wenig Büsche und Unterholz, auch junge Eichenanpflanzungen würden den Elchen fehlen. Das Rot- und Damwild sollte aus dem Gebiet unbedingt ausgeschlossen werden, um nicht zusätzliche Futterverbraucher unterhalten zu

Elchkälber kommen mit einer JU 52 in Berlin an.

müssen. Dagegen fand der Vorschlag von Hausendorff, die Elchhaltung in das Forstamt Zehdenick, in den Bereich des Döllnfliesses zu verlegen, kein Gehör.[49]

1935 folgten drei weitere Elche, die sich jedoch schlecht an die hiesigen Verhältnisse gewöhnen konnten. Die weiblichen Tiere gingen nach kurzer Zeit ein, während bei dem männlichen Stück die gewünschte Geweihausbildung weit hinter den Erwartungen zurückblieb. Zwei Elche wurden daraufhin 1937 an den Naturschutzverein Neandertal abgegeben. Der erste Elch, der 1935 zuerst nach Essen in die Ausstellung »Mensch und Tier« abgegeben worden war und danach ins Neandertal gelangte, ging an Tuberkulose ein. Daraufhin fiel endgültig die Entscheidung, nur noch mit deutschen Elchbeständen weiterzuzüchten, wofür wildlebende Elche in Ostpreußen eingefangen werden sollten. Leider zeigte sich dabei, dass ältere Elche beim Einfangen meist an einem Herzschlag verstarben – zu groß war der Stress für die Tiere. Deshalb wurden fortan nur noch Elchkälber in ostpreußischen Forstämtern eingefangen und in der Wildforschungsstätte mit Kuhmilch aus der Flasche aufgezogen.[50]

Dem Leiter des Wildschaugeheges, Forstmeister Siewert, oblag die Gesamtleitung der Überführung der Elchkälber von Ostpreußen in die Schorfheide.[51] Die ersten 19 Tiere waren drei bis vier Monate alt und kamen im Herbst 1934 per Bahn in ihre neue Heimat. Infolge des Transportes gingen zwei Elche ein, die restlichen 17 wurden auf die drei vorbereiteten Gehege Pinnow-, Kapper- und Siewert-Gehege verteilt.

Da auch die lange Bahnfahrt zu Verlusten geführt hatte, ging man dazu über, die Tiere gleich nach dem Einfangen mit einer Ju 52 nach Berlin zu fliegen und anschließend per Lastkraftwagen in die Schorfheide weiter zu transportieren. 1935 kamen auf diesem Weg zehn Elchkälber aus Ostpreußen, und am 15. Mai 1936 weite-

Elchkälber in Transportkisten auf dem Bahnhof Zoo in Berlin.

re elf. Davon wurden zwei auf den Darß und eins in das Gehege von Dr. Hermann in Federow bei Waren/Müritz überführt. Zu Beginn des Jahres 1937 befanden sich insgesamt 19 männliche und zwölf weibliche Elche in der Schorfheide.[52] Da alle Elche einen Namen erhielten, lebten hier nun unter anderem »Barbara«, »Elk«, »Hänschen«, »Isidor«, »Max«, »Moritz«, »Strupp«, »Wilhelm« und »Zigeuner«. Um die Aufzucht der Kälber machte sich »Elchvater« Zahl verdient. Er wohnte in einem eigens errichteten, sogenannten Elchwärterhaus in der Nähe der Pinnow-Seen. Später, in der DDR, wurde es vom Staats- und Parteiführer Erich Honecker[53] bis 1989 als Jagdhaus genutzt.

Innerhalb kurzer Zeit wuchs der Elchbestand in der Schorfheide so stark an, dass dem Oberstjägermeister Scherping 1936 eine Umsiedlung der Tiere auf den Darß vorgeschlagen wurde. Doch Scherping war skeptisch: »Wenn die Besiedlung des Darß mit Elchwild

Elchkälber in Transportkisten warten auf den Weitertransport.

vorgenommen werden soll, kann sie nur mit Elchen erfolgen, die nicht ausgesprochen bösartig sind und von denen zu erwarten ist, daß sie sicher und schnell verwildern. (...) Ich bitte daher, von der geplanten Abgabe der Elche ›Zigeuner‹, ›Max‹ und ›Murkel‹ an das

Karteikarte aus dem Arbeitsarchiv von Horst Siewert, Fütterung eines Jungelches.

Kennwort: | Zur Leitkarte: | Blatt: | № 579 a

Motiv: Elchkalb

Ort:

Datum: 17/19. X. 35

Beleuchtung:

Kamera: Leica

Optik: 1: 2 Summar

Brennweite: 5 cm

Blende 1:

Filter:

Belichtung Sek.:

Negativmaterial: Agfa [illegible] H

Film: Leica

Platte:

Entwickler:

Elche prüfen neugierig den Kamerawagen im Gehege.

Forstamt Born a.d. Darß unter allen Umständen Abstand zu nehmen, bis eine Entscheidung des Herrn Reichsjägermeisters vorliegt.« Göring hingegen stand dem Ansinnen sehr aufgeschlossen gegenüber, zumal er auf dem Darß ein weiteres Jagdhaus nutzte – und ließ die Elche dort aussetzen. Zusammen mit einem finnischen Elch, den ihm die Wildtierhandlung Mohr in Ulm angeboten hatte und den er ebenfalls auf den Darß bringen ließ, befanden sich dort 1937 insgesamt fünf Elche.

In der Schorfheide wurden dagegen nur noch ostpreußische Elche gehalten.[54] Das in dem Gebiet der Meelacke, des Pinnow- und Krummensee angelegte Elchgehege erreichte später eine Größe von etwa 1.000 Hektar. Im September 1939 befanden sich dort zwei Elche mit je 16, acht mit acht Enden, drei Stangenelche, zwei Spießer und 19 weibliche Tiere. Alles in allem wurden 42 Elche gezählt – der höchste Bestand, der jemals in der Schorfheide erreicht worden ist.

1942 meldete der Revierförster Albrecht jedoch einen Bestand von nur noch 34 und ein dreiviertel Jahr später von 18 Stück. Angesichts dieses dramatischen Rückgangs verlangte Göring 1943 Aufklärung.[55] Eilends angestellte Untersuchungen zeigten, dass die Elche von verschiedenen Krankheiten befallen waren, an denen etliche von ihnen verendeten. Zudem war schon seit einiger Zeit deutlich geworden, dass das Elchgehege immer noch zu klein war. Untersuchungen ergaben, dass die Elche unter der Enge litten und deshalb an Kreislaufversagen und Herzvergrößerung verendeten. So gingen im Herbst 1942 die Elche »Strupp« und »Riko« an Herzvergrößerung ein. Wo »Peter II« abblieb, der seit dem September 1942 nicht mehr gesehen wurde, konnte nicht geklärt werden. Vermutlich hatte er den Wildzaun überwinden können und die Freiheit erlangt.

Der behandelnde und mit der Untersuchung des Elchbestandes beauftragte Tierarzt Dr. Schmol hatte schon Jahre zuvor vorausgesagt, dass der gesamte Elchbestand eingehen werde. Er begründete seine Auffassung damit, dass »diese oder jene Krankheitserscheinung nur eine natürliche Erscheinung ist, der Grund des Eingehens aber einzig und allein das für Elche zu enge Gatter sei. Der große Elch verlangt ein großes Revier in dem er sich auslaufen kann und in dem er die Möglichkeit hat den Parasiten auszuweichen.«[56]

Tierfütterung im Schaugehege am Werbellinsee.

1944 wurde der Versuch, Elche in der Schorfheide wiedereinzubürgern, schließlich für gescheitert erklärt. Empfohlen wurde, nur noch zwei Elche auf 1.000 Hektar zu halten. Von den im Juni 1944 verbliebenen fünf Stück überlebte keiner die Nachkriegszeit.[57]

WILDPFERDE

Seit 1934 lebten im Wisentschaugehege neben den Wisenten auch neun verwilderte Wildpferde aus dem Bestand des Herzogs von Croy sowie eine Stute aus

Wildpferd auf der Revierförsterei Kienhorst, Juni 1956..

Polen, sodass sich der Bestand 1941 auf 21 Tiere erhöhte.[58] Freilich handelte es sich dabei nicht mehr um reinblütige Wildpferde, die in Mitteleuropa bereits ausgestorben waren.

In der 1936 geführten Diskussion, wie und ob in der Schorfheide auch Wildpferde gezüchtet werden sollten, bemerkte Zoodirektor Heck, »dass es überhaupt keine Wildpferde in Mitteleuropa mehr gibt, dass also Hengste, die sich eignen, gar nicht vorhanden sind«. Das Zuchtziel könne deshalb nur eine Annäherung sein: »(...) es werden solche Stuten, sei es vom Herzog von Croy, sei es anderswoher, genommen die den Typ des alten deutschen Wild- und Waldpferdes verkörpern. Es kann sich nur darum handeln, dass aus der Masse unserer Hauspferde (...), wie das die sogenannten Panjepferde oder die Islandponies sind, einzelne der Wildform gleiche herauszuspalten.«[59]

Die Zucht sollte mit einem Hengst aus dem Berliner Zoo vorgenommen werden, der jedoch an den ihm beigegebenen Stuten kein Interesse zeigte. Göring ordnete deshalb 1936 an, dass der Hengst vorerst nicht ausgetauscht werden sollte. Heck schrieb dazu: »Die Nachzucht von Wildpferden hier und anderen Orts ist ausserordentlich knapp. Wir hoffen aber, dass es später möglich sein wird, einen Hengst, der in München gezüchtet wurde, zu beschaffen. Es handelt sich in diesem Fall um ein Wildpferd schon mehr vom Typus des Tarpan oder Waldpferdes, das sich also besser für die Schorfheide eignen würde.«[60]

Vorübergehend waren die Pferde von 1936 bis 1938 in den Revieren Eichheide und Eichhorst, mit Rot-, Dam- und Schwarzwild zusammengebracht worden, was allerdings zu Problemen mit dem dort lebenden Rotwild führte. Die Hirsche begannen, die Wisente und die Pferde mit ihren Geweihen zu attackieren, um an die zu wenigen Futterplätze zu gelangen. Daraufhin kamen die Pferde 1939 wieder in das Wisentschaugehege zurück.

Bejagt wurden diese Tiere nie. Sie dienten lediglich dem Versuch, durch Kreuzung mit den verwilderten, aber doch mit sehr typischen Merkmalen eines Hauspferds ausgestatteten heimischen Pferden, den Wildpferden ähnliche Rassen heranzuzüchten.[61] Die Herde von 14 Pferden[62] wurde zu Kriegsende aus den Gehegen freigelassen. Einwohner aus den angrenzenden Gemeinden fingen später einzelne Tiere ein und nutzten sie für landwirtschaftliche Zwecke. Die noch im Freien verbliebenen Pferde sollen 1946/47 von den sowjetischen Truppen erlegt worden sein.

Ein ideologisches, germanisiertes Zuchtprogramm spukte wohl nur im Kopf von Göring. Für den überwiegenden Teil der deutschen Zoologen, Jäger und Förster dienten die Bemühungen wohl lediglich der Verfolgung ihrer eigenen Interessen. In Göring sahen sie nur den Mann, der die rechtlichen Grundlagen, die benötigten Flächen und die finanziellen Mittel bereitstellen konnte. Dafür gaben sie sich fast bedingungslos hin, verdrängten ihre eigene politische Überzeugung und wollten nicht erkennen, dass sie sich bereits verkauft hatten.

MUFFELWILD

Mit dem Muffelwild kam erstmals eine Wildart in die Schorfheide, die eigentlich in den Berglandschaften Südeuropas beheimatet ist. Obwohl den Revierverwaltern bewusst war, dass es mit dieser Wildart ebenfalls zu Komplikationen kommen würde, bestand Göring auf einer Einbürgerung. Besonders der weiche Waldboden machte den Tieren Probleme. Dieser trug dazu bei, dass sich ihre Schalen nicht ausreichend abnutzen konnten, was zu Laufbehinderungen führte. Ebenso blieben die Wildbretgewichte hinter denen in Freiheit lebender Exemplare zurück.

Bei der Beschaffung vermittelte – auf Wunsch von Göring – wieder Lutz Heck. Vorgesehen war, dass sämtliches Muffelwild vom Fürsten Pleß aus Waldenburg in Schlesien kommen sollte, weil dort die stärksten Widder vorkamen. Es ging also wiederum nur um die Trophäe und nicht um die Kreatur. Das Forstamt des Fürsten von Pleß bot 30 Stück Muffelwild zum Preis von je 150 bis 350 RM, je nach Geschlecht und Schneckenlänge, zum Kauf an. Zehn Exemplare sollten in das Forstamt Reiersdorf und 20 nach Zehdenick geliefert werden. Göring lud sich dabei gleich selbst zum 1. November 1934 zur Jagd nach Waldenburg auf einen Muffelwidder ein.

In der Schorfheide wurde Muffelwild erstmals im Februar 1934 in einem 27 Hektar großen Eingewöhnungsgatter im Revier Wucker des Forstamtes Reiersdorf gehalten. Aus der Fürstlich Reuß'schen Forstverwaltung Schleiz kamen acht Stück Muffelwild, darunter zwei Widder, die zur Zucht vorgesehen waren. Weitere fünf Widder und zehn Schafe kamen am 15. Februar und 12. März aus Waldenburg in Schlesien, drei Widder und sieben Schafe am 16. März aus dem Tierpark Hellabrunn. Aus einer unbekannten Herkunft trafen am 4. April drei Schafe von der Firma Mohr aus Ulm ein. Verantwortlich für die Haltung und Auswilderung zeichnete der damalige Forstamtsleiter Graf Kerssenbrok.

Ein Muffelwidder in der Schorfheide.

Die Herde setzte im Frühjahr 1934 14 Lämmer, von denen zwei eingingen. Ende Oktober konnten 40 Tiere in andere Reviere freigelassen werden. Dem Kreisjägermeister des Kreises Templin wurde mitgeteilt, dass es streng verboten sei, Muffelwild zu schießen, wenn es sich außerhalb des Stiftungsgebietes zeigen sollte. 1935 kamen im Frühjahr aus der Fürstlich Reuß'schen Verwaltung Schleiz weitere zwei Widder und aus Waldenburg nochmals drei Widder und drei Schafe. Aus Jagow in der Uckermark wurde ein Schaf geliefert. Alle wurden mit Wildmarken gekennzeichnet.

Im September 1935 meldete Oberlandforstmeister Hausendorff Revierförster Schade den Gesamtbestand des Muffelwildes. Danach befanden sich im Revier Döllnsee 14, in Gollin zwei und in Wucker 27 Stück, insgesamt 43 Stück. Eine weitere Ansiedlung sollte im Revier Grimnitz erfolgen, wozu eine erneute Bestellung von sechs Stück in Schleiz in Auftrag gegeben wurde.[63] Nach der Freilassung verbreitete sich das Muffelwild schnell über die ganze Schorfheide. Allerdings dauerte es noch Monate, bevor das Muffelwild Straßen und breite Wege überschritt.

Der erste Abschuss blieb Göring vorbehalten, der am 14. März 1937 im Jagen 10 des Forstamtes Reiersdorf einen sechsjährigen Muffelwidder streckte, dessen Schnecken bereits begannen, sich im Träger einzuwachsen. Einen zweiten, ebenfalls mit einwachsenden Schnecken gab Göring seinem Staatsekretär Körner zum Abschuss frei. Er streckte diesen Siebenjährigen im Jagen 107. Die Vermessung ergab eine Schneckenlänge von 68 und 71 Zentimetern.

Göring schien an dieser Wildart besonderen Gefallen gefunden zu haben, denn er forderte 1937 den Geschäftsführer der Stiftung Schorfheide auf, ihm alle Muffeldecken der im Winter gestreckten oder als Fallwild geborgenen Tiere zu sichern. Selbst Muffeldecken, die bereits an Wildhändler abgegeben waren, sollten umgehend zurückgefordert werden. Er hatte vor, sich daraus Teppiche und Wandbehänge für Carinhall anfertigen zu lassen.

Nach einer Übersicht vom Januar 1938 waren in den Revieren Dusterlake, Gollin, Rarangsee und Wucker zehn starke und 29 schwache Widder, 37 Schafe und 29 Lämmer – insgesamt 105 Stück Muffelwild – vorhanden. Wie befürchtet kam es bei der Einbürgerung auch zu Komplikationen: Als ein verendeter Muffelbock aufgefunden wurde, ließ man ihn im Institut für Jagdkunde untersuchen, wobei ein Befall mit Magenwürmern festgestellt wurde, an dem das Tier eingegangen war. Da bei dieser Wildart noch keine Erfahrungen bei der Behandlung vorlagen, wurde empfohlen, als Gegenmaßnahme »pulverisierte Kürbiskerne, etwa 30 Kerne auf das Stück, oder Rainfarn, oder Wermut« zu verfüttern.[64]

Am 24. März 1939 kam es in der Nähe der Prenzlauer Chaussee zu einem Zwischenfall zwischen einem Muffel und dem Diensthund eines Gendarmeriebeamten. Da der Hund während eines Kontrollganges nicht angeleint war, hetzte er den Widder, riss ihn mehrfach nieder und verletzte ihn schwer. Der hinzugezogene Förster verfolgte die Fährte des Tieres und nach drei Kilometern gelang es ihm, dem Tier den erlösenden Fangschuss anzutragen. Der Hund hatte dem Widder die linke Keule zerrissen, sodass auf eine natürliche Ausheilung nicht mehr zu hoffen war. Daraufhin erhielt das Gendarmeriekommando den strikten Befehl, Hunde nur noch angeleint zu führen.[65]

Zu Beginn des Jahres 1942 war der Bestand der Tiere in der Schorfheide auf 60 Widder und 130 Schafe mit Lämmern angewachsen.[66] Darüber hinausgehende Bestandszahlen sind leider nicht überliefert.

Eine weitere Auswilderung von Muffelwild fand 1940 im Jagdgau Danzig-Westpreußen statt. Dort wurde in der Revierförsterei Drosdowen ein sieben Hektar großes Gatter errichtet, in das zwei Widder und acht Schafe kamen. Ein Jahr später kam ein Widder mit vier Schafen hinzu, die alle aus der Zucht des Fürsten Pleß kamen.[67] Das weitere Schicksal dieses Bestandes ist nicht überliefert.

Nach unbestätigten Angaben von Zeitzeugen sollen sich einzelne Exemplare des Schorfheidebestandes über die Zeit der ersten Nachkriegsjahre erhalten haben. Sie bildeten den Grundstock für das 1961 gegründete Staatsjagdgebiet Schorfheide unter der Regierung von Walter Ulbricht.

DAM-, REH-, SCHWARZ- UND ANDERES WILD

Görings Extravaganzen zeigten sich nicht zuletzt darin, dass er von weißem Wild in der Schorfheide träumte – womit er immerhin an mittelalterliche Traditionen adliger Fürstenhäuser anknüpfte. Im Juli und August 1934 ließ er je einen weißen Damhirsch aus Bad Homburg und einen aus Spitzenburg in der Uckermark in ein Gatter nahe Carinhall bringen. Doch mit Beginn der Brunft brachen beide aus und gelangten in die freie Wildbahn.

Obwohl Damwild in der Schorfheide vorhanden war, sollte auch hier eine genetische Verbesserung, verbunden mit einer stärkeren Trophäenqualität, erreicht werden. Im Februar 1935 wurden zu diesem Zweck neun Tiere aus dem Gehege Rixforf bei Plön in Holstein hier ausgesetzt. Darunter befand sich auch ein schwarzes Stück.[68] Insgesamt kamen 70 reinblütige weibliche Tiere aus Holstein ins Eichhorster und Pechteicher Revier.[69] 1941 befand sich in der Oberförsterei Borgsdorf, Revier Briese, ein weiteres, etwa 45 Hektar großes Damwildgehege, das nicht mehr erweitert werden konnte. Aus diesem Grund war eine Neuanlegung im Bereich Summt vorgesehen.

Zur Aufbesserung der Schwarzwildqualität wurden in Bialowies Stücke eingefangen und in ein Eingewöhnungsgatter der Schorfheide verbracht. Gleichzeitig ordnete Göring 1938 einen radikalen Schwarzwildabschuss für die Schorfheide an, um dann das stärkere, aus Polen eingeführte Schwarzwild in die Wildbahn zu entlassen.[70]

1942 schätzte Scherping, dass der Bestand an Schwarzwild während des Krieges mit 624 Stück zu rechtfertigen sei und nicht weiter erhöht werden sollte, da diese Wildart mit die höchsten Futterkosten verursachen würde. Mit Blick auf die Kriegssituation schrieb er: »Die Entwicklung unserer Ernährungslage im Kriegsjahr 1942 wird entscheidend dafür sein, ob wir die vorgesehenen Wildbestände halten können oder wir gezwungen sind, einen noch stärkeren Eingriff vorzunehmen.«[71] Damit erkannte er – anders als Göring – frühzeitig, dass die zusätzliche Beschaffung von Futtermitteln nicht vollständig aus den besetzten Gebieten gesichert werden konnte.

Obwohl das Rehwild in der Schorfheide Standwild war, veranlasste Göring auch hier – allein, um die Trophäen zu verbessern – eine Zuführung aus anderen Ländern. Vorrangig sollte starkes Rehwild aus Schweden eingeführt werden. 1936 kamen deshalb sieben Böcke und acht Ricken sowie ein Jahr später nochmals vier Böcke und vier Ricken in ein Eingewöhnungsgehege im Revier Wucker, Jagen 21. Weiteres Rehwild wurde durch den Landesjägermeister aus Baden geliefert, das von Karlsruhe per Bahn bis zur Station Groß Schönebeck gelangte. Von dort wurde es durch den Revierförster Osterloff mit dem Feuerwehrauto übernommen und ins Eingewöhnungsrevier gebracht. Später sollte es dann im Revier Trämmersee ausgesetzt werden.

Doch auch dieser Versuch der »Blutauffrischung« scheiterte. Schon 1936 wurden bei zwei Rehen Lungenwürmer diagnostiziert, hinzu kam die Lungenseuche, die fast den gesamten Rehwildbestand erfasste. 1939 konnten im Revier Wucker aus dem schwedischen Bestand nur noch drei Böcke und eine Ricke nachgewiesen werden. Hinzu kam der strenge Winter 1940/41, dem weiteres Rehwild zum Opfer fiel.

In einem Bericht des Oberförsters Bosdorf hieß es: »Der strenge Winter scheint alle Schwedenrehe vernichtet zu haben; bisher wurde kein Reh festgestellt. (...) Der Bestand der einheimischen Rehe hat sich infolge der Seuche in den letzten Jahren um etwa 85% verringert.« Zur Unterscheidung der Herkunft des Rehwildes wurden Ohrmarken eingezogen und zusätzlich für 1936 das rechte Gehör und für 1937 das linke Gehör um die Hälfte gekappt. Damit war eine Unterscheidung auch von Weitem möglich.[72]

Um auch die Jagd auf Niederwild zu ermöglichen, wurde 1938 damit begonnen, in den Revieren Wolfsluch und Eichholst im Forstamt Himmelpfort ein Niederwildrevier aufzubauen. Die Leitung wurde Wildmeister Scheumann übertragen, der seinen Dienstsitz in der Revierförsterei Eichholst hatte. In dessen Nähe entstand eine Fasanerie, in der nicht nur Fasane, sondern auch Birkwild und anderes Federwild aufgezogen werden sollte. Als sogenannte Schutzjagden wurden die angrenzenden Privatjagdgebiete durch die Stiftung angepachtet.

Hauptaufgabe von Scheumann war die »Schaffung eines besonders guten Rehwildbestandes und einer hervorragenden Niederjagd für den Herrn Reichs-

General Wilhelm Keitel an einem von ihm erlegten Damhirsch, mit dem Revierförster Friedrich Lindner.

forstmeister und Reichsjägermeister«.[73] Dazu gehörte unter anderem, den Fasanenbestand zu erhöhen und anderes Federwild aufzuziehen und auszuwildern. Im Dezember 1941 ließ Scheumann erstmals Wildputen in die freie Wildbahn. Dabei konnte er die vorher ausgesetzten kanadischen Gänse beobachten, die sich am Kölpinsee aufhielten. Die Wildputen blieben in der Nähe des Ochsen- und Taubenwerder standorttreu und nahmen die dortigen Futterschüttungen regelmäßig an.

Um den Fasanenbestand zu stärken, trafen im Februar 1942 50 Fasanenhennen aus dem besetzten Frankreich und dem Gut Großhof ein, die auf verschiedene Reviere verteilt wurden. Dazu benötigte Scheumann zwei Tonnen Futtermais zusätzlich, um die Tiere über den Winter zu bringen, was unter den Kriegsbedingungen ein Problem darstellte. Zur weiteren Versorgung des Federwildes wurden 15.000 Grünkohlköpfe und die gleiche Menge Kohlrüben angebaut. Außerdem wurden auf zehn Hektar 30.000 Weidenstecklinge und andere Hölzer gepflanzt, um den Tieren eine gute Deckungsmöglichkeit im Gehege zu geben. Dennoch stellten sich herbe Rückschläge ein. Durch einen Sturm wurde die Stromversorgung unterbrochen und damit die Brut im Brutapparat vernichtet. Die Tiere in der Fasanerie Gut Holz wiederum gingen an Hühnerpest, Geflügeldiphterie und Geflügelpocken ein. Immerhin gelang es Scheumann in den Jahren seiner Tätigkeit, den Brutbestand an Stock-, Krick-, Knäck-, Moor-, Pfeif- und Schellente zu stabilisieren und zu erhöhen. Dafür musste er den Bestand an Raubzeug, Greifvogel und Schalenwild strikt kurzhalten.[74]

Unter den vielen Aktivitäten, mit denen er vom Aussterben bedrohte Tiere schützen wollte, war es Göring ein Anliegen, auch den Biber zu erhalten. »Der Herr Reichsmarschall hat wiederholt den Wunsch

Von einem unbekannten Jagdgast gestreckter Damhirsch.

geäußert, daß die wenigen noch in Deutschland vorhandenen Biber, (...) unter allen Umständen erhalten bleiben.«[75]

Nachdem 1939 ein in Gefangenschaft geratener polnischer Offizier berichtet hatte, dass in Polen noch einige Biberreservate vorhanden seien, nahm Heck die Suche auf. Aus einer Mitteilung an das Reichsjagdamt geht hervor, dass es drei Reservate in Ostpolen gab, in denen insgesamt noch etwa 150 freilebende Biber vorkamen, die zur Auffrischung für deutsche Bestände infrage kamen. Während eine weitere Überprüfung in Litauen und Estland ergab, dass dort der Biber nicht mehr vorkam, sollten in Lettland noch 84 Stück vorhanden sein. Da aber der Fang von Bibern als nicht unproblematisch eingeschätzt wurde und dazu ein spezieller Biberfänger hätte ausgebildet werden müssen, entschied Scherping, den Fang bis nach dem Krieg zurückzustellen.[76]

»EIN TIERPARADIES VOR DEN TOREN BERLINS«

»Ein Tierparadies vor den Toren Berlins«, so lautete der Titel eines Films, der 1936 in der Schorfheide gedreht und dann als »Kultur- und Propagandafilm« der Öffentlichkeit gezeigt wurde. Er stellte unter anderem alle Großwildarten vor, die dort ausgesetzt worden waren.

Die Filmtechnik hatte Anfang der 1930er Jahre einen Stand erreicht, der auch komplizierte Tieraufnahmen ermöglichte. Göring sah in dem neuen Medium nicht nur Möglichkeiten für seine Propaganda und Selbstdarstellung, sondern auch für die Aufklärung und Ausbildung in der Jägerschaft.

Grundsätzlich waren alle Filmproduzenten seit 1933 verpflichtet, sich – noch vor Verhandlungen mit der Filmindustrie – mit dem Reichsministerium für Volksaufklärung und Propaganda in Verbindung zu setzen.

Kameramann bei der Vorbereitung für Filmaufnahmen über die Trappe.

Ohne Zustimmung dieser Einrichtung, die unter der Kontrolle von Joseph Goebbels stand, war eine Filmproduktion in Deutschland nicht möglich.

1937 meldeten sich mehrere Filmemacher bei der Stiftung Schorfheide, die darum baten, in den Wildgehegen drehen zu dürfen. Selbst Nachtaufnahmen schienen auf der Basis von ultraviolettem Licht möglich, wie Hans-Jürgen Funk aus Berlin in seinem Antrag schrieb. Um den Fremdenverkehr zu heben, wollte der Fachschaftsleiter der deutschen Werbefachleute, Köcher, einen Film über die Schönheiten der Mark Brandenburg produzieren und dabei auch Aufnahmen im Wisentgehege machen.

Ein Film, der im Revier Kaiserhorst gedreht wurde, behandelte die Thematik »Wilderer am Werk«. Er wurde vor allem der Forstwirtschaft, der Jägerschaft und den Polizeibeamten präsentiert, um die Gefährlichkeit des Wildererunwesens herauszustellen. In den folgenden Jahren entstanden weitere Filme, wie der Kurzfilm »Waldbrand« oder »Hilfsmittel des Jägers«, die alle durch das Reichsforst- und -jagdamt der Zensur und Genehmigung unterlagen.

1940 produzierte die UFA[77] den Film »Des Waidmanns hohe Kunst« und für 1941 plante die Reichsanstalt für Film und Bild in Wissenschaft und Unterricht die Herstellung des Films »Urwild in der Schorfheide«, der für den Biologieunterricht an den Schulen vorgesehen war. »Der Film müsste so gestaltet werden, dass den deutschen Schulkindern auch eine Vorstellung der Landschaft der Schorfheide vermittelt wird«, hieß es im Antragsschreiben.[78]

Ein noch heute für die geschichtliche Darstellung der brandenburgischen Kulturlandschaft bedeutender Film war die »Märkische Fahrt« von Regisseur Kurt Rupli und Kameramann Herbert Thallmeyer, der erstmalig die Schorfheide in Farbaufnahmen zeigte.[79]

1941 äußerte Göring den Wunsch, dass ein Film über die Rominter Heide produziert würde. Dazu wurde eigens der Ornithologe Otto Steinfatt mehrere Monate vom Kriegseinsatz freigestellt. Doch die Umsetzung geriet in Gefahr, als Walter Suchner, der damals als einer der fähigsten Tierfilmkameramänner galt, zur Front einberufen werden sollte. Ein Schreiben an Scherping genügte, um über Göring eine Freistellung beim Wehrkreiskommando Potsdam I zu erwirken, und Suchner konnte seine Arbeit wieder aufnehmen.

Ein weiteres filmisches Projekt stellte »Das Werden eines grossdeutschen Naturschutzparkes« in den Mittelpunkt. Dazu sollten Szenen vom Einfangen von Auerochsen, Elchen und Wisenten in der Rominter Heide und das Freilassen im Urwald in Bialowies aufgenommen werden. Doch die Aufnahmen mussten eingestellt werden, weil bereits im Juli 1942 die Bedrohung durch Partisanen in Bialowies so stark zugenommen hatte, dass sichere Dreharbeiten nicht mehr gewährleistet werden konnten.[80]

Eine ganz andere Produktion plante die Tobis Filmkunst GmbH für das Jahr 1942. Sie wollte einen Film

über eine kaiserliche Hofjagd drehen, »auf welcher Eber bezw. Hirsche abgeschossen werden«. Dazu wurde beim Forstamt Schorfheide angefragt, ob die Lieferung von zwei männlichen Wildschweinen und zwei Rothirschen möglich sei. Die Stiftung lehnte eine Lieferung wegen des enorm hohen Aufwandes zwar ab, gestattete jedoch die Aufnahmen von freilaufendem Wild.

Obwohl sich das Ende des Krieges auch in der Schorfheide abzeichnete, beabsichtigte die UFA noch im Winter 1944/45, Filmaufnahmen für den »biologischen Kulturfilm ›Winterzauber‹« durchzuführen. Die Aufnahmen sollten in den Revieren Kaiserhorst und Wilhelmseichen der Schorfheide stattfinden. Ob es dazu noch kam, ließ sich nicht ermitteln.

Zum 25-jährigen Bestehen der UFA schrieb der Generaldirektor an den inzwischen zum Oberforstmeister aufgestiegenen Schade: »In den ersten Tagen des Jahres 1945 (9. Januar!) habe ich das Glück, der Universum-Film A.G. volle 25 Jahre dienen zu dürfen. Bisher war es so, dass der Jubilar (...) die engsten ›Mitkämpfer‹ (...) zu einem kleinen Imbiss einlud. Ausgerechnet bei mir droht diese nette und seit langem überlieferte Sitte in die Brüche gehen zu sollen, weil unsere Kantine seit Verkündung des totalen Krieges keinerlei Möglichkeiten mehr hat, eine Feier ohne Marken würdig auszugestalten. Ist es sehr unverschämt, wenn ich in Anbetracht meiner bescheidenen Verdienste durch die zahlreichen Filmarbeiten für das Reichsjagdamt und den Herrn Reichsmarschall mir die Anfrage erlaube, ob Sie, sehr verehrter Herr Schade, als Herr unserer geliebten Schorfheide durch freundliche Überlassung einiger weniger Hasen oder Wildenten in der Lage sind, diese Jubiläumsfeier von mir dennoch zu ermöglichen.« Daraufhin genehmigte Schade zwei Hasen zum Preis von je vier RM.[81]

Ein Jagdgast beim Verblasen seiner Jagdstrecke auf Hubertusstock mit Friedrich Lindner (l.) und dem Geschäftsführer der Stiftung Schorfheide Oskar Fuckel (r.).

Für die Stiftung und die Jägerschaft avancierte Horst Siewert zum bedeutendsten Tierfilmer jener Zeit. Seine damals wohl einmaligen Aufnahmen für den Film »Wenn der Trapphahn balzt« über die Trappenbalz erfolgten auf dem Gut Ostterne bei Zehdenick und sind ein Zeugnis für die damalige Filmkunst. In über 50 Vorträgen, die er allein im Winter 1937 vor Jägern hielt, zeigte er ihnen eine Tierwelt, die sie so noch nie gesehen hatten. An der von ihm geleiteten Forschungsstätte Deutsches Wild drehte er 1936 Szenen für einen weiteren Film über das Elchwild. Für einen Film über die Rohrdommel und den Haubentaucher wurde 1936 der Fischereipächter auf dem Werbellinsee gebeten, den Bereich der »Reichspräsidentenbucht« auf dem Werbellinsee nicht zu befischen, da dort Siewert seine Filmaufnahmen vorbereite.[82] Fertiggstellt wurde der Film nicht mehr, da der Filmer, wie erwähnt, 1943 auf Kreta starb. Doch einige seiner Aufnahmen wurden in den 1950er Jahren in der Bundesrepublik zusammengefasst und als »Das Jahr der Elche« in den Kinos gezeigt.

ZUSAMMENBRUCH UND ENDE ALLER VISIONEN

Am 10. März 1945 teilte der Geschäftsführer der Stiftung Schorfheide allen Forstmeistern eine geheime Anweisung des Reichsministers des Innern mit. Darin wurde verfügt, dass Dienststellen nur auf besonderen Befehl vor der herannahenden Front zurückverlegt werden durften. Für die Forstbeamten galt: »Sofern Forstbeamte in ihren einsamen in den Wäldern gelegenen Dienststellen von Nachrichtenverbindungen abgeschnitten sind und auf ihren Posten keine Diensthandlungen mehr vornehmen können, ziehen sie sich kämpfend mit den letzten Truppenteilen der Wehrmacht zurück. Sind keine Truppen in der Nähe, so ziehen sich die Forstbeamten auf die Kreisleitung ihres Kreises zurück und melden sich beim Kreisleiter zum weiteren Einsatz.« Vorhandene Akten sollten, sofern ein Abtransport nicht mehr möglich war, vernichtet werden.[1] Viele nutzten jedoch das allgemeine Durcheinander und versuchten, zwischen den Fronten ihre Familien und sich selbst in Sicherheit zu bringen.

Scherping, der den Zusammenbruch des NS-Staates relativ unbeschadet überstand, suchte und fand ausreichend Anhänger, die ihm nach 1945 das Zeugnis ausstellten, ein »gewisser Gegner« des Reichsjägermeisters und des Reichsführers SS gewesen zu sein. Sicherlich ist ihm anzurechnen, dass er sich vehement für ein einheitliches Jagdrecht und den Schutz des Wildes in Deutschland eingesetzt hatte. Aber dazu nutzte er skrupellos die Fürsprache Görings aus, dem er absolut treu ergeben war. Und nicht nur ihm. Am 21. Juli 1943 schrieb er etwa an Heinrich Himmler: »Reichsführer! Für Ihr Gedenken an meinem Geburtstag möchte ich Ihnen, Reichsführer, meinen aufrichtigen Dank aussprechen.«[2]

Der Vater des bei Filmaufnahmen auf Kreta tödlich verunglückten Horst Siewert urteilte 1947: »Scherping ist ein Idealist und ein begeisterter Naturfreund, dessen aufrichtiges Streben dahin ging, die Deutsche Tierwelt vor einem sich immer mehr ausbreitenden Materialismus und einer übersteigerten Technisierung aller Dinge zu schützen. (...) Das Reichsjagdgesetz, das er schuf und zur Geltung brachte, und das wohl in der ganzen Welt als mustergültig anerkannt worden ist, ist ein klarer Beweis hierfür.«[3] Damit traf er den Kern von Scherpings Motivation. Er hätte sich wohl jeder Form einer Diktatur unterworfen, um das Ziel eines einheitlichen Jagdrechts, zum Wohle des Wildes, durchzusetzen.

Doch sein Gönner Hermann Göring hatte von Anfang an ganz eigene Beweggründe und litt unter zunehmendem Realitätsverlust. Noch in den letzten Monaten des Krieges wollte er sich in Berlin mit einem monumentalen Reichsforstamt und einem Reichsjagdmuseum ein eigenes Denkmal errichten. Intensiv hatte er sich dafür eingesetzt, dass ihm im Reich kein anderer mit einem Jagdmuseum zuvorkam. Dass Hitler den Standort München für solch eine Einrichtung bevorzugte und dort schon mit dem Aufbau einer Sammlung begonnen wurde, hatte er dennoch nicht verhindern können. Er unternahm jedoch alles, um dem entgegenzuwirken. Ebenso widersprach er kategorisch

Ruine des Portals von Carinhall vor dem Abriss im Winter 1960/61.

dem Reichsminister für Wissenschaft, Erziehung und Volksbildung, Bernhard Rust (1883–1945), der 1941 ein solches Museum im Stift Rein in der Steiermark errichten wollte.[4] Die Planungen für das Berliner »Reichsjagdmuseum« liefen bis zum März 1945 weiter. Der zuständige Architekt war Friedrich Hetzelt, der auch den letzten Erweiterungsbau für Carinhall plante, der 1953 zu Görings 60. Geburtstag fertiggestellt werden sollte. Am 21. März 1945 stellte er als Generalbauinspektor für die Reichshauptstadt noch eine Rechnung für eine Gehaltszahlung an den Angestellten Horst Schwab in Höhe von 599,55 RM, die am 4. April 1945 auch noch angewiesen werden konnte![5] Vier Wochen später lag nicht nur Berlin, sondern ebenso Görings Vision, sich als größter Jäger in einem Museum verewigen zu lassen, endgültig in Trümmern.

Auch in der Schorfheide steuerte alles auf den Untergang zu. Am 11. April 1945 teilte die Stabskompanie des Grenadierregiments 1315 der Stadt Joachimsthal mit, dass sie beabsichtige, am folgenden Tag in den nahe gelegenen »Mörder Bergen« ein »Schulgefechtsschiessen« durchzuführen.[6] Görings Carinhall und sein »Tierparadies« sollten unbedingt gehalten werden. Zu diesem Zeitpunkt waren die örtlichen Verwaltungen überwiegend damit beschäftigt, die zurückflutenden Truppenteile und Flüchtlingsströme aufzufangen. Die Unterbringung von Militäreinheiten in Schlössern und Erholungsheimen war durch einen als geheim deklarierten Schnellbrief des Generalbevollmächtigten für die Reichsverwaltung untersagt. Das galt ebenso für Carinhall. Angestrebt wurde, dass die Soldaten sich ihre Unterkünfte selbst feldmäßig herzustellen hatten.

Bereits im Herbst 1944[7] waren die noch vorhandenen und nicht mehr wehrfähigen Förster und Waldarbeiter als das letzte Aufgebot zum »Volkssturm« eingezogen worden. Wer konnte und Möglichkeiten hatte,

versuchte, sich zur Westfront durchzuschlagen, um sich der überaus gefürchteten Gefangennahme durch die Sowjets zu entziehen. Diese Maßnahme führte dazu, dass die Forst- und Jagdwirtschaft gänzlich zusammenbrach.

Mit der Durchsetzung des Führerprinzips nach 1933 war, mit den Worten des Jagdhistorikers Dr. Andreas Gautschi, »in der Jagdpolitik eine Personifizierung feststellbar, mittels deren Göring schnell zum heroisch stilisierten Identifikationsbild aufstieg, eine Rolle, die ihm sehr behagte«.[8] Doch so sehr er den ganzen Apparat und die Jägerschaft auf sich eingeschworen hatte, am Ende überließ Göring seine so geliebte Schorfheide dem totalen Verfall. Was so mühselig und kostspielig aufgebaut und zum Vorbild anderer europäischer Länder geworden war, lag nun in Trümmern: Carinhall, die Wildtiere, die Wissenschaft, die Forschung und das viel gerühmte deutsche Jagdwesen. Daher kann man über Gautschis Urteil, dass »Göring gewissermaßen eine ›glückliche Wahl‹ für die Jäger darstellte«, durchaus geteilter Meinung sein.[9] Dass Göring zum Ende des Krieges jeglicher Realitätssinn verloren ging und er die Lage in Deutschland nicht mehr einzuschätzen vermochte, verdeutlicht und unterstreicht die Ernennung Schades zum Geschäftsführer der Stiftung Schorfheide am 22. Februar 1945, also zu einem Zeitpunkt, als das »Dritte Reich« eigentlich schon Geschichte war. Hermann Göring war nicht nur einer der Totengräber Deutschlands, sondern ebenso der Totengräber des deutschen Jagd- und Forstwesens.

Erst in der Zeit nach dem Nationalsozialismus konnte sich das Jagdwesen in Deutschland neu ausbilden, wenn auch zweigeteilt. In der Deutschen Demokratischen Republik wurde konsequent mit dem alten Jagdrecht gebrochen. Das Jagdrecht war dort nicht mehr mit dem Eigentum an Grund und Boden vereint und wurde zentralisiert verwaltet. Ein Jagdpachtrecht gab es nicht. Damit stand jedem jagdlich Interessierten der Weg offen, in einem sozialistischen Jagdkollektiv die Jagd ausüben zu können. Er musste dafür allerdings erstens eine aktive gesellschaftliche Tätigkeit nachweisen und zweitens bereit sein zur Verteidigung der Heimat. Das waren Anforderungen, die nicht jeder Interessierte erfüllen konnte oder wollte. 1990 wurde dem ein Ende gesetzt.

In der Bundesrepublik Deutschland hatten wieder die Länder die jeweils dezentralisierte jagdliche Hoheit; ein System, das 1990 auch in den neuen Bundesländern übernommen wurde. Das Jagdrecht der Länder basiert weiter auf wesentlichen Teilen des Reichsjagdgesetzes. Jagden können jetzt frei gepachtet und Jagdwaffen frei erworben werden. Die jagdliche Ausübung ist nun wieder – befreit von jeglicher ideologischen Beeinflussung – für jedermann möglich.

ANHANG

TABELLEN

Tabelle I: Preußische Kommissare vom 21. April 1933[1]

Reichskommissar	Minister für
Göring	Inneres
Kerrl	Justiz
Rust	Wissenschaft, Kunst und Volksbildung
Prof. Dr. Popitz	Finanzen
Dr. A. Hugenberg	Landwirtschaft, Domänen und Forsten

Staatssekretär	im Ministerium für
Körner	Staatsministerium (als persönlicher Referent des Ministerpräsidenten)
Dr. Landfried	Finanzen
Grauert	Inneres
Hölscher	Justiz
Dr. Lammers	Wissenschaft, Kunst und Volksbildung
Dr. Claussen	Wirtschaft und Arbeit
Dr. Wiskott	Landwirtschaft, Domänen und Forsten

Tabelle II: Dienstalter- und Aufrückungsliste der Revierförster für den Landmeisterbezirk Potsdam[2]

Name	Anstellung Revierförster/ Forstsekretär	Forstamt
Adler, Wilhelm	1.5.1935	Potsdam
Ahlers, Hermann	1.10.1930	Kunersdorf
Allier, Karl	1.4.1920	Gramzow
Baumann, Franz	1.11.1912	Potsdam
Barnewitz, Max	1.10.1934	Neuendorf
Barthel, Walter	1.6.1938	Schwenow
Battke, Hans	1.11.1935	Klein Wasserburg
Beek, Rudolf	1.10.1932	Rüdersdorf
Berg von, Harry	1.12.1918	Kunersdorf
Beisel, Bernhard	1.10.1913	Klein Wasserburg
Belitz, Johannes	1.10.1930	Königswald
Behm, Robert	1.10.1931	Kolpin
Block, Ernst	1.10.1930	Grünaue
Brandt, Otto	1.3.1922	Eberswalde
Brischmann, Walter	1.10.1917	Borgsdorf
Bielecke, Walter	1.10.1929	Falkenhagen
Brüning, Wolfgang	1.10.1938	Königswald
Buchholz, Kurt	1.5.1927	Kolpin
Bünger, Fritz	1.4.1920	Klein Wasserburg
Bock, Günther	1.3.1939	Klein Wasserburg
Börger, Karl	1.4.1924	Kummersdorf
Böttcher, Fritz	1.1.1935	Zechlinerhütte
Busse, Hermann	1.10.1925	Borgsdorf
Busse, Hans	1.7.1936	Neuendorf
Caesar, Emil	1.4.1921	Dippmannsdorf
Callenbach, Erich	1.2.1919	Staakow
Czech, August	1.4.1914	Erkner
Dalchow, Ernst	1.4.1921	Neuthymen
Dalchow, Emil	1.10.1926	Grimnitz
Dalchow, Max	1.11.1910	Freienwalde
Dennert, Karl	1.3.1934	Grünaue
Drews, Robert	1.10.1918	Sachsenhausen
Dumann, Fritz	1.2.1935	Grünaue
Dzymalla, Rudolf	1.3.1922	Potsdam
Ehmler, Joachim	1.12.1924	Staakow
Engel, Leopold	1.10.1930	Neuglienicke

Name	Anstellung Revierförster/ Forstsekretär	Forstamt
Enge, Ewald	1.4.1921	Regierungsforstamt
Engelbrecht, Ernst	1.6.1936	Harzamt Eberswalde
Eichler, Ralf	1.8.1922	Zechlin
Feuerstack, Hans	1.8.1914	Kremmen
Fickert, Hermann	1.4.1918	Lehnin
Finke, Hugo	1.11.1912	Altruppin
Fidler, Hans	1.7.1923	Zechlinerhütte
Finger, Georg	1.3.1922	Neuthymen
Finsterwalder, Hugo	1.11.1910	Dippmannsdorf
Flach, Helmuth	1.10.1936	Lehnin
Franke, Ernst	1.3.1922	Finowtal
Fraedrich, Ernst	1.4.1937	Schwenow
Friedrich, Willi	1.10.1927	Klein Wasserburg
Freyboth, Paul	1.3.1922	Eberswalde
Gaffron, Fritz	1.10.1928	Woltersdorf
Gaßmann, Max	1.10.1917	Klein Wasserburg
Gemeinhardt, Friedrich	1.11.1911	Zechlin
Gemeinhardt, Kurt	1.6.1937	Neuglienicke
Gelch, Erich	1.3.1922	Kunersdorf
Graebke, Alfred	1.10.1921	Zechlinerhütte
Gransow, Wilhelm	1.8.1918	Potsdam
Groger, Franz	1.7.1916	Kremmen
Groger, Karl Heinz	1.4.1938	Neuruppin
Goßmann, Johannes	1.4.1910	Borgsdorf
Göthert, Friedrich	1.10.1922	Neuthymen
Hahn, August	1.4.1921	Menz
Hahn, Alfred	1.10.1930	Gramzow
Hahn, Ernst	1.4.1920	Grünaue
Hamann, Erich	1.6.1922	Altruppin
Hake, August	1.10.1926	Woltersdorf
Hartung, Friedrich	1.2.1938	Hammer
Hättasch, Wilhelm	1.12.1933	Kunersdorf
Hecht, Hans	1.10.1933	Neuglienicke
Hecht, Ernst	1.1.1925	Kummersdorf
Hesse, Kurt	1.1.1934	Neuthymen
Heyer, Arno	1.10.1936	Freienwalde

Name	Anstellung Revierförster/ Forstsekretär	Forstamt
Hildebrandt, Willy	1.4.1920	Erkner
Hintze, Hellmut	1.10.1936	Chorin
Hirsekorn, Otto	1.11.1912	Falkenhagen
Hoffknecht, Joseph	1.4.1938	Menz
Hochhäusler, Otto	1.4.1918	Kummersdorf
Huß, Henry	1.10.1929	Liebenwalde
Hübner, Ernst	1.7.1921	Sachsenhausen
Hücke, Max	1.1.1938	Menz
Jung, Walter	1.10.1934	Neuendorf
Jaeckel, Franz	1.10.1917	Borgsdorf
Jaenicke, Walter	24.8.1922	Dippmannsdorf
Kaetzke, Otto	1.10.1932	Schwenow
Kalkofen, Hans	1.3.1922	Liebenwalde
Karthner, Wilhelm	1.10.1914	Königs Wusterhausen
Kagemann, Reinhold	1.11.1911	Kummersdorf
Kallenbach, Erich	1.1.1919	Lehnin
Kayser, Rudolf	1.6.1938	Zechlinerhütte
Keckastadt, Fritz	1.9.1938	Neuruppin
Kievitt, Egon	1.10.1930	Freienwalde
Klähr, Willi	1.10.1921	Rüdersdorf
Klückmann, Erich	1.3.1922	Lehnin
Klinger, Engelbert	1.10.1930	Kolpin
Klose, Hubert	1.4.1914	Chorin
Knop, Ewald	1.1.1936	Borgsdorf
Knölliner, Hans	1.2.1939	Zechlin
Krämer, Hubert	1.10.1932	Zechlin
Kreutz, Alfons	1.4.1935	Zechlinerhütte
Kirbach, Kurt	1.5.1928	Erkner
Kolbitz, Rudolf	1.10.1934	Altruppin
Koch, Ernst	1.2.1916	Sachsenhausen
Koitka, Bruno	1.12.1935	Menz
Koschmieder, Oskar	1.11.1918	Erkner
Koltermann, Werner	1.10.1932	Staakow
Köhler, Ernst	1.10.1937	Schwenow
König, Arnold	1.4.1939	Neuendorf
Kuhle, Udo	1.10.1928	Kremmen

Name	Anstellung Revierförster/ Forstsekretär	Forstamt
Kusserow, Rudolf	1.10.1928	Freienwalde
Kühl, Georg	1.11.1912	Zechlin
Kühnast, Rolf	1.10.1921	Liebenwalde
Kupfer, Horst	1.6.1937	Grimnitz
Lade, Johannes	1.4.1918	Sachsenhausen
Lange, Hubert	1.10.1922	Erkner
Lassig, Paul	1.3.1922	Eberswalde
Laski, Adolf	1.1.1916	Grünaue
Lenke, Walter	1.10.1929	Liebenwalde
Losch, Bruno	1.4.1934	Gramzow
Lüpke, Emil	1.10.1916	Staakow
Malks, Robert	1.11.1911	Lehnin
Malks. Ernst	1.6.1935	Sachsenhausen
Markusch, Alfred	1.10.1925	Altruppin
Massias, Willi	1.8.1918	Kolpin
Meißner, Wilhelm	1.10.1913	Neuthymen
Mussog, Ernst	1.8.1918	Liebenwalde
Münch, Robert	1.10.1909	Königs Wusterhausen
Müller, Herbert	1.10.1936	Finowtal
Müller, Willy	1.10.1913	Hammer
Müller, Werner	1.4.1934	Klein Wasserburg
Nagel, Hans	1.10.1922	Finowtal
Nagel, Brunow	1.4.1921	Königswald
Niemetz, Franz	1.12.1934	Woltersdorf
Nielsen, Kurt	1.10.1935	Neuendorf
Nohse, Gerhard	1.4.1939	Kolpin
Nuschenpickel, Karl	1.11.1913	Woltersdorf
Nuschenpickel, Heinz	1.12.1935	Kremmen
Ohnesorge, Martin	1.7.1935	Neuruppin
Oll, Georg	1.11.1936	Woltersdorf
Otto, Walter	1.10.1920	Königs Wusterhausen
Perdelwitz, Kurt	1.10.1934	Altruppin
Petzer, Otto	1.11.1916	Kummersdorf
Peters, Hans	1.7.1937	Eberswalde
Pielicke, Franz	1.10.1917	Erkner
Pietsch, Willi	1.11.1912	Menz

Name	Anstellung Revierförster/ Forstsekretär	Forstamt
Prange, Max	1.4.1922	Borgsdorf
Rehbinder, Emil	1.10.1916	Falkenhagen
Pohl, Martin	1.10.1927	Kolpin
Popplow, Erich	1.10.1930	Rüdersdorf
Puschmann, Ernst	1.10.1930	Woltersdorf
Quillfeld, Günther	1.10.1936	Forstliche Versuchsanstalt Eberswalde
Röse, Willi	1.11.1917	Chorin
Rufert, Karl	1.11.1922	Neuendorf
Sannemann, Wilhelm	1.10.1931	Kremmen
Sauermann, Oskar	1.1.1919	Neuglienicke
Salloth, Hellmuth	1.10.1932	Neuglienicke
Schacher, Erich	1.10.1936	Hammer
Schellack, Herbert	1.3.1922	Potsdam
Schneider, Max	1.4.1920	Sachsenhausen
Schmidt, Leo	1.10.1927	Schwenow
Schmücker, Georg	1.4.1934	Gramzow
Schramm, Walter	1.4.1918	Grimnitz
Schramm, Hermann	1.10.1938	Grimnitz
Scholz, Kurt	1.10.1931	Liebenwalde
Scholz, Albert	1.1.1936	Falkenhagen
Schuch, Werner	1.10.1932	Kremmen
Schulz, Otto	1.4.1921	Kleinwasserburg
Schulz, Reinhard	1.12.1918	Freienwalde
Schulz, Richard	1.10.1917	Potsdam
Schulz, Walter	1.10.1929	Kolpin
Schulz, Max	1.10.1929	Grünaue
Schulz, Johannes	1.10.1932	Eberswalde
Schulze, Ewald	1.10.1928	Staakow
Schulze, Walter	1.10.1918	Liebenwalde
Schultze, Karl	1.8.1914	Neuglienicke
Schultze, Willy	1.10.1913	Eberswalde
Schuppelius, Brunow	1.4.1925	Staakow
Schuppelius, Johannes	1.10.1929	Falkenhagen
Schwager, Fritz	1.10.1930	Erkner
Strehlow, Alfred	1.10.1914	Kremmen

Name	Anstellung Revierförster/ Forstsekretär	Forstamt
Stengel, Richard	1.10.1935	Potsdam
Steinick, Edwin	1.10.1931	Königs Wusterhausen
Stephan, Arnold	1.7.1935	Borgsdorf
Strümpf, Günther	1.4.1934	Hammer
Seeger, Kurt	1.10.1930	Chorin
Seeger, Georg	1.4.1921	Königswald
Stolze, Gustav	1.3.1922	Lehnin
Sonderhoft, Richard	1.11.1924	Kummersdorf
Sperber, August	1.10.1926	Woltersdorf
Spickenbom, Bernhard	1.7.1938	Ausbildungslager für deutsche Waldarbeiter
Spohr, Adolf	1.4.1939	Finowtal
Tackmann, Ernst	1.10.1930	Lehnin
Thiele, Max	1.4.1922	Hammer
Trattner, Gustav	1.10.1914	Kummersdorf
Trübe, Walter	1.10.1922	Potsdam
Türk, Ewald	1.4.1922	Hammer
Thiele, Gerhard	1.4.1920	Kolpin
Tutlewski, Stanislaus	1.12.1938	Neuruppin
Ueckermann, Hans	1.10.1926	Freienwalde
Vanselow, Walter	1.10.1927	Kummersdorf
Vogel, Gustav	1.7.1925	Staakow
Vollack, Wilhelm	1.3.1922	Schwenow
Vorberg, Werner	1.10.1938	Rüdersdorf
Wasseroth, Albert	1.10.1925	Sachsenhausen
Weckwerth, Karl	1.10.1927	Finowtal
Weber, Waldfried	1.10.1930	Dippmannsdorf
Wehner, Erich	1.4.1920	Rüdersdorf
Wegener, Johannes	1.3.1922	Neuruppin
Wegener, Friedrich	1.10.1910	Menz
Weihrauch, Heinrich	1.3.1934	Woltersdorf
Weißheimer, Siegfried	1.4.1937	Erkner
Wetzel, Rudolf	1.10.1936	Zechlin
Wilberg, Eberhard	1.4.1937	Königswald
Wirth, Erich	1.8.1918	Kunersdorf
Wirth, Rudolf	1.5.1937	Versuchsanstalt für Waldwirtschaft Eberswalde
Wunschmann, Otto	1.8.1918	Chorin
Zander, Hans	1.10.1921	Altruppin
Zech, Felix	1.7.1915	Dippmannsdorf
Ziesing, Georg	1.11.1912	Borgsdorf
Ziesing, Ewald	1.10.1915	Neuruppin
Ziesing, Kurt	1.3.1922	Rüdersdorf
Zickert, Hermann	1.10.1928	Kunersdorf
Zorn, Georg	1.4.1918	Chorin

Tabelle III: Übersicht der Gau- und Landesjägermeister Deutschlands, Stand 1936[3]

Jagdgau/Land	Gaujägermeister/Landesjägermeister (nur Länder)
Anhalt	Gaujäger- u. Landforstmeister Pieper
Baden	Landforst- u. Landesjägermeister W. Hug
Baden Nord	Landesjägermeister
Baden Süd	Gaujägermeister Oberforstrat H. Walli
Bayern	Landesjägermeister Reichsstatthalter R. Ritter von Epp
Oberbayern	Gaujägermeister A. Müller
Niederbayern	Gaujägermeister L. Graf von Seyboltstorff
Saarpfalz	Gaujägermeister C. Freiherr von Gienanth
Oberpfalz	Gaujägermeister Th. Croneiß
Oberfranken	Gaujägermeister A. Schaefer
Mittelfranken	Gaujägermeister F. Spengler
Unterfranken	Gaujägermeister Geheimer Forstrat H. Reder
Schwaben	Gaujägermeister G. Kreß
Braunschweig	Gaujägermeister Staatsminister F. Alpers
Stadt Danzig	Landesjägermeister A. Greiser
Hamburg	Gaujägermeister SS-Obergruppenführer Staatsrat W. Lorenz
Hessen	Landesjägermeister Reichsstatthalter u. Gauleiter J. Sprengler
Mecklenburg	Gaujägermeister Oberforstmeister M. Kliefoth
Oldenburg	Gaujägermeister Reichsstatthalter C. Röver
Preußen	Reichsjägermeister H. Göring
Berlin	Gaujägermeister E. Passmann
Hannover	Gaujägermeister Dr. G. Heintze
Kurhessen	Gaujägermeister Major a. D. Nelle
Nassau	Gaujägermeister Gen-Dir. der Landesbank W. Avieny
Kurmark	Gaujägermeister Freiherr von Dungern-Oberau
Ostpreußen	Gaujägermeister Graf Finckenstein
Vorpommern	Gaujägermeister Juhl
Hinterpommern	Gaujägermeister von Lettow-Vorbeck
Rheinland-Nord	Gaujägermeister L. Graf von und zu Hoensbroech
Rheinland-Süd	Gaujägermeister Polizeipräsident A. W. Wetter
Provinz Sachsen	Gaujägermeister Oberjägermeister Fr. Ostermann
Land Sachsen	Gaujägermeister M. Mutschmann
Schlesien	Gaujägermeister G. H. Freiherr von Reibnitz
Schleswig-Holstein	Gaujägermeister Landrat W. Hamkens
Thüringen	Gaujägermeister Ministerpräsident Marschler
Westfalen u. Lippe	Gaujägermeister A. Freiherr von Schorlemer
Württemberg	Landesjägermeister Dr. Pfannenschwanz
Württemberg-West	Gaujägermeister Oberforstrat Maurer
Württemberg-Ost	Gaujägermeister Forstmeister Glöckler
Württemberg-Süd/Hohenzollern	Gaujägermeister Hofintendant a. D. Harrer

Tabelle IV: Übersicht über die Struktur der Stiftung Schorfheide

Die Verwaltung der Stiftung[4] setzte sich mit Stand vom Oktober 1937 wie folgt zusammen:

Leiter:	Reichsforst- und Reichsjägermeister Hermann Göring
Vorsitzender des Vorstandes:	Staatssekretär Körner
Geschäftsführer:	Oberforstmeister Oskar Fuckel
stellv. Geschäftsführer:	Forstmeister Dr. Kohl
Forstliche Hilfskräfte:	Forstassessor Gerhard Werner, Rudelt, Jäger und Berndt
Forstbüro:	Regierungsoberinspektor Karl Horn Regierungspraktikant Willi Sy Revierförster Richhard Stengel u. 9 Angestellte
Forstkasse:	Forstoberrentmeister Artuhr Pohl

Die dazugehörigen Forstämter 1937 mit Ergänzungen vom 1.12.1939[5]

1. Forstamt Alt Placht

Forstmeister Günther Springer,
Revierförster Willi Puckenberg — Willy Falkenberg

Revierförster	Revier	Ergänzungen vom 1.12.1939
Bernhard Franz	Beutel	Rudolf Trommler
Willy Wienecke	Krams	"
Viktor Schröder	Densow	"
Kurt Timm	Alt Placht	"
Hans Uckermann	Tangersdorf	Erwin Krempig

2. Forstamt Groß Schönebeck im Jagdschloss

Forstmeister Dr. Walter Kohl,
Forstassesor Bernhardi,
Oberförster
Revierförster Erich Weiß — Erich Weiß

Revierförster	Revier	Ergänzungen vom 1.12.1939
Walter Krieg	Rehluch	"
Rudolf Schwarz, † 1939	Prötze	Fritz Klaette
	Trämmersee	Heinz Wegener
Max Zurth	Lotzin	"
Hans Scholz	Kurtschlag	1939 Oberförster
Rudolf Reese	Kappe	"

3. Forstamt Grumsin

Forstmeister Rudolf Tangermann,
Förster Richard Sander — Richard Sander

Revierförster	Revier	Ergänzungen vom 1.12.1939
Hermann Sauberzweig	Albrechtshöhe	
Georg Jaeckel	Glambeck	1939 Ruhestand versetzt

Ewald Reigber	Pehlenbruch	"
Ulrich Groener	Schmelze	"
Förster Theodor Kremzig	Pinnow	Forschungsst. Deut. Wild

4. Forstamt Groß Dölln in Groß Väter

Forstamtmann Willy Nitzke,
Oberförster Otto Gantzer in Vietmannsdorf,
Förster Hubertus Monsky — Walter Wersing

Revierförster	Revier	Ergänzungen vom 1.12.1939
Richard Lange	Groß Väter	"
Paul Janetzke	Dusterlake	Martin Finke
Georg Braune	Deutschboden	"
Of. Otto Gantzer	Vietmannsdorf	
Herbert Höding	Ringofen	"

5. Forstamt Himmelpfort

Forstmeister
Oberförster Georg Bergmann,
Paul Janetzke (Lüdersdorf) 1939
Revierförster Kurt Buchholz — Kurt Pontow

Revierförster	Revier	Ergänzungen vom 1.12.1939
Of. G. Bergmann	Eichholz	
Joseph Oelmann	Wolfsluch	"
Kurt Krieg	Regelsdorf	"
Förster Komrinski	Morgenland	
Hubert Koch	Woblitz	"
	Bredereiche	Willi Konwinskil

6. Forstamt Hubertusstock in Groß Schönebeck

Oberforstmeister Oskar Fuckel,
Forstassitent Herrmann Reinhard,
Oberförster Friedrich Lindner in Hubertusstock,
Revierförster Konrad Erdmann — Conrad Erdmann

Revierförster	Revier	Ergänzungen vom 1.12.1939
Walter Albrecht	Eichhorst	Willi Teuwsen
Günter Schubert	Üderheide	"
Johannes Sieber (Wildmeister)	Eichheide I in Wildau	1939 in den Ruhestand
Walter Barthel	Eichheide II in Wildfang	
Walter Staege	Hirschberg	"
	Pechteich	Max Boeck

7. Forstamt Schorfheide in Reiersdorf[6]

Forstassesor Ferdinand Coninx, Oberförster Friedrich Bosdorf in Wucker, Revierförster Hans Brennecke		Hans Brennecke
Revierförster	**Revier**	**Ergänzungen vom 1.12.1939**
Revf. Janetzke	Dusterlake I	
Hilfsf. Bock	Dusterlake II	
Fritz Lehmann	Döllnkrug	"
Forstaufseher Weber	Gollin	Max Heine
Erich Pysall	Kaiserhorst	"
Hubert Osterloff	Klein Dölln (Rarangsee)	"
Heinz Säuberlich	Lindhorst	"
Revf. Max Heine, Hilfsf. Müller u. Walter Weber	Libbesicke	
Först. Höding	Ringofen	
Revf. Lange	Väter	
Först. Gantzer	Vietmannsdorf	
Erich Bruchmüller	Wilhelmseichen	"
Ofö. Fr. Bosdorf u. Hilfsförster Nagel	Wucker	

8. Forstamt Zehdenick

Forstmeister Heinz Richter, Oberförster Friedrich Knebusch in Blockhaus, Revierförster Hans Schiyd, Revierförster Heinz Rogge		Heinz Rogge
Revierförster	**Revier**	**Ergänzungen vom 1.12.1939**
Konrad Kellner	Zehdenick, (Wolfsgarten)	"
Erich Schulze	Burgwall	"
Georg Preuß	Vogelsang	"
Erich Bielecke	Hammelspring	"
Hubert Linde	Exin	Willi Ziesing
Of. H. Knebusch		Wesendorf

1941 kam als 9. Forstamt Grimnitz dazu.

Tabelle V: Die Forstämter nach der Neugliederung von 1937[7]

1. Forstamt Altplacht

Revier	Gesamtfläche in Hektar	
Alt Placht	1.021	
Beutel	1.107	
Densow	898	
Krams	1.112	
Tangersdorf	1.143	
Gesamtgröße	5.281	davon 4.000 Hektar mit einem Wildzaun umgeben[8]

2. Forstamt Groß Schönebeck

Revier	Gesamtfläche in Hektar	
Kappe	1.056	
Kurtschlag	815	
Lotzin	1.326	
Prötze	1.320	
Rehluch	1.674	
Trämmersee	1.264	
Gesamtgröße	7.455	davon 6.100 Hektar mit einem Wildzaun umgeben

3. Forstamt Groß Dölln

Reviere	Gesamtfläche in Hektar	
Deutschboden	1.055 inkl. Teile von Kappe und Wesendorf	
Dusterlake	1.043	
Ringofen	900	
Vietmannsdorf	1.077	
Gesamtgröße	5.158	davon 4.800 Hektar mit einem Wildzaun umgeben

4. Forstamt Grumsin

Reviere	Gesamtfläche in Hektar	
Albrechtshöhe	970	
Bärendikte	928	
Glambeck	843	
Pehlenbruch	1.345	
Pinnow	267	
Schmelze	698	
Gesamtgröße	5.051	ohne Wildzaun

5. Forstamt Himmelpfort

Reviere	Gesamtfläche in Hektar	
Bredereiche	1.210	
Eichholz	842	
Regelsdorf	1.183	
Woblitz	1.160	
Wolfsluch	690	
Gesamtgröße	5.085	davon 2.500 Hektar mit einem Wildzaun umgeben

6. Forstamt Hubertusstock, ehemals Pechteich

Reviere	Gesamtfläche in Hektar	
Eichhorst	945	
Eichheide I	1.256	
Eichheide II	1.416 ehemals Wildfang	
Hirschberg	1.352	
Pechteich	1.033	
Schorfheide	1.480	
Üderheide	1.039	
Gesamtgröße	8.521	davon 8.000 Hektar mit einem Wildzaun umgeben

7. Forstamt Schorfheide, ehemals Grimnitz

Reviere	Gesamtfläche in Hektar	
Dölln Krug	1.117	
Gollin	1.797	
Kaiserhorst	1.028 inkl. Wildschaugehege am Werbellinsee	
Klein Dölln	1.609	
Lindhorst	1.121	
Libbesicke	1.797	Vergrößert durch Ankäufe
Wilhelmseichen	1.150	
Wucker	1.208	
Gesamtgröße	9.030	davon 9.000 Hektar mit einem Wildzaun umgeben

8. Forstamt Zehdenick

Reviere	Gesamtfläche in Hektar	
Burgwall	1.230	
Exin	777	
Hammelspring	1.032	
Wolfsgarten	980	
Wesendorf	1.035 inkl. Flächen von Deutschboden	
Vogelsang	892	
Gesamtgröße	5.946	davon 5.600 Hektar mit einem Wildzaun umgeben

Gesamtgröße aller 8 Forstämter 51.527 Hektar.

Tabelle VI: Ehrenmitglieder des Reichsbundes Deutsche Jägerschaft, Stand 1938[9]

Ägypten:	König Farouk I. und Minister Hassan Nachat Pascha
Belgien:	Präsident Roger Daumerie
Bulgarien:	König Ferdinand von Bulgarien, König der Bulgaren Boris III., Fürst Kyrill und Direktor Buresch
Dänemark:	König Christian X. von Dänemark und Kronprinz Frederik
England:	König Georg VI. von Großbritannien, Botschafter Sir Nevile Henderson, Lord Marquis von Londonderry, Georg und Franz Schicht
Estland:	Ministerialdirektor Franz Reidolf
Finnland:	Generalfeldmarschall Carl Freiherr Mannerheim
Frankreich:	Präsident M. Lebrun Maxime Ducrocq und der Präsident des Conseils International de la Chasse
Holland:	Baron von Hardenbroek
Italien:	König Victor Emanuel von Italien und Kaiser von Äthiopien, Kronprinz Umberto, Ministerpräsident B. Mussolini, Minister Graf Ciano, Luftmarschall Balbo, Herzog A. von Aosta und General G. Baccaro
Jugoslawien:	Prinzregent Paul von Jugoslawien, Präsident Dr. M. Zoričfč und Ministerpräsiden Stojadinovic
Lettland:	Dr. W. Lange
Luxemburg:	Präsident Edmund Müller-Tesch
Polen:	Präsident der Republik I. M. Moscicki, Präsident des Senates W. Raczkiewicz, Botschafter J. Lipski, Inspektor der Armee General Sosnkowski, Innenminister Z. Koscialkowski, Inspekteur der Armee General Fabrycy, Minister R. Graf Raczynski, General C. Jarnuszkiewicz, J. von Zaborowski, Graf F. Puslowski, Graf A. Potworowski, J. Nowicki und J. Kozmian
Portugal:	Präsident D. Canas
Rumänien:	König Carol von Rumänien, General G. Carp
Schweden:	König Gustav V. von Schweden, Prinz Gustaf Adolf von Schweden, Graf E. von Rosen und Reichsgerichtsrat von Seth
Tschechoslowakei:	Direktor K. Ŝiman
Ungarn:	Reichsverweser N. Horthy von Nagybabya und Staatssekretär Baron L. Bay

Tabelle VII: Mitglieder des Reichsjagdrates[10]

Reg. Oberinspektor Budewig
Forstmeister von Bonin
Forstmeister Gude
Jägermeister Greim
Min. Dirigent Lueder
Reg. Oberinspektor Langer
Oberförster Ritter
Reg. Rat Dr. Rühling
Forstmeister Schüßler
Oberforstmeister Dr. Storch
Oberforstmeister Potthoff
Oberlandfostm. Vorreyer
Jägermeister Weyland

Tabelle VIII: Forstbeamte und Angestellte der Stiftung Schorfheide zu Beginn des Krieges[11]

Dienststellung	Name	Forstamt	Jahr	Rang bei Einziehung
Forstmeister	Behrendt	Grumsin	1939	Polizeihilfswachtm.
Revierförster	Bielecke	Zehdenick	1939	Oberleutnant
Waldarbeiter	Böhm	Groß Dölln	1939	Arbeitssoldat
Revierförster	Bruchmüller	Reiersdorf	1939	Feldwebel
Förster	Frhr. v.d. Bussche	Gr. Schönebeck	1939	Soldat
Hilfsförster	Callenbach	Gr. Schönebeck	1939	Unteroffizier
Forstmeister	Coninx	Reiersdorf	1939	Leutnant d. Reserve
Hilfsförster	Cochlowius	Altplacht	1939	Unteroffizier
Forstsekretär	Falkenberg	Altplacht	1939	Soldat
Revierförster	Finke	Groß Dölln	1939	Schütze
Hilfsförster	Feuerherdt	Reiersdorf	1939	Leutnant d. Reserve
Forstmeister	Dr. Gelinsky	Zehdenick	1939	Unteroffizier
Waldarbeiter	Hinz	Groß Dölln	1939	Schütze
Hilfsförster	Kandt	Zehdenick	1939	Unteroffizier
Revierförster	Klaette	Gr. Schönebeck	1939	Soldat
Revierförster	Krieg	Zehdenick	1939	Gefreiter
Oberförster	Knebusch	Zehdenick	1939	Oberleutnant
Revierförster	Krempig	Altplacht	1939	Unteroffizier
Forstmeister	Kutscher	Zehdenick	1939	Feldwebel
Hilfsförster	Lange	Reiersdorf	1939	unbekannt
Hilfsförster	Müller	Zehdenick	1939	Soldat
Angestellter	Naue	Hubertusstock	1939	Pionier
Angestellter	Otto	Groß Dölln	1939	Unteroffizier
Revierförster	Osterloff	Reiersdorf	1939	Unteroffizier
Revierförster	Reese	Gr. Schönebeck	1939	Sanitätssoldat
Forstmeister	Rudelt	Verw. Stiftung	1939	Leutnant
Forstsekretär	Rogge	Zehdenick	1939	Unteroffizier
Forstsekretär	Sander	Grumsin	1939	Unteroffizier
Revierförster	Säuberlich	Reiersdorf	1939	Sanitätssoldat
Revierförster	Schubert	Hubertusstock	1939	Kanonier
Forstmeister	Siewert	Forschungsstätte	1939	Kanonier
Forstmeister	Springer	Altplacht	1939	Hauptmann
Haumeister	Tamm	Groß Dölln	1939	Gefreiter
Förster	Teuwsen	Hubertusstock	1939	Gefreiter
Forstassessor	Wiemer	Verw. Stiftung	1939	Leutnant

Tabelle IX: Wildbestände für das Regierungsforstamt Potsdam 1940[12]

Forstamt	Rotwild	Damwild	Rehwild
Borgsdorf	12	69	218
Chorin	91	–	104
Finowtal	88	–	156
Finkenkrug	–	–	420
Kremmen	48	420	215
Königswald	74	223	73
Kummersdorf	73	474	140
Kunersdorf	–	40	50
Lehnin	–	138	310
Liebenwalde	168	–	267
Neuruppin	190	–	93
Neuglienicke	140	–	40
Neuthymen	39	236	90
Menz	200	–	80
Potsdam	–	25	125
Rüdersdorf	64	–	236
Sachsenhausen	8	105	305
Schwenow	147	–	212
Woltersdorf	24	109	341
Zechlinerhütte	79	13	104

Tabelle X: Nachweis des Wildstandes je 100 Hektar in den Forstämtern des Regierungsbezirkes Potsdam 1939[13]

	Rotwild	
Forstamt	Wildstand 1939	Stück je 100 Hektar
Altruppin	–	–
Borgsdorf	11	0,15
Chorin	65	2,2
Eberswalde	42	1,2
Erkner	115	1,4
Dippmannsdorf	5	0,1
Falkenhagen	–	–
Freienwalde	66	2
Finowtal	90	2,2
Gramzow	31	3
Grimnitz	21	1
Grünaue	220	4
Hammer	54	0,9
Kremmen	51	1,1
Kolpin	79	1,3
Kunersdorf	–	–
Kummersdorf	66	1,3
Klein Wasserburg	80	1,1
Königs Wusterhausen	9	0,2
Königswald	84	2,8
Lehnin	–	–
Liebenwalde	125	3
Menz	170	3,9
Neuruppin	190	4,4
Neuglienicke	200	4,4
Neuendorf	235	4,4
Neuthymen	28	0,7
Potsdam	–	–
Rüdersdorf	51	1,3
Sachsenhausen	11	0,15
Schwenow	155	2,4
Staakow	161	2,7
Woltersdorf	18	0,4
Zechlin	140	3,5
Zechlinerhütte	63	2,2

ANMERKUNGEN

Vorwort

1 Erich Ernst Paul Honecker, geb. 25. August 1912, gest. 29. Mai 1994, war ein kommunistischer Politiker und vom 3. Mai 1971 bis zum 18. Oktober 1989 Erster Sekretär bzw. Generalsekretär des Zentralkomitees der Sozialistischen Einheitspartei Deutschlands (SED). Honecker war in dieser Zeit das Staatsoberhaupt der Deutschen Demokratischen Republik (DDR). 1961 ließ der leidenschaftliche Jäger das Staatsjagdgebiet Schorfheide errichten.
2 Vgl. GSt PK, I. HA, Rep. 9, AV, R 2a, Fasz.; BLHA, Rep. 2A III F, Nr. 7642; Erwin Buchholz/Ferdinand Coninx, Die Schorfheide – 700 Jahre Jagdrevier, Stuttgart 1969, S. 5–10; Helmut Suter, Das Jagdrevier der Könige. Die Schorfheide von 1820 bis zum Halali im Jahr 1918, Berlin 2015.
3 Friedrich Ebert, geb. 4. Februar 1871, gest. 28. Februar 1925, war Sozialdemokrat und Politiker. Ab 1913 war er Vorsitzender der SPD und von 1919 bis zu seinem Tode erster Reichspräsident der Weimarer Republik.
4 Otto Braun, geb. 28. Januar 1872, gest. 15. Dezember 1955, war ein sozialdemokratischer Politiker in der Weimarer Republik, preußischer Landwirtschaftsminister und Ministerpräsident bis zum 20. Juli 1932.
5 Vgl. GStA PK, I. HA Rep. 84 a, Nr. 56415.
6 Paul Ludwig Hans Anton von Beneckendorff und von Hindenburg, geb. 2. Oktober 1847, gest. 2. August 1934,war Generalfeldmarschall und Politiker. 1925 wurde er zum zweiten Reichspräsidenten der Weimarer Republik gewählt. Am 30. Januar 1933 ernannte er Adolf Hitler zum Reichskanzler.
7 Hermann Wilhelm Göring, geb. 12. Januar 1893, gest. 15. Oktober 1946, war ein führender nationalsozialistischer Politiker und bekleidete u.a. das Amt des Reichsforst- u. Reichsjägermeisters.
8 Ulrich Fritz Christoph Scherping, geb. 12. Juli 1889, gest. 15. November 1958, war 1919 Rittmeister, u.a. 1921 Freiwilliger während des Polenaufstandes, 1920–23 Revierverwalter in Schierokau Oberschlesien, 1927–33 Geschäftsführer der jagdlichen Organisationen Deutschlands, u.a. des Reichsjagdbunds und des Preußischen Landesjagdverbands. 1933 Übernahme in den die preußische Forstverwaltung, 1934 zum Forstmeister und Oberjägermeister ernannt, 1935 Oberstjägermeister und Stabsleiter des Reichsjägermeisters und letzter Oberstjägermeister sowie SS-Führer, zuletzt im Rang eines SS-Brigadeführers.
9 Vgl. BArch R 37.01, Nr. 566.
10 Ebenda.
11 Vgl. BArch R 43 III, Nr. 666b.
12 Martin Bormann, geb. 17. Juni 1900, gest. 2. Mai 1945; er war ein deutscher Funktionär der NSDAP. Im Nationalsozialismus war er zuletzt Leiter der Partei-Kanzlei der NSDAP im Rang eines Reichsministers. Er galt als einer der wichtigsten Vertrauten Adolf Hitlers.
13 Vgl. BArch R 43 III, Nr. 666b.

Auftakt – Machtmensch Göring

1 Vgl. Christian Graf v.Krockow, Fahrten durch die Mark Brandenburg, Stuttgart 1994, S. 250, 254; David Irving, Göring. Eine Biographie, Reinbek bei Hamburg 1989, S. 267f.; Andreas Gautschi, Die Wirkung Hermann Görings auf das deutsche Jagdwesen im Dritten Reich, Dissertation, Göttingen 1997, S. 75–79, 325f.; James Wyllie, Albert Göring, Gegen Hitler, meinen Bruder und alle Nazis, Essen 2006, S. 134, 140; Anett Gröschner, Parzelle Paradies. Berliner Geschichten, Hamburg 2008, S. 188f.
2 Vgl. Andreas Gautschi, Der Reichsjägermeister, Suderburg 1999, S. 69.
3 Vgl. Wyllie, Göring, S. 90–93; Richard J. Overy, Hermann Göring. Machtgier und Eitelkeit, 2. Aufl., München 1990, S. 43; Stephan Malinowski, Vom König zum Führer: sozialer Niedergang und politische Radikalisierung im deutschen Adel, Berlin 2003, S. 353–356; Martha Schad, Hitlers geheime Diplomatin. Das Leben der Stephanie von Hohenlohe, München 2004, S. 95f.; Guido Knopp, Göring. Eine Karriere, München 2007, S. 42–51.
4 Vgl. Wyllie, Göring, S. 91.
5 Vgl. Walter Görlitz, Geldgeber der Macht. Wie Hitler, Lenin, Mao Tse-tung, Mussollini, Stalin und Tito finanziert wurden, Frankfurt am Main 1978, S. 52.
6 Vgl. Irving, Göring, S. 266; Overy, Machtgier und Eitelkeit, S. 30f.; Wyllie, Göring, S. 95ff.
7 Paul Joseph Goebbels, geb. 29. Oktober 1897, gest. 1. Mai 1945, war einer der einflussreichsten Politiker während der Zeit des Nationalsozialismus. Als Reichsminister für Volksaufklärung, Propaganda und als Präsident der Reichskulturkammer war er u.a. von 1933 bis 1945 in Deutschland für die Presse, den Rundfunk und den Film zuständig.
8 Vgl. Elke Fröhlich (Hrsg.), Joseph Goebbels: Die Tagebücher, Sämtliche Fragmente, Teil 1: Aufzeichnungen 1924–1941, Band II, München/New York/London/Paris 1987, S. 355. Vgl. auch Wyllie, Göring, S. 97.
9 Vgl. Overy, Machtgier und Eitelkeit, S. 10f., 30–35.
10 Vgl. Helmut Heiber (Hrsg), Lagebesprechungen im Führerhauptquartier. Protokollfragmente aus Hitlers militärischen Konferenzen 1942–1945, München 1964, S. 150.
11 Kurzzeitig wurde die politische Polizei Görings in der Gründungsphase als »Gestapa«, Geheimes Staatspolizeiamt, bezeichnet.
12 Zit. n. Hans-Ulrich Thamer, Beginn der nationalsozialistischen Herrschaft, in: Informationen zur politischen Bildung, Nationalsozialismus I, überarbeitete Neuauflage, Heft 251, Bonn 2003, S. 33; Volker Knopf/Stefan Martens, Görings Reich, Berlin 1999, S. 21.
13 Vgl. Thamer, NS-Herrschaft, S. 33; Carsten Dams/Michael Stolle, Die Gestapo. Herrschaft und Terror im Dritten Reich, München 2008, S. 16–21.
14 Vgl. Wolfgang Michalka (Hg.), Deutsche Geschichte 1933–1945. Dokumente zur Innen- und Außenpolitik, Frankfurt am Main 2002, S. 18.
15 Heinrich Luitpold Himmler, geb. 7. Oktober 1900, gest. 23. Mai 1945, war Politiker der NSDAP, Hitler berief ihn an die Spitze der der Sturmabteilung (SA) unterstellten Schutzstaffel (SS). Infolge der Ereignisse rund um den sogenannten Röhm-Putsch gelang es ihm, der von ihm geleiteten Organisation und damit auch sich selbst immer mehr Befugnisse innerhalb des NS-Regimes zu verschaffen. Dazu gehörten insbesondere das Erlangen der vollständigen Kontrolle über die Polizei, die Konzentrationslager und den Inlandsgeheimdienst sowie der Aufbau militärischer, nicht direkt der Wehrmacht unterstehender Verbände (Waffen-SS). Als Reichsführer SS und Chef der Deutschen

Polizei sowie Reichskommissar für die Festigung deutschen Volkstums (ab 1939), später auch Reichsinnenminister (ab 1943) und Befehlshaber des Ersatzheeres (ab 1944) hatte Himmler während des Zweiten Weltkriegs eine Machtposition, die nur von der Hitlers übertroffen wurde.

16 Vgl. Overy, Machtgier und Eitelkeit, S. 67f.; Hans-Ulrich Wehler, Deutsche Gesellschaftsgeschichte. Vom Beginn des Ersten Weltkrieges bis zur Gründung der beiden deutschen Staaten 1914–1949, München 2003, S. 635–642; Knopp, Göring, S. 72–79; Dams/Stolle, Gestapo, S. 23–28.

17 Vgl. Krockow, Mark Brandenburg, S. 253; Knopf/Martens, Görings Reich, S. 44.

18 Vgl. Thamer, NS-Herrschaft, S. 36f.; Helmut Suter, Vom Staupenschlag zum Henkerstrick, Melsungen 2006, S. 150–155; Josef und Ruth Becker (Hrsg.), Hitlers Machtergreifung 1933. Dokumente vom Machtantritt Hitlers, München 1983, S. 117; Saul Friedländer, Das Dritte Reich und die Juden. Verfolgung und Vernichtung 1933–1945, Bonn 2007, S. 140–145.

19 Vgl. Becker, Hitlers Machtergreifung, S. 117.

20 Vgl. Knopf/Martens, Görings Reich, S. 32–47; Gautschi, Reichsjägermeister, S. 55–68, 169–174.

21 Vgl. Volker Knopf, Hermann Görings Waldhof »Carinhall«, Freiburg im Breisgau 1996, S. 6.

22 Vgl. Knopf/Martens, Görings Reich, S. 25.

23 Vgl. Knopf, Waldhof, S. 6f.

24 Vgl. Knopf/Martens, Görings Reich, S. 28–31; Wyllie, Göring, S. 99.

25 Zit. b. Ender, Spurensuche, S. 21.

26 Vgl. Erwin Nippert, Die Schorfheide – zur Geschichte einer deutschen Landschaft, Berlin 1995, S. 26; Knopf/Martens, Görings Reich, S. 28, 37.

27 Vgl. Nippert, Schorfheide, S. 26f.; Knopf/Martens, Görings Reich, S. 31f.; Wyllie, Göring, S. 100; Knopp, Göring, S. 70ff.

28 Vgl. Schad, Diplomatin, S. 94f.

29 Vgl. Irving, Göring, S. 219ff., 223; Schad, Diplomatin, S. 94f.; Knopp, Göring, S. 98.

30 Zit. n. Knopf/Martens, Görings Reich, S. 44.

31 Zit. b. Gautschi, Reichsjägermeister, S. 142.

32 Vgl. Nina Grunenberg: Die Wundertäter. Netzwerke der deutschen Wirtschaft 1942–1966, 2., durchges. Aufl., München 2006, S. 17.

33 Zit. b. Gautschi, Reichsjägermeister, S. 143f.

34 Vgl. Irving, Göring, S. 266.

35 Vgl. Irving, Göring, S. 281f.; Gautschi, Reichsjägermeister, S. 83–88; Knopf/Martens, Görings Reich, S. 84f.; Amtlicher Führer und Katalog zur Internationalen Jagdausstellung 3. bis 21. November 1937, hrsg. vom Reichsbund Deutsche Jägerschaft, Berlin 1937.

36 Vgl. Irving, Göring, S. 219f.; Paul Stehlin, Auftrag in Berlin, Berlin 1965, S. 62; Dean Scott McMurry, Deutschland und die Sowjetunion 1933–1936, Köln/Wien 1979, S. 248ff.

37 Irving, Göring, S. 257.

38 Vgl. Gerichtliche Protokolle: Hochverratsprozess gegen Dr. Schmidt, Guido vor dem Wiener Volksgericht, Wien 1947, S. 50f.

39 Vgl. Wyllie, Göring, S. 134.

40 Vgl. Buchholz/Coninx, 700 Jahre Jagdrevier, S. 114.

41 Vgl. Materialsammlung Helmut Suter.

42 Zit. b. Knopf/Martens, Görings Reich, S. 114.

43 Vgl. Buchholz/Coninx, 700 Jahre Jagdrevier, S. 12; Irving, Göring, S. 266f.; Gautschi, Reichsjägermeister, S. 52f.

44 Vgl. Buchholz/Coninx, 700 Jahre Jagdrevier, S. 12; Irving, Göring, S. 266f.; Heinrich Rubner, Deutsche Forstgeschichte 1933–1945, St. Katharinen 1997.

45 Vgl. Dr. Andreas Gautschi, Reichsjägermeister, S. 52f.; Helmut Suter: Jagd- und Wildverhältnisse unter Göring, unveröffentlichtes Manuskript.

46 Vgl. BLHA Rep. 2 A I Hb, Nr. 1329; BArch, Rep. R 22, Nr. 2117; Irving, Göring, S. 268.

47 Zit. n. Reubner, Forstgeschichte, S. 111f.

48 Vgl. Reubner, Forstgeschichte, S. 112f.

49 Vgl. Irving, Göring, S. 268; Gautschi, Reichsjägermeister, S. 237.

50 Vgl. BArch Rep. R 22, Nr. 2117; Rubner, Forstgeschichte, S. 109–114, 185f.; Gautschi, Reichsjägermeister, S. 66ff.

51 Vgl. Buchholz/Coninx, 700 Jahre Jagdrevier, S. 12; Götz Aly/Susanne Heim, Vordenker der Vernichtung. Auschwitz und die deutschen Pläne für eine neue europäische Ordnung, Frankfurt am Main 1991, S. 51.

52 Vgl. Gröschner, Parzelle Paradies, S. 188f.; Zwischen Schorfheide und Spree. Heimatbuch des Kreises Niederbarnim, hrsg. von M. Weiß und Max Rehberg, unveränderter Neudruck, Berlin 1941, S. 227.

53 Vgl. Rubner, Forstgeschichte, S. 185ff.; Joachim Radkau, Natur und Macht. Eine Weltgeschichte der Umwelt, München 2000, 267f.; Suter, Jagd- und Wildverhältnisse.

54 BArch Rep. R 41, Nr. 75.

55 Vgl. BLHA, Rep. 2 A I Hb, Nr. 1329; BArch, Rep. R 41, Nr. 75; Buchholz/Coninx, 700 Jahre Jagdrevier, S. 93ff.; Suter, Jagd- und Wildverhältnisse.

56 Vgl. Adam Tooze, Ökonomie der Zerstörung. Die Geschichte der Wirtschaft im Nationalsozialismus, Bonn 2007, S. 255.

57 Vgl. Overy, Göring, S. 131; Tooze, Ökonomie der Zerstörung, S. 255; Götz Aly, Hitlers Volksstaat. Raub, Rassenkrieg und nationaler Sozialismus, durchges. und erw. Ausg., Frankfurt am Main 2006, S. 54f.

58 Vgl. Irving, Göring, S. 447–460, 515ff.; Friedländer, Das Dritte Reich und die Juden, S. 302–306 (Bd. I) und S. 265–268 (Bd. II); Knopp, Göring, S. 114–121; Inka Bertz/Michael Dorrmann (Hrsg.), Raub und Restitution. Kulturgut aus jüdischem Besitz von 1933 bis heute, Göttingen 2008, S. 142.

59 Vgl. Zwischen Schorfheide und Spree, S. 228.

60 Vgl. Irving, Göring, S. 241.

61 Vgl. Overy, Machtgier und Eitelkeit, S. 135.

62 Vgl. Lothar Gruchmann, Der Zweite Weltkrieg, 9., durchgesehene und aktualisierte Auflage, München 1990, S. 25.

63 Vgl. Lutz Budraß, Flugzeugindustrie und Luftrüstung in Deutschland 1918–1945, Düsseldorf 1998, S. 471–583.

64 Vgl. Irving, Göring, S. 439–446; Wyllie, Göring, S. 204–210; Gruchmann, Der Zweite Weltkrieg, S. 80–87; David Irving, Die Tragödie der deutschen Luftwaffe. Aus den Akten und Erinnerungen von Feldmarschall Erhard Milch, Frankfurt am Main/Berlin 1990, S. 171–174; Francis H. Hinsley, British Intelligence in the Second World War. Abridged Version, Cambridge 1993, S. 35–49, 85ff.

65 Vgl. Franz Halder/Hans-Adolf Jacobsen/Alfred Philippi (Hrsg.), Kriegstagebuch: Tägliche Aufzeichnungen des Chefs des Generalstabes des Heeres 1939–1942, Band II, Stuttgart 1963, S. 335f.

66 Vgl. Rubner, Forstgeschichte, S. 193–195.

67 Vgl. Aly/Heim, Vordenker der Vernichtung, S. 372–382; Tooze, Wages of Destruction, S. 476–480; Michalka, Dokumente, S. 241, 243, 253–256.

68 Vgl. Götz Aly, Hitlers Volksstaat. Raub, Rassenkrieg und nationaler Sozialismus, Frankfurt am Main 2006, S. 339–345; Blasius/Loth

(Hrsg.), Tage deutscher Geschichte, S. 70–74; Tooze, Wages of Destruction, S. 476–485.

69 Vgl. Overy, Machtgier und Eitelkeit, S. 354–367; Wyllie, Göring, S. 210–213; Tooze, Wages of Destruction, S. 552–575.

70 Vgl. Irving, Göring, S. 563ff.; Wyllie, Göring, S. 231.

71 Zit. b. Irving, Göring, S. 564.

72 Vgl. Wyllie, Göring, S. 132, 231.

73 Vgl. Irving, Göring, S. 565; Wyllie, Göring, S. 231.

74 Zit. n. Horst Boog/Werner Rahn/Reinhard Stumpf/Bernd Wegner, Die Welt im Krieg 1941–1943, Band II: Von El Alamein bis Stalingrad, Frankfurt am Main 1992, S. 1198.

75 Vgl. Irving, Göring, S. 556f.

76 Elke Fröhlich (Hrsg.), Die Tagebücher von Joseph Goebbels, Teil II, Diktate 1941–1945, Band 8, April–Mai 1943, München/New Providence/London/Paris 1993, Eintrag v. 9. Mai 1943.

77 Zit. b. Suter, Jagd- und Wildverhältnisse.

78 Vgl. Sönke Neitzel, Abgehört. Deutsche Generäle in britischer Kriegsgefangenschaft. 1942–1945, Berlin 2005, S. 153.

79 Vgl. Rolf-Dieter Müller, Der Bombenkrieg 1939–1945, 2. Auflage, Berlin 2004, S. 184–187.

80 Vgl. Gruchmann, Der Zweite Weltkrieg, S. 429–434; Antony Beevor, Berlin 1945. Das Ende, München 2005, S. 29–36.

81 Zit. n. Uwe Neumärker/Volker Knopf, Görings Revier: Jagd und Politik in der Rominter Heide, Berlin 2012, S. 172.

82 Vgl. Knopf/Martens, Görings Reich, S. 118–120.

83 Vgl. Wyllie, Göring, S. 132, 239–244; Bertz/Dorrmann, Raub und Restitution, S. 141–147.

84 Zit. n. Knopf/Martens, Görings Reich, S. 127.

85 Vgl. Irving, Göring, S. 697–724, 760–774; Knopf/Martens, Görings Reich, S. 128; Wyllie, Göring, S. 244ff.; Knopp, Göring, S. 203–218, 229–235.

Neue Zeit und alter Geist – Jagd in der Weimarer Republik

1 Maximilian Alexander Friedrich Wilhelm Prinz und Markgraf von Baden, geb. 10. Juli 1867, gest. 6. November 1929, war 1918 der letzte Reichskanzler des Deutschen Kaiserreichs.

2 Vgl. Siegfried Heimann, Der Preußische Landtag 1899–1947, Berlin 2011, S. 131ff.

3 Vgl. Gautschi, Die Wirkung Hermann Görings, S. 404.

4 Vgl. GStA PK, Rep. 84 a, Nr. 565.

5 Vgl. Wild und Hund, 15. März 1940, Heft 50 u. 51.

6 Vgl. GStA PK, VI. HA Braun, Otto A, Nr. 68.

7 Ebenda.

8 Ebenda.

9 Vgl. Gustav Tigör, Griff in die Geschichte, Rede vom 16. Februar 1981 zur Eröffnung der Gedächtnisveranstaltung für Renz (Lorenz) Walter. Wild u. Hund, Ausgabe 1981, Heft 2.

10 Dr. Heinrich Steiger, geb. 18. Mai 1862, gest. 5. März 1943, war Landwirt und Mitglied der Zentrumspartei. Von 1928 bis 1933 gehörte er dem preußischen Landtag an. Am 18. Februar 1925 wurde er zum preußischen Staatsminister für Landwirtschaft u. Forsten ernannt. Am 19. Mai 1932 trat er mit dem gesamten Staatsministerium zurück, führte die laufenden Geschäfte aber bis zum 25. März 1933 weiter.

11 Vgl. Burghard Ciesla, Bei meiner Liebe zum Wald und zur Jagd – Bemerkungen über die private Gegenwelt des Otto Braun, unveröffentlichtes Manuskript, S. 1.

12 Vgl. Hagen Schulze, Otto Braun oder Preußens demokratische Sendung, Frankfurt am Main 1981, S. 495.

13 Heinrich Held, geb. 6. Juni 1868, gest. 4. August 1938, war Politiker der Bayerischen Volkspartei (BVP) und von 1924 bis 1933 Bayerischer Ministerpräsident.

14 Vgl. Otto Braun, Von Weimar zu Hitler, Hamburg 1949, S. 261.

15 Vgl. GStA PK, I. HA Rep. 84 a, Nr. 56415.

16 Vgl. BLHA Rep. 15 C FA Reiersdorf, Nr. 62.

17 Auszüge aus dem Nachlass des Revierförsters Ernst Schmidt, mit freundlicher Genehmigung von Marianne Hilfrich.

18 Vgl. GStA PK, VI. HA Braun, Otto A, Nr. 68.

19 James Ramsay MacDonald, geb. 12. Oktober 1866, gest. 9. November 1937, war ein britischer Politiker und Premierminister des Vereinigten Königreichs.

20 Arthur Henderson, geb. 13. September 1863, gest. 20. Oktober 1935, war ein britischer Politiker und Außenminister des Vereinigten Königreichs.

21 Heinrich Aloysius Maria Elisabeth Brüning, geb. 26. November 1885, gest. 30. März 1970, war ein deutscher Politiker der Zentrumspartei und vom 30. März 1930 bis zum 30. Mai 1932 Reichskanzler.

22 Vgl. Braun, Von Weimar zu Hitler, S. 67.

23 Vgl. Ciesla, Bei meiner Liebe zum Wald, S. 3.

24 Vgl. Braun, Von Weimar zu Hitler, S. 67.

25 Vgl. Schulze, Otto Braun, S. 496.

26 Vgl. GStA PK, VI. HA Braun, Otto C V, Nr. 3.

27 Kurt Heinig, geb. 19. Januar 1886, gest. 21. Mai 1956, war Politiker (SPD), Schriftsteller und Journalist.

28 Hugo Simon, geb. 1. September 1880, gest. 1. Juli 1950, war Bankier, Politiker, Mitglied der USPD und Finanzminister im preußischen Rat der Volksbeauftragten.

29 Vgl. Schulze, Otto Braun, S. 494.

30 Vgl. GStA PK, VI. HA Braun, Otto B II, Nr. 1.

31 Vgl. GStA PK, VI. HA Braun, Otto C I, Nr. 277.

32 Auszüge aus dem Nachlass des Revierförsters Ernst Schmidt, mit freundlicher Genehmigung von Frau Marianne Hilfrich.

33 Vgl. GStA PK, VI. HA Braun, Otto B III, Nr. 3.

34 Vgl. GStA PK, VI. HA Braun, Otto C I, Nr. 277.

35 Vgl. GStA PK, VI. HA, NL Steiger, Nr. 6.

36 Vgl. ebenda.

37 Vgl. GStA PK, Rep. 84 a, Nr. 56415.

38 Vgl. ebenda.

39 Die späteren Ermittlungen ergaben, dass fälschlicherweise im Amtsblatt der Regierung Gumbinnen zu lesen war, dass für das Revier Tawellningken fünf große Elche und zwei Spießer zum Abschuss freigegeben seien. Ein Druckfehler, wie sich später herausstellte, denn es sollte »geringe Elche« heißen, weshalb nur schwache und maximal Stangenelche zur Erlegung kommen durften.

40 Vgl. ebenda.

41 Vgl. Ausgabe vom 7.10.1931.

42 Vgl. Ausgabe Nr. 240 von 1931.

43 Vgl. ebenda.

44 Vgl. ebenda.

45 Vgl. GStA PK, VI. HA, NL Steiger, Nr. 6.

46 Vgl. ebenda.

47 Vgl. ebenda; Bericht der Internationalen Gesellschaft z. Erhaltung des Wisents Bd. 5, Heft 1, 15.4.1932, S. 28, handschriftlicher Nachtrag.

48 Vgl. GStA PK, Rep. 84 a, Nr. 56415.
49 Vgl. BLHA Rep. 2 A I, Hb, Nr. 1329.
50 Vgl. BLHA Rep. 2 A I, Hb, Nr. 1329.
51 Magnus Freiherr von Braun, geb. 7. Februar 1878, gest. 29. August 1972, war vom 30. Oktober 1932 bis 30. Januar 1933 Minister für Ernährung und Landwirtschaft. Er gehörte der DNVP an.
52 Vgl. Vgl. BLHA Rep. 15 C FA Reiersdorf, Nr. 62.
53 Walter von Keudell, geb. 17. Juli 1884, gest. 7. Mai 1973, war Generalforstmeister und Staatssekretär im Reichsforstamt. Er wurde am 26. Oktober 1937 durch Göring abberufen und in den Wartestand versetzt. Keudell gehörte verschiedenen Parteien an u. a. DNVP, CNBLP, NSDAP und CDU.
54 Vgl. Vgl. BLHA Rep. 15 C FA Reiersdorf, Nr. 62.
55 Vgl. Vgl. BLHA Rep. 15 C FA Chorin, Nr. 94.
56 Prof. Karl Wagner, geb. 11. März 1864, gest. 22. Dezember 1939, war Landschafts- und Tiermaler und viele Jahre Vorsitzender der Künstlergruppe »Jagd und Sport«.
57 Vgl. BLHA Rep. 2 A III F, Nr. 7782.
58 Vgl. BArch R 2, Nr. 29779.
59 Vgl. BArch R 2, Nr. 29778.
60 Aus dem Nachlass des Revierförsters Ernst Schmidt, mit freundlicher Genehmigung von Frau Marianne Hilfrich.
61 Vgl. Schulze, Otto Braun, S. 489.
62 Vgl. Wild und Hund, 1981, Heft 2, Jagdgeschichte – selbst erlebt, Beitrag von Gustav Tigör.
63 Vgl. Braun, Von Weimar zu Hitler, S. 172.
64 Vgl. Braun, Von Weimar zu Hitler, S. 174.
65 Vgl. BLHA Rep. 2 A III F, Nr. 3681.
66 Vgl. BLHA Rep. 2 A III F, Nr. 3757.
67 Vgl. Eva Oelschläger: Hindenburg in der Schorfheide; Schorfheide-Museum NL Werner Döbert.
68 Vgl. GStA PK, VI. HA, NL Steiger, Nr. 6.
69 Franz Joseph Hermann Michael Maria von Papen, geb. 29. Oktober 1879, gest. 2. Mai 1969, war ein deutscher Politiker und gehörte von 1921 bis 1932 dem Zentrum, ab 1938 der NSDAP an.
70 Vgl. Heimann, Der Preußische Landtag 1899–1947, S. 246.
71 Harry Clemens Ulrich Graf von Kessler, geb. 23. Mai 1868, gest. 30. November 1937, war deutscher Kunstsammler, Mäzen, Schriftsteller, Publizist, Pazifist und Diplomat. In der Novemberrevolution suchte Kessler die Nähe von Sozialdemokraten und war ein bekennender Anhänger der Weimarer Republik.
72 Otto Klepper, geb. 17. August 1888, gest. 11. Mai 1957, war parteilos, 1924 Vorstandsvorsitzender der Deutschen Pächter-Kreditbank, 1928 Präsident der Generalgenossenschaftskasse in Preußen und wurde 1931 preußischer Finanzminister unter Otto Braun.
73 Luiz Heinrich Mann geb. 27. März 1871, gest. 11. März 1950, war ein deutscher Schriftsteller und der ältere Bruder von Thomas Mann.
74 Carl Wilhelm Severing, geb. 1. Juni 1875, gest. 23. Juli 1952, war sozialdemokratischer Politiker und mehrmals im Staat Preußen, während der Weimarer Republik, Innenminister, zuletzt von 1930 bis 1932.
75 Vgl. Astrid v. Pufendorf, Otto Klepper – Deutscher Patriot und Weltbürger; Studien zur Zeitgeschichte, Oldenbourg 1997, S. 138.
76 Ebenda.
77 Ebenda.
78 Vgl. Braun, Von Weimar zu Hitler, S. 173.
79 Vgl. BArch R 43 II, Nr. 1057.
80 Otto Lebrecht Eduard Daniel Meissner, geb. 13. März 1880, gest. 27. Mai 1953, war Diplomat und Staatsbeamter im Kaiserreich, der Weimarer Republik und des NS-Staates.
81 Hans Heinrich Lammers, geb. 27. Mai 1879, gest. 4. Januar 1962, war Richter, Verwaltungsjurist und Ministerialbeamter. Unter Hitler war er Chef der Reichskanzlei.
82 Vgl. BArch R 43 II, Nr. 1057.
83 Vgl. BArch R 43 III, Nr. 666b.
84 Vgl. BArch R 43 II, Nr. 1058.
85 Ferdinand-August Albert Maria von Raesfeld, geb. 29. September 1855, gest. 6. Mai 1929, war preußischer Forstmeister und Autor. Mit seinen Aussagen zu Jagd und Hege des Wildes, die er mit Hege mit der Büchse zusammenfasste, war er seiner Zeit weit voraus.
86 Vgl. Bremen JO v. 15.12.1922; Sachsen JG v. 1.7.1925; Thüringen JO v. 27.4.1926 oder Baden JG v. 12.5.1927.
87 Vgl. GStA PK, Rep. 84 a, Nr. 564.
88 Vgl. GStA PK, Rep. 164 B, Nr. 58.
89 Ebenda.
90 Vgl. Berliner Tageblatt, Nr. 237 vom 21. Mai 1926.
91 Vgl. BArch Kl. Erwerbungen, Nr. 506-2.
92 Theodor Held, geb. 2. April 1859, gest. 23. August 1947, war u. a. Mitglied des Reichstages und von 1919 bis 1928 Mitglied des Landtages des Freistaates Preußen für die Deutsche Volkspartei.
93 Vgl. GStA PK, Rep. 164 B, Nr. 58.
94 Ebenda.
95 Ebenda.
96 Vgl. GStA PK, Rep. 84 a, Nr. 564 Bl. 111.
97 Vgl. GStA PK, Rep. 84 a, Nr. 564 Bl. 111 ff.
98 Vgl. BLHA Rep. 15 Oberförsterei Finkenkrug, Nr. 118.
99 Vgl. BLHA Rep. 15 C FA Eberswalde, Nr. 61.
100 Vgl. BArch R 43 I, Nr. 1296.
101 Vgl. GStA PK, Rep. 84 a, Nr. 564, s. Deutsches Tageblatt vom 11. Juli 1925.
102 Vgl. BArch R 3701, Nr. 583.

Der neue Jagdherr – Jagd im Nationalsozialismus

1 Heinrich Hirtsiefer, geb. 26. April 1876, gest. 15. Mai 1941, war Sozialpolitiker, Mitglied der Deutschen Zentrumspartei und stellvertretender preußischer Ministerpräsident. Er starb an den Folgen seiner KZ-Haft.
2 BArch R 43 II, Nr. 1156.
3 Vgl. Reichsgesetzblatt 1934 Teil I, Nr. 80 vom 13. Juli 1934.
4 Richard Walther Darré, geb. 14. Juli 1895, gest. 5. September 1953, war ein deutscher Agrarpolitiker und SS-Funktionär im Range eines SS-Obergruppenführers. Er war Reichsbauernführer und von 1933 bis 1942 Reichsminister für Ernährung und Landwirtschaft.
5 Alfred Ernst Christian Alexander Hugenberg, geb. 19. Juni 1865, gest. 12. März 1951, war Mitglied der Deutsch Nationalen Volkspartei (DNVP) und während Hitlers Machtübernahme 1933 kurzzeitig Minister für Wirtschaft, Landwirtschaft und Ernährung in dessen erstem Kabinett.
6 Vgl. Deutsche Forst-Zeitung, Verlag Neumann Neudamm, Nr. 21 vom 20. Mai 1932; s.a. GStA PK, I. HA Rep. 164 B, Nr. 57.
7 Vgl. GStA PK, I. HA Rep. 90 A, Nr. 911.
8 Vgl. BArch R 43 I, Nr. 1296.
9 Vgl. Reichsgesetzblatt 1934 Teil I, Nr. 80 vom 13. Juli 1934.
10 BArch R 43 II, Nr. 1156.

11 Vgl. BLHA Rep. 2 A III F, Nr. 3684.
12 Vgl. BArch R 3701, Nr. 580.
13 Vgl. Wild und Hund, 1989, Nr. 8, Ein Jäger der Geschichte machte, Beitrag von Rolf Hennig.
14 Peter Ernst Friedrich Gottlieb Menthe, geb. 21.1.1888, gest. in einem Lazarett in Hamburg 1945, war unter Göring Adjutant und Oberjägermeister im Reichsjagdamt.
15 Vgl. Wild und Hund, 1981, Nr. 2, Jagdgeschichte – selbst erlebt, Beitrag von Gustav Tigör.
16 Vgl. Wild und Hund, 1989, Nr. 8, Ein Jäger der Geschichte machte, Beitrag von Rolf Hennig.
17 Vgl. Dr. Gustav Mitzschke, Entwicklung des deutschen Jagdrechts bis zum Reichsjagdgesetz, S. 31 ff., in: Ulrich Scherping, und ein halbes Jahrhundert deutscher Jagdgeschichte Singhofen 1960.
18 Vgl. Wild und Hund, 1989, Nr. 8, Ein Jäger der Geschichte machte, Beitrag von Rolf Hennig.
19 Vgl. Wild und Hund, 1978, Nr. 16, Scherping – einem Freund zum Gedächtnis, Beitrag von H. G. von Lindeiner.
20 Vgl. GStA PK, Rep. 90, Nr. 1643.
21 Wilhelm Frick, geb. 12. März 1877, gest. 16. Oktober 1946, war u.a. nationalsozialistischer Politiker und von 1933 bis 1943 Reichsminister des Innern.
22 Vgl. BArch R 43 I, Nr. 1296.
23 Ebenda.
24 Ebenda.
25 Vgl. Suter; Das Jagdrevier der Könige.
26 Vgl. BLHA Rep. 2 A III F, Nr. 3684.
27 Vgl. Dr. Adolf Vollbach, Das Reichsjagdgesetz, in: Ulrich Scherping, Und ein halbes Jahrhundert deutsche Jagdgeschichte, Singhofen 1960, S. 37 ff.
28 Vgl. Jahrbuch der Deutschen Jägerschaft 1936/37, S. 16 ff.
29 Vgl. Wild und Hund, 1989, Nr. 8, Ein Jäger der Geschichte machte, Beitrag von Rolf Hennig.
30 Vgl. BLHA Rep. 15 G FA Schorfheide, Nr. 64.
31 Vgl. BArch R 3701, Nr. 496.
32 Vgl. BArch Kl. Erwerbungen, Nr. 506-2.
33 Vgl. BLHA Rep. 2 A III F, Nr. 2595.
34 Vgl. Gautschi, Der Reichsjägermeister, S. 69.
35 Bestallungsurkunde des Revierförsters Willy Schade in Klein-Dölln, 9. November 1935, in: Sammlung Helmut Suter.
36 Vgl. Eva Oelschläger: Brief aus Hubertusstock; Schorfheide-Museum NL Werner Döbert.
37 Vgl. Sammlung H. Suter, IV. 1-124-14.
38 Hanns Kerrl, geb. 11. Dezember 1887, gest. 15. Dezember 1941, war nationalsozialistischer Politiker und wurde am 25. Mai 1932 zum Preußischen Landtagspräsidenten gewählt. Vom 21. April 1933 bis zum 22. Juni 1934 war er Justizminister und Reichsminister für die kirchlichen Angelegenheiten.
39 Vgl. Eva Oelschläger: Wanderung durch die Schorfheide; Schorfheide-Museum NL Werner Döbert.
40 Vgl. GStA PK, Rep. 164 B, Nr. 58.
41 Vgl. BLHA Rep. 2 A III F, Nr. 3758.
42 Vgl. Sammlung H. Suter, IV. 1-134-14.
43 Reinhard Tristan Eugen Heydrich, geb. 7. März 1904, gest. 4. Juni 1942, war SS-Obergruppenführer und während der Zeit des Nationalsozialismus u.a. Leiter des Reichssicherheitshauptamts und Stellvertretender Reichsprotektor in Böhmen und Mähren. Am 27. Mai 1942 wurde er bei einem Attentat in Prag schwer verletzt und starb später an den Folgen.
44 Vgl. Sammlung H. Suter, IV. 1-134-14.
45 Vgl. BArch R 3001, Nr. 21008.
46 Ebenda.
47 Oskar Paul Dirlewanger, geb. 26. September 1895, gest. 7. Juni 1945, war ein Offizier der Waffen-SS. Er leitete eine nach ihm benannte Sondereinheit der Waffen-SS. 1944 hatte er den Rang eines Oberführers der Waffen-SS.
48 Vgl. BArch R 3001, Nr. 21008.
49 Vgl. BArch R 3001, Nr. 21011.
50 Vgl. BLHA Rep. 15 G Schorfheide, Nr. 74.
51 Ebenda.
52 Ebenda.
53 Paul Körner, im vertrauten Kreis »Pilli« genannt, geb. 2. Oktober 1893, gest. 29. November 1957, war Mitglied des Reichstags und SS-Obergruppenführer. Körner wurde als »rechte Hand« Hermann Görings angesehen, für den er u.a. als Staatssekretär die Leitung des Preußischen Staatsministeriums und im Vorstand der Stiftung Schorfheide ausübte.
54 Karl-Heinrich Bodenschatz, geb. 10. Dezember 1890, gest. 25. August 1979, lernte Hermann Göring als Fliegeroffizier imErsten Weltkrieg kennen und wurde später, als dieser zum General der Flieger aufstieg, sein Adjutant.
55 Vgl. BLHA Rep. 15 G Schorfheide, Nr. 74.
56 Ebenda.
57 Vgl. BLHA Rep. 2 A III F, Nr. 2595.
58 Ebenda.
59 Friedrich Alpers, geb. 25. März 1901, gest. 3. September 1944, war Rechtsanwalt, 1933 braunschweigischer Staatsminister, SS-Brigadeführer und wurde am 23. Oktober 1937 zum Staatssekretär und Nachfolger von Walter von Keudell ernannt. Er meldete sich im Februar 1944 zum Fronteinsatz. Am 3. September 1944 beging er, schwer verwundet, Suizid.
60 Vgl. BLHA Rep. 15 G FA Schorfheide, Nr. 2.
61 Vgl. Andreas Herzfeld, Die Rimann'sche Sammlung deutscher Autoflaggen und Kfz-Stander, Bd. 1, Berlin 2013, S. 74.
62 Alfred Heß, geb. 29. März 1897, gest. 9. Juni 1963, war der Bruder des Hitler-Stellvertreters Rudolf Heß.
63 Vgl. BLHA Rep. 2 A III F, Nr. 11466.
64 Ebenda.
65 Ebenda.
66 Ebenda.
67 Vgl. BArch R 3701, Nr. 506.
68 Ebenda.
69 Josef Thorak, geb. 7. Februar 1889, gest. 25. Februar 1952, war ein österreichischer Bildhauer. Neben Arno Breker galt Thorak als beliebtester nationalsozialistischer Bildhauer und gehörte wie Breker u.a. zu den am meisten beschäftigten bildenden Künstlern des NS-Staates.
70 Vgl. BArch R 3701, Nr. 506.
71 Ebenda.
72 Wilhelm Schepmann, geb. 17. Juni 1894, gest. 26. Juli 1970, war nach dem Tod seines Vorgängers Viktor Lutze von 1943 bis 1945 Stabschef der SA. Erst im April 1952 wurde gegen ihn ein Entnazifizierungsverfahren eingeleitet, das ihn im April 1952 als unbelastet einstufte.
73 Vgl. BArch R 3701, Nr. 506.
74 Erhard Milch, geb. 1892, gest. 25. Januar 1972, war Heeres- und Luftwaffenoffizier und ab 1940 Generalfeldmarschall. In der Zeit des

81 Vgl. BLHA Rep. 250 Templin, Nr. 838.
82 Vgl. BLHA Rep. 206 Templin, Nr. 1912.
83 Vgl. Reichsgesetzblatt 1941 Teil I, Nr. 33 vom 25. März 1941.
84 Vgl. BArch Reichsforstamt 37.01, Nr. 590.
85 Vgl. BArch Reichsforstamt 37.01, Nr. 492.
86 Vgl. BArch Reichsforstamt 37.01, Nr. 597.
87 Gyula Gömbös von Jákfa, geb. 26. Dezember 1886, gest. 6. Oktober 1936, war ein rechtsextremer Politiker und Ministerpräsident Ungarns 1932–36. Unter seiner Regierung näherte sich Ungarn dem nationalsozialistischen Deutschland an.
88 Vgl. BLHA Rep. 15 C FA Reiersdorf, Nr. 62.
89 Vgl. BLHA Rep. 15 C FA Chorin, Nr. 94.
90 Vgl. Vgl. BLHA Rep. 15 G FA Schorfheide, Nr. 63.
91 Vgl. Sammlung H. Suter, IV.1-124-14.
92 Vgl. Vgl. BLHA Rep. 15 C FA Reiersdorf, Nr. 62.
93 Boris III. Prinz von Tarnowo, geb. 30. Januar 1894, gest. 28. August 1943, gehörte dem Haus Sachsen-Coburg an und war von 1918 bis 1943 Zar von Bulgarien.
94 Vgl. Vgl. BLHA Rep. 15 C FA Reiersdorf, Nr. 62.
95 Vgl. Vgl. BLHA Rep. 15 G FA Schorfheide, Nr. 63.
96 Vgl. BLHA Rep. 15 G FA Groß Dölln, Nr. 47.
97 Es ist nicht gesichert, ob es sich hier um den Reichsminister Richard Walther Darré handelt. Darré war kein Liebhaber der Jagd. Dennoch zeigte er sich auf der Internationalen Jagdausstellung 1937 in der neu entworfenen Jagduniform. Für die Schorfheide lässt er sich in den noch vorhandenen Einladungslisten nicht nachweisen, was freilich nicht bedeuten muss, dass er nicht doch dort zur Jagd gegangen ist. Seine Freundschaft mit Himmler brachte ihm eine private Jagdpacht in Wall bei Miesbach, Schaftlach und Groß-Hartpennig in Oberbayern ein. Wegen der zahlreichen dienstlichen Verpflichtungen konnte er jedoch sein Jagdrecht dort nicht regelmäßig nutzen und ließ es ruhen. Himmler bekräftigte jedoch, dass er als Jagdgast stets willkommen sei. Vgl. Kaden, Richard Walther Darré, S. 260.
98 Vgl. Vgl. BLHA Rep. 15 G FA Dölln, Nr. 47.
99 Vgl. Sammlung H. Suter, IV. 1-106-14.
100 Maximilian Adolph Otto Siegfried Schmeling, geb. 28. September 1905, gest. 2. Februar 2005, war Schwergewichtsboxer und zwischen 1930 und 1932 Schwergewichts-Boxweltmeister.
101 Anny Ondra (eigtl. Anna Sophie Ondráková), geb. 15. Mai 1902 oder 1903, gest. 28. Februar 1987, war Schauspielerin und Ehefrau von Max Schmeling.
102 Mündliche Aussage von Frau Waltraud Nowe geb. Bosdorf, Patenkind von Max Schmeling.
103 Vgl. Waleri Ripperger, Weidmanns Heil, Max Schmeling!, Tessin 2004, S. 191ff.
104 Vgl. BArch Rep. 3701. Nr. 560.
105 Vgl. Sammlung H. Suter, IV. 1-137-14.
106 Vgl. Sammlung H. Suter, IV. 1-105-14.
107 Ebenda.
108 Ebenda.
109 Ebenda.
110 Friedrich-Wend Graf zu Eulenburg und Hertefeld, näher bekannt als Fürst zu Eulenburg und Hertefeld, Graf von Sandels, geb. 19. September 1881, gest. 1. August 1963, war Adliger, Landwirt und Gutsbesitzer auf Liebenberg.
111 Vgl. Sammlung H. Suter, IV. 1-105-14.
112 Ebenda.
113 Vgl. ebenda.
114 Ebenda.
115 Als jagdbare Rothirsche galten alle Hirsche, deren Abwurfstangen mindestens vier Kilogramm wogen.
116 Vgl. BArch Berlin R 3701, Nr. 560.
117 Ebenda.
118 Vgl. Sammlung H. Suter, IV. 1-134-14.
119 Vgl. BLHA Rep. 2 A III F, Nr. 3691.
120 Ebenda.
121 Vgl. BLHA Rep. 2 A III F, Nr. 3693.
122 Vgl. Library of Congress, Acsession Nr. Ac. 9342, »Jagdtagebuch Görings«, S. 20 und 23.
123 Vgl. BLHA Rep. 15 C FA Reiersdorf, Nr. 62.
124 Vgl. BArch Berlin R 3701, Nr. 590.
125 Vgl. BLHA Rep. 15 G FA Schorfheide, Nr. 64.
126 Ebenda.
127 Ebenda.
128 Vgl. Vgl. BLHA Rep. 15 C FA Reiersdorf, Nr. 62.
129 Ebenda.
130 Vgl. BArch R 3701, Nr. 580.
131 Vgl. BArch R 3701, Nr. 560.
132 Ebenda.
133 Ebenda.
134 Ebenda.
135 Vgl. Vgl. BLHA Rep. 15 G FA Dölln, Nr. 48.
136 Vgl. BArch R 3701, Nr. 560.
137 Vgl. BLHA Rep. 15 G FA Schorfheide, Nr. 30.
138 Vgl. BLHA Rep. 15 G FA Schorfheide, Nr. 74.
139 Ebenda.
140 Vgl. BLHA Rep. 2 A III F, Nr. 3691.
141 Vgl. BLHA Rep. 2 A III F, Nr. 3690.
142 Vgl. BArch R 3701, Nr. 583.
143 Ebenda.
144 Vgl. Reichsministerialblatt der Forstwirtschaft vom 23.6.1943, Nr. 16.
145 Vgl. BArch R 3701, Nr. 583.
146 Ebenda.
147 Vgl. BLHA Rep. 2 A III F, Nr. 3692.
148 Ebenda.
149 Vgl. Reichsministerialblatt der Forstverwaltung vom 12.8.1942, Nr. 23.
150 Vgl. BLHA Rep. 2 A III F, Nr. 3692.
151 Ebenda.
152 Vgl. BLHA Rep. 2 A III F, Nr. 3758.
153 Ebenda.
154 Ebenda.
155 Vgl. Runderlass des Reichsjägermeisters vom 8.9.1943.
156 Vgl. BLHA Rep. 2 A III F, Nr. 3692.
157 Vgl. BLHA Rep. 2 A III F, Nr. 3693.
158 Vgl. BLHA Rep. 2 A III F, Nr. 7974/1.
159 Vgl. BLHA Rep. 15 G FA Schorfheide, Nr. 69.
160 Vgl. BLHA Rep. 2 A III F, Nr. 7974/1.
161 Vgl. BArch Rep. 3701. Nr. 580.
162 Vgl. BArch R 3701, Nr. 585.
163 Ebenda.
164 Ebenda.
165 Vgl. BArch Rep. 3701. Nr. 560.
166 Vgl. BLHA Rep. 2 A III F, Nr. 3758.
167 Ebenda.

168 Vgl. BLHA Rep. 2 A III F, Nr. 3684.
169 Vgl. BArch R 3701, Nr. 480.
170 Vgl. BA Berlin R 3701, Nr. 483.
171 Vgl. BA Berlin R 3701, Nr. 487.
172 König Michael I. von Rumänien, geb. 25. Oktober 1921, gest. 5. Dezember 2017, war von 1927 bis 1930 sowie von 1940 bis 1947 König von Rumänien. Er stammt aus dem Hause Hohenzollern-Sigmaringen.
173 Vgl. BArch R 3701, Nr. 489.
174 Vgl. BArch R 3701, Nr. 494.
175 Ebenda.
176 Vgl. BArch R 3701, Nr. 499.
177 Vgl. BArch R 3701, Nr. 485.
178 Vgl. BArch R 3701, Nr. 499.
179 Vgl. BArch R 3701, Nr. 494.
180 Vgl. BArch R 3701, Nr. 492.
181 Vgl. BArch R 19, Nr. 1059.
182 Vgl. BLHA Rep. 2 A III F Pers., Nr. 2331.
183 Vgl. BLHA Rep. 15 G FA Schorfheide, Nr. 28.
184 Vgl. BLHA Rep. 15 G FA Groß Dölln, Nr. 14.
185 Vgl. BLHA Rep. 15 G FA Schorfheide, Nr. 19.
186 Vgl. Sammlung H. Suter, IV.1-109-14.
187 Ebenda.
188 Vgl. BLHA Rep. 3 B III F, Nr. 795.
189 Vgl. Sammlung H. Suter, IV.1-109-14.
190 Vgl. BLHA Rep. 15 G FA Schorfheide, Nr. 2.
191 Vgl. BLHA Rep. 15 G FA Schorfheide, Nr. 4.
192 Ebenda.
193 Vgl. BArch R 3701, Nr. 560.
194 Vgl. Antje Vollmer, Doppelleben, Berlin, 2010, S. 276.
195 Ebenda, S. 278, 339.
196 Arthur Nebe, geb. 13. November 1894, gest. vermutlich am 3. März 1945 in Berlin-Plötzensee, war ab 1937 Chef des Reichskriminalpolizeiamtes (RKPA), später im Rang eines SS-Sturmbannführers und ab 1941 als SS-Gruppenführer. Wegen seiner Verwicklung in das Attentat vom 20. Juli 1944 wurde er in Plötzensee hingerichtet.
197 Vgl. BLHA Rep. 15 G Schorfheide, Nr. 2.
198 Vgl. Deutsche Biographie – Onlinefassung, Nebe, Artur, unter: https://www.deutsche-biographie.de/sfz70833.html (letzer Zugriff: 15.02.2021).
199 Vgl. Der Spiegel, Jahrgang 1949, Ausgabe Nr. 40, 1950 Ausgabe Nr. 16 und 1966 Ausgabe Nr. 13.

Umsiedlungen und Zuchterfolge – Der Wildbestand in der Schorfheide

1 Vgl. BLHA Rep. 3 B III F, Nr. 801.
2 Vgl. BLHA Rep. 15 G Schorfheide, Nr. 65.
3 Ebenda.
4 Ebenda.
5 Vgl. BArch R 3701, Nr. 566.
6 Ebenda.
7 Vgl. BArch R 3701, Nr. 488.
8 Ebenda.
9 Diesem Beitrag liegt die unveröffentlichte Arbeit von Helmut Suter »Geschichte des Schorfheide Wisent – zwischen Nationalsozialistischer Machtentfaltung und Zoologischer Forschung« aus dem Jahr 1988 und die gemeinsam mit Bernhardt Rengert entstandene Publikation »Die Verdrängungszucht – ein verdrängtes und verkanntes Kapitel NS-Geschichte der Schorfheide«, veröffentlicht in »Mitteilungen des Uckermärkischen Geschichtsverein zu Prenzlau«, Heft 25, S. 43–71, zugrunde.
10 Vgl. Bericht über die Gründungstagung der Internationalen Gesellschaft zur Erhaltung des Wisents 1923.
11 Vgl. Lutz Heck, Tiere – Mein Abenteuer, Wien 1952, S. 277. Soweit die Jahreszahl hier nicht den Beginn seiner Berliner Versuche bezeichnet, kann es sich nur um einen Irrtum handeln, denn mit dem u.a. für die Zucht erforderlichen massiven Zaunbau wurde in Springe erst im Oktober 1927 begonnen. Den Tatsachen näher dürfte folgendes Zitat kommen: »Im September 1928 trafen dort aus dem Berliner Zoologischen Garten der reinblütige Wisentstier ›Bernstein‹ ein sowie zwei Bisonkühe und zwei Wisent-Bison-Kreuzungskühe, die also schon Blut beider Bisonformen führten.« (Lutz Heck, Auf Tiersuche in weiter Welt, Berlin/Hamburg 1941, S. 280f.).
12 Vgl. Heck, Tiere, Mein Abenteuer, 1952, S. 279. Heck verschweigt hier, dass der seinerzeit auch als »Iwan (IV)« bekannte Stier M 146 BERNSTEIN schließlich 1939 von Hermann Göring in Springe erlegt wurde, und geht im Weiteren auch nicht detaillierter auf seine Aktivitäten im Zusammenhang mit der Verdrängungszucht in der Schorfheide ein.
13 Vgl. BArch R 43 I, Nr. 1296.
14 Ebenda.
15 Sir Eric Clare Edmund Phipps, geb. 27. Oktober 1875, gest. 13. August 1945, war ein britischer Diplomat und wurde insbesondere als britischer Botschafter im Deutschen Reich zwischen 1933 und 1937 bekannt.
16 Max Gallo, Der schwarze Freitag der SA, München 1981, S. 134.
17 Vgl. Sammlung H. Suter, IV.1-141-14, Bericht von Revierförster Albrecht vom 1.10.1941.
18 Vgl. BLHA Rep. 15 G Stiftung Schorfheide, Nr. 60.
19 Im Einzelnen waren dies: Dr. Lutz Heck (für den Zoo Berlin), Joachim Graf von Arnim-Boitzenburg (für die Wisentzucht im Boitzenburger Tiergarten), Heinz Heck (für den Tierpark Hellabrunn), Leo Behrendt (für das Wisentgehege in Springe), Dr. Hausendorff (für die Schorfheide) und Dr. Richard Müller (für den Königsberger Zoo) sowie Hermann Göring als Reichsjägermeister.
20 Vgl. Lutz Heck, Deutsche Fachschaft der Wisent-Züchter und -Halter, in: Deutsche Jagd, (26.08.1934 b) Nr. 22, S. 426f.
21 Vgl. Sammlung H. Suter, IV. 1-141-14.
22 Vgl. Schreiben vom 17.10.1934, Oberlandforstmeister Dr. Hausendorff an Menthe, in: Sammlung H. Suter. Hausendorff war 1922–40 Revierverwalter und später Oberförster im Forstamt Grimnitz.
23 Vgl. Sammlung H. Suter, IV. 1-124-14.
24 Vgl. Kopie einer Notiz in einem Fotoalbum »Braunschweig 1936«, in: Sammlung H. Suter. Die Fotokopie stammt aus einem Archiv der USA, das nicht lokalisiert werden konnte.
25 Vgl. Heck, Tiere, Mein Abenteuer, 1952, S. 277. Die Bisons stammten alle aus dem Buffalo-Nationalpark Wainwright (Alberta), dessen Auflösung damals bevorstand. Dies wirkt rückblickend wie eine Ironie der Geschichte, denn ab 1940 wurde er in ein Übungsgelände der Armee verwandelt, auf dem – von Bisons befreit – vermutlich später auch für die Zerschlagung Nazi-Deutschlands trainiert wurde. Heute findet sich an seiner Stelle die »Canadian Forces Base Wainwright«.
26 Vgl. Sammlung H. Suter, IV. 1-115-14.
27 Universum-Film Aktiengesellschaft, sie hatte ihren Sitz in Berlin.

28 Vgl. Angaben nach: Wisente, in: Buchholz/Coninx, Die Schorfheide, S. 84.
29 Vgl. Schreiben gez. i.A. Menthe vom 20.03.1942 per Hauspost an den Geschäftsführer der Stiftung Schorfheide, in: Sammlung H. Suter.
30 Vgl. Sammlung H. Suter, IV. 1-141-14.
31 Diesem Beitrag liegt die unveröffentlichte Arbeit von Helmut Suter »Geschichte des Schorfheide Wisent – zwischen Nationalsozialistischer Machtentfaltung und Zoologischer Forschung« aus dem Jahr 1988 und die gemeinsam mit Bernhardt Rengert entstandene Publikation »Die Verdrängungszucht – ein verdrängtes und verkanntes Kapitel NS-Geschichte der Schorfheide«, veröffentlicht in »Mitteilungen des Uckermärkischen Geschichtsverein zu Prenzlau«, Heft 25, S. 43–71, zugrunde.
32 Vgl. Sammlung H. Suter, IV. 1-141-14.
33 Joachim Dietlof von Arnim-Boitzenburg war u. a. ein Wisentzüchter.
34 Sammlung H. Suter, IV. 1-141-14.
35 Vgl. Buchholz/Coninx, Die Schorfheide, S. 45f.
36 Vgl. BArch Rep. 37.01, Nr. 566.
37 Vgl. BArch 37.01 Reichsforstamt 560, 25/1. Originalschreiben vom 16.09.1942, Prof. Dr. Lutz Heck an Oberstjägermeister Scherping.
38 Vgl. Sammlung H. Suter, IV.1-137-14.
39 Vgl. BA 37.01 Reichsforstamt 560, 39/1 und 39/2. Abschrift der Nachweisung und Originalanschreiben vom 06.07.1943, Oberforstmeister Schade an den Reichsjägermeister.
40 Vgl. BArch R 3701, Nr. 560, 54/1 und 54/2. Bestandübersicht mit Anschreiben vom 23.06.1944, Oberforstmeister Schade an Reichsjägermeister.
41 Vgl. Erna Mohr, Der Wisent, Leipzig 1952, S. 63.
42 Vgl. BArch R 3701, Nr. 500.
43 Angaben erfolgen nach den Nachforschungen von Dr. Gilbert Titeux aus Frankreich, die dieser 2019 im Auftrag des Autors durchgeführt hat.
44 Vgl. dazu Auerochsen und Urwälder, in: o. A., Jagdschloss Hubertusstock – Zwischen Idylle und Politik, Berlin o. J., S. 60–63.
45 Prof. Max Esser, geb. 16. Mai 1885, gest. 23. Dezember 1945, war als Bildhauer für seine Tierplastiken bekannt. Unbeschadet überdauerten in Berlin u. a. sein »Fuchs« auf einer Brunnenstele in den Friedenauer Ceciliengärten und sein »Adlerhorst« am Lüdenscheider Weg im Spandauer Haselhorst in der Siemensstadt.
46 Vgl. Günter Maaß/Joachim Bahl, Ein Stein des Anstoßes – die Geschichte einer Bilderstürmerei, in: Maaß, Günter/Bahl, Joachim, Das Wisentdenkmal in der Schorfheide – Die Geschichte eines Wahrzeichens, o. O. o. J., S. 55–73.
47 Diesem Beitrag liegt die unveröffentlichte Arbeit von Helmut Suter »Geschichte des Schorfheide Wisent – zwischen Nationalsozialistischer Machtentfaltung und Zoologischer Forschung« aus dem Jahr 1988 und die gemeinsam mit Bernhardt Rengert entstandene Publikation »Die Verdrängungszucht – ein verdrängtes und verkanntes Kapitel NS-Geschichte der Schorfheide«, veröffentlicht in »Mitteilungen des Uckermärkischen Geschichtsverein zu Prenzlau«, Heft 25, S. 43–71, zugrunde.
48 So war auf einer noch 1974 Zehntausendfach vom VEB Bild und Heimat Reichenbach im Vogtland gedruckten und verkauften und vom Leipziger A. Hoppe gemalten Ansichtskarte zwar bei Altenhof die »Pionierrepublik Wilhelm Pieck« eingezeichnet, aber bei Eichhorst auch ein Gehege mit zwei Wisenten. Auf einer »moderneren« Fassung von 1988 nahm deren Platz dann eine stilisierte Darstellung des Gasthauses »Zur Schorfheide« ein. Im Gegensatz zum ersten Haus am Platze, das bis 1945 noch den Namen »Wirtshaus zum Wisentgehege« trug und dann in »Eichhorster Hof« umfirmierte, konnte es den seinigen behalten.
49 Vgl. BLHA Rep. 15 C Oberförsterei Grimnitz, Nr. 95/2.
50 Vgl. Sammlung H. Suter, IV.1-143-14.
51 Vgl. Sammlung H. Suter, IV.1-126-14.
52 Vgl. Sammlung H. Suter, IV.1-143-14.
53 Erich Ernst Paul Honecker, geb. 25. August 1912, gest. 29. Mai 1994. In seiner Funktion als 1. Sekretär der FDJ lernte er die Schorfheide kennen und nutzte sie als Jagdgebiet. Vom 3. Mai 1971 bis zum 18. Oktober 1989 war er Generalsekretär des Zentralkomitees der Sozialistischen Einheitspartei Deutschlands (SED) und Vorsitzender des Staatsrates der Deutschen Demokratischen Republik (DDR).
54 Vgl. Sammlung H. Suter, IV.1-143-14.
55 Vgl. Vgl. BLHA Rep. 15 G FA Hubertusstock, Nr. 2.
56 Vgl. Vgl. BLHA Rep. 15 G FA Hubertusstock, Nr. 2.
57 Vgl. BArch R 3701, Nr. 560.
58 Vgl. Sammlung H. Suter, IV.1-143-14.
59 Vgl. Sammlung H. Suter, IV.1-122-14.
60 Ebenda.
61 Vgl. Sammlung H. Suter, IV.1-143-14.
62 Vgl. BArch R 3701, Nr. 560, Stand vom Juni 1944.
63 Vgl. BLHA Rep. 15 C FA Reiersdorf, Nr. 65.
64 Ebenda.
65 Ebenda.
66 Vgl. BLHA Rep. 15 G FA Schorfheide, Nr. 66.
67 Vgl. BArch R 3701, Nr. 566.
68 Vgl. BLHA Rep. 15 C Oberförsterei Grimnitz, Nr. 95/1.
69 Vgl. Sammlung H. Suter, IV. 1-137-14.
70 Vgl. Sammlung H. Suter, IV. 1-115-14.
71 Vgl. BArch 3701. Nr. 560.
72 Vgl. BLHA Rep. 15 C FA Reiersdorf, Nr. 65.
73 Vgl. BLHA Rep. 15 G Schorfheide, Nr. 70.
74 Vgl. BArch R 3701, Nr. 560.
75 Vgl. BArch R 3701, Nr. 566.
76 Ebenda.
77 Die Universum Film AG (UFA) ist ein Filmunternehmen mit Hauptsitz in Potsdam Babelsberg. Sie wurde 1917 als Ufa gegründet und ihr Erfolg ist eng mit der Geschichte des deutschen Films verbunden. Sie zählt heute zu den ältesten Filmfirmen in Europa.
78 Vgl. Sammlung H. Suter, IV. 1-125-14.
79 Ebenda.
80 Vgl. BA Berlin R 3701, Nr. 584.
81 Vgl. Sammlung H. Suter, IV.1-125-14.
82 Vgl. Sammlung H. Suter, IV.1-126-14.

Zusammenbruch und Ende aller Visionen

1 Vgl. BLHA Rep. 15 G Schorfheide, Nr. 2.
2 Ebenda.
3 Ebenda.
4 Vgl. BArch R 3701, Nr. 499.
5 Vgl. BArch R 4606, Nr. 4454.
6 Vgl. BLHA Rep. 15 G FA Schorfheide, Nr. 4.
7 Vgl. BLHA Rep. 15 G FA Groß Dölln, Nr. 51.
8 Vgl. Gautschi, Die Wirkung Hermann Görings, S. 406.
9 Vgl. Gautschi, Die Wirkung Hermann Görings, S. 405.

Tabellen

1 Vgl. GStA PK, I. HA Rep. 90 A, Nr. 911.
2 Vgl. BLHA Rep. 2 A III F, Nr. 2595.
3 Vgl. Jahrbuch der Deutschen Jägerschaft, Bd. 2, S. 220 ff.
4 Vgl. Deutsches Försterhandbuch 1937 u. Ergänzung aus Verwaltungsakten.
5 Vgl. BLHA Rep. 2 A III F, Nr. 2576.
6 Vgl. BLHA Rep. 15 G Schorfheide, Nr. 66.
7 Vgl. BLHA Rep. 15 G Schorfheide, Nr. 5.
8 Vgl. Sammlung H. Suter, IV.1-137-14.
9 Vgl. Jahrbuch der Deutschen Jägerschaft Bd. 3, S. 221 ff.
10 Vgl. BLHA Rep. 2 A III F, Nr. 3691; Auflistung ist von 1941 und kann unvollständig sein.
11 Vgl. BLHA Rep. 15 G Schorfheide, Nr. 74.
12 Vgl. BLHA Rep. 2 A III F, Nr. 3690.
13 Ebenda.

NAMENSREGISTER

Auf die Auflistung von Adolf Hitler und Hermann Göring ist hier verzichtet worden. Ebenfalls sind Namensnachweise aus den Tabellenanhängen nicht aufgeführt; es wird gebeten, diese bei einer Suche mit zu berücksichtigen.

QUELLEN- UND LITERATURVERZEICHNIS

Literatur

Aly, Götz: Hitlers Volksstaat. Raub, Rassenkrieg und nationaler Sozialismus, durchges. und erw. Ausg., Frankfurt am Main 2006.

Aly, Götz/Heim, Susanne: Vordenker der Vernichtung. Auschwitz und die deutschen Pläne für eine neue europäische Ordnung, Hamburg 1991.

Amtlicher Führer und Katalog zur Internationalen Jagdausstellung 3. bis 21. November 1937, hrsg. vom Reichsbund Deutsche Jägerschaft, Berlin 1937.

Becker, Ruth und Josef (Hrsg.): Hitlers Machtergreifung 1933. Dokumente vom Machtantritt Hitlers, München 1983.

Bertz, Inka/Dorrmann, Michael (Hrsg.): Raub und Restitution. Kulturgut aus jüdischem Besitz von 1933 bis heute, Göttingen 2008.

Blasius, Dirk/Loth, Wilfried (Hrsg.): Tage deutscher Geschichte im 20. Jahrhundert, Göttingen 2006.

Boog, Horst/Werner Rahn/Reinhard Stumpf/Bernd Wegner: Die Welt im Krieg 1941–1943, Band II: Von El Alamein bis Stalingrad, Frankfurt am Main 1992.

Braun, Otto: Von Weimar zu Hitler, Hamburg 1949.

Bross, Werner: Gespräche mit Göring. Nürnberg 1946, Kiel 2003.

Buchholz, Erwin/Coninx, Ferdinand: Die Schorfheide – 700 Jahre Jagdrevier, Stuttgart 1969.

Budraß, Lutz: Flugzeugindustrie und Luftrüstung in Deutschland 1918–1945, Düsseldorf 1998.

Ciesla, Burghard: Bei meiner Liebe zum Wald und zur Jagd – Bemerkungen über die private Gegenwelt des Otto Braun, unveröffentlichtes Manuskript.

Dams, Carsten/Stolle, Michael: Die Gestapo. Herrschaft und Terror im Dritten Reich, München 2008.

Friedländer, Saul: Das Dritte Reich und die Juden. Verfolgung und Vernichtung 1933–1945, Bonn 2007.

Fröhlich, Elke (Hrsg.): Joseph Goebbels: Die Tagebücher, Sämtliche Fragmente, Teil 1: Aufzeichnungen 1924–1941, Band II, München/New York/London/Paris 1987.

Gallo, Max: Der schwarze Freitag der SA, München 1981.

Gautschi, Andreas: Der Reichsjägermeister, Suderburg 1999.

Gautschi, Andreas: Die Wirkung Hermann Görings auf das deutsche Jagdwesen im Dritten Reich, Dissertation, Göttingen 1997.

Gerichtliche Protokolle: Hochverratsprozess gegen Dr. Schmidt, Guido vor dem Wiener Volksgericht, Wien 1947.

Görlitz, Walter: Geldgeber der Macht. Wie Hitler, Lenin, Mao Tse-tung, Mussollini, Stalin und Tito finanziert wurden, Frankfurt am Main 1978.

Gröschner, Anett: Parzelle Paradies. Berliner Geschichten, Hamburg 2008.

Gruchmann, Lothar: Der Zweite Weltkrieg, 9. durchges. und aktual. Aufl., München 1990.

Grunenberg, Nina: Die Wundertäter. Netzwerke der deutschen Wirtschaft 1942–1966, 2. durchges. Aufl., München 2006.

Halder, Franz/Hans-Adolf Jacobsen/Alfred Philippi (Hrsg.): Kriegstagebuch: Tägliche Aufzeichnungen des Chefs des Generalstabes des Heeres 1939–1942, Band II, Stuttgart 1963.

Hartmann, Jürgen: Der Bundesadler, in: Vierteljahrshefte für Zeitgeschichte. Jahrgang 56 (2008), Heft 3.

Heck, Lutz: Auf Tiersuche in weiter Welt, Berlin/Hamburg 1941.

Heck, Lutz: Deutsche Fachschaft der Wisent-Züchter und -Halter; in: Deutsche Jagd, 1934.

Heck, Lutz: Tiere – Mein Abenteuer, Wien 1952.

Heiber, Helmut (Hrsg): Lagebesprechungen im Führerhauptquartier. Protokollfragmente aus Hitlers militärischen Konferenzen 1942–1945, München 1964.

Heimann, Siegfried: Der Preußische Landtag 1899–1947, Berlin 2011.

Herzfeld, Andreas: Die Rimann'sche Sammlung deutscher Autoflaggen und Kfz-Stander, Bd. 1, Berlin 2013.

Hinkelmann, Christoph: Horst Siewert: Meisterfotograf, Tierfilmer und Wildbiologe. Auf der Basis einer Ausstellung im Ostpreußischen Landesmuseum, Lüneburg, vom 2. Oktober 1999 bis 13. Februar 2000, und im Schorfheide-Museum, Groß Schönebeck, Bismark 1999.

Hinsley, Francis H.: British Intelligence in the Second World War. Abridged Version, Cambridge 1993.

Irving, David: Die Tragödie der deutschen Luftwaffe. Aus den Akten und Erinnerungen von Feldmarschall Erhard Milch, Frankfurt am Main/Berlin 1990.

Irving, David: Göring, Eine Biographie, Reinbek bei Hamburg 1989.

Jahrbuch der Deutschen Jägerschaft 1936/37.

Kaden, Eric: Richard Walther Darré – Kommandeur der deutschen Bauernschaft, o. O. 2019.

Kämpfe, Kerstin: Kunst im Schloss – Die Nymphe von Fontainebleau, Groß Schönebeck 2019.

Kieffer, Fritz: Judenverfolgung in Deutschland – eine innere Angelegenheit? Internationale Reaktionen auf die Flüchtlingsproblematik 1933–1939, Stuttgart 2003.

Knopf, Volker: Hermann Görings Waldhof »Carinhall«, Freiburg im Breisgau 1996.

Knopf, Volker/Martens, Stefan: Görings Reich, Berlin 1999.

Knopp, Guido: Göring. Eine Karriere, München 2007.

Krockow, Christian Graf v.: Fahrten durch die Mark Brandenburg, Stuttgart 1994.

Kuß, Erich: Die Breslauer Familie Milch und ihre jüdischen oder deutschen Nachkommen, Düren 2016.

Maaß, Günter/Bahl, Joachim: Das Wisentdenkmal in der Schorfheide – Die Geschichte eines Wahrzeichens, o. O. o. J.

Malinowski, Stephan: Vom König zum Führer: sozialer Niedergang und politische Radikalisierung im deutschen Adel, Berlin 2003.

Martens, Stefan: Hermann Göring, Paderborn 1985.

McMurry, Dean Scott: Deutschland und die Sowjetunion 1933–1936, Köln/Wien 1979.

Michalka, Wolfgang (Hrsg.): Deutsche Geschichte 1933–1945. Dokumente zur Innen- und Außenpolitik, Frankfurt am Main 2002.

Mohr, Erna: Der Wisent, Leipzig 1952.

Müller, Rolf-Dieter: Der Bombenkrieg 1939–1945, 2. Aufl., Berlin 2004.

Neitzel, Sönke: Abgehört. Deutsche Generäle in britischer Kriegsgefangenschaft. 1942–1945, Berlin 2005.

Neumärker, Uwe/Knopf, Volker: Görings Revier: Jagd und Politik in der Rominter Heide, Berlin 2012.

Nippert, Erwin: Die Schorfheide – zur Geschichte einer deutschen Landschaft, Berlin 1995.

Overy, Richard J.: Hermann Göring. Machtgier und Eitelkeit, 2. Aufl., München 1990.

Pufendorf v., Astrid: Otto Klepper – Deutscher Patriot und Weltbürger; Studien zur Zeitgeschichte, Oldenbourg 1997.

Radkau, Joachim: Natur und Macht. Eine Weltgeschichte der Umwelt, München 2000.
Rehberg, Max: Zwischen Schorfheide und Spree. Heimatbuch des Kreises Niederbarnim, Berlin 1940.
Rehberg, Max: Zwischen Schorfheide und Spree. Heimatbuch des Kreises Niederbarnim, unveränd. Neudr., Berlin 1941.
Ripperger, Waleri: Weidmanns Heil, Max Schmeling!, Tessin 2004.
Rubner, Heinrich: Deutsche Forstgeschichte 1933–1945, St. Katharinen 1997.
Schad, Martha: Hitlers geheime Diplomatin. Das Leben der Stephanie von Hohenlohe, München 2004.
Scherping, Ulrich: Und ein halbes Jahrhundert deutsche Jagdgeschichte, Singhofen 1960.
Schulze, Hagen: Otto Braun oder Preußens demokratische Sendung, Frankfurt am Main 1981.
Stehlin, Paul: Auftrag in Berlin, Berlin 1965.
Suter, Helmut: Das Jagdrevier der Könige. Die Schorfheide von 1820 bis zum Halali im Jahr 1918, Berlin 2015.
Suter, Helmut: Jagd- und Wildverhältnisse unter Göring, unveröffentlichtes Manuskript.
Suter, Helmut: Vom Staupenschlag zum Henkerstrick, Melsungen 2006.
Thamer, Hans-Ulrich: Beginn der nationalsozialistischen Herrschaft, in: Informationen zur politischen Bildung, Nationalsozialismus I, überarb. Neuaufl., Heft 251, Bonn 2003.
Tigör, Gustav: Griff in die Geschichte, Rede vom 16. Februar 1981 zur Eröffnung der Gedächtnisveranstaltung für Renz (Lorenz) Walter, in: Wild u. Hund, Ausgabe 1981, Heft 2.
Tooze, Adam: Ökonomie der Zerstörung. Die Geschichte der Wirtschaft im Nationalsozialismus, Bonn 2007.
Vollmer, Antje: Doppelleben, Berlin 2010.
Wehler, Hans-Ulrich: Deutsche Gesellschaftsgeschichte. Vom Beginn des Ersten Weltkrieges bis zur Gründung der beiden deutschen Staaten 1914–1949, München 2003.
Welzbacher, Christian: Die Staatsarchitektur der Weimarer Republik, Berlin 2006.
Wyllie, James: Albert Göring: Gegen Hitler, meinen Bruder und alle Nazis, Essen 2006.

Archive

Archiv Schorfheide-Museum e.V.
Bundesarchiv Berlin-Lichterfelde und Freiburg (BArch).
Brandenburgisches Landeshauptarchiv (BLHA).
Geheimes Staatsarchiv Preußischer Kulturbesitz (GSt PK).
Sammlung Helmut Suter.

ABBILDUNGSNACHWEIS

Auktionshaus Andreas Thies, 67. Auktion
S. 63 li., 123 o. re.

bpk
S. 21 li., 21 re.

Brandenburgisches Landeshauptarchiv
S. 40 (Rep. 2 A III F, Nr. 3680), 93 u. (Rep. 15 C Grimnitz, Nr. 10), 99 li. (Rep. 2 A I, Hb Nr. 1325), 123 u. li. und u. re. (Rep. 151 Finm. HB, Nr. 635), 127 li. (Rep. 2 A I, Hb Nr. 404), 141 (Rep. 206, Nr. 1912), 145 (Rep. 15 G FA Schorfheide, Nr. 63), 160 (Rep. 15 G FA Schorfheide, Nr. 64), 187 (Rep. 15 G FA Schorfheide Nr. 65)

Bundesarchiv
S. 13 o. (Bild 102-16146, Pahl, Georg), 13 u. (B 145 Bild F051627-0352), 15 li. (Bild 146-1982-014-35A), 15 re. (Bild 183-R88978), 17 o. (Bild 102-03633, Pahl, Georg), 17 u. (Bild 102-15965 Pahl, Georg), 18 o. (Bild 146-1979-145-13A), 18 u. (Bild 102-15966, Pahl, Georg), 22 (Bild 183-C15374), 24 (R 3701, Nr. 2251), 29 re. (Bild 102-04224, Pahl Georg), 35 (Bild 146-1979-178-17), 38 (Bild 102-01060, Pahl, Georg), 56 (R 43II, Nr. 1058), 73 (R 43 II, Nr. 1156), 82 (R 3001, Nr. 21008), 110 (R 3701, Nr. 2248), 112 re. (Nr. 2251), 112 li. (Nr. 2248), 113 (Nr. 2253), 114 (Nr. 2246), 115 (Nr. 2251), 116 (Nr. 2251), 117 o. (Nr. 2251), 117 u. (Nr. 2248), 118 o. (Nr. 2248), 118 u. (Nr. 2251), 119 o. (Nr. 2251), 119 u. (Nr. 2248), 121 re. (Nr. 2246), 130 (Nr. 2252), 128 (Nr. 2246), 129 o., 142 li. und re. (VI. HA NL. Reutti, Nr. 3), 179 (Bild 183-J22099), 198 (R 3701, Nr. 500)

Deutsches Historisches Museum
S. 129 u.

Deutsches Jagd- und Fischereimuseum
S. 124 u. re. (Fr. Schmaus)

Geheimes Staatsarchiv Preußischer Kulturbesitz
S. 41 (HA VI. NL-Braun, A 58), 45 li. und re. (VI. HA Braun, Otto A, Nr. 65), 47 o. und u. (VI. NL Steiger, Nr. 6), 48 li. (VI. NL Steiger, Nr. 6), 58 re. (VI. NL Steiger, Nr. 6), 49 li. und re. (VI. NL Steiger, Nr. 6), 50 (VI. NL Steiger, Nr. 6), 51 li. und re. (VI. NL Steiger, Nr. 6), 53 li., re. und u. (VI. NL Steiger, Nr. 6), 61 li. (VI HA NL-Braun, B I 14), 69 (I. Rep. 164 B, Nr. 57), 91 o. und u. (I. HA Rep. 151 IV, Nr. 2861), 126 o. (I. HA Rep. 90 A, Nr. 2357), 124 re. (I. Rep. 151 Finm. HB, Nr. 635), 151 o. und u. (Rep. 15 FA Groß Dölln, Nr. 47), 152 o. und u. (Rep. 15 FA Schorfheide, Nr. 63), 153 o. und u. (Rep. 15 G FA Schorfheide, Nr. 63), 209 (Rep. 15 G FA Schorfheide, Nr. 63)

Gautschi, Dr. Andreas (Privatsammlung)
S. 10, 36, 102, 120, 121, 131, 158 li.

Herzfeld, Andreas: Die Rimann'sche Sammlung deutscher Autoflaggen und Kfz-Stander
S. 76 re.

Kreisarchiv Barnim
S. 18 o., 20 o. und u.

Landesvermessung und Geobasisinformation Brandenburg
S. 7

Menthe, E. (Privatarchiv)
S. 19, 26, 31, 77, 78, 84 re., 85, 89 li., 103 li., 107, 110, 111 u.,154 li., 159 re., 161, 174, 175, 176 li. und re., 177, S. 189 u., 190, 191, 193

Militärakademie West Point (USA)
S. 33

Ostpreußisches Landesmuseum Lüneburg
S. 124 o. re. (Hr. Dr. Hinkelmann)

Privatsammlung (Eigentümer möchte nicht genannt werden)
S. 132, 173

Pysall, Regine (Privatarchiv)
S. 59, 61 li., 62, 63 re.

Rothe, Dr. W. (Privatarchiv)
S. 27, 89 re., 121 li., 127 re. 136, 148

Schorfheide-Museum e.V.
S. 29 li., 37 (Archiv Gorynia), 42 li. und re. (NL, Dö-002-96), 43 li. (NL H. Siewert Ka, Nr. 1804), 44 li. (NL Schubert), 44 re. (NL H. Siewert Ka, Nr. 181), 46 (NL Schubert), 48 re. (NL H. Siewert Ka, Nr. 1730), 52 li. (Siewert Ka, Nr. 1559), 52 re. (NL Döbert), 55 o. (NL W. Döbert), 55 u., 60 (NL W. Döbert 078), 67, 68, 69 li. (NL Schubert), 69 re. (NL W. Döbert), 80 li. u. re. (NL Schubert), 93 o. (NL H. Siewert Ne, Nr. 490), 107 li. (NL H. Siewert Ka, Nr. 141a), 107 re. (NL H. Siewert Ka, Nr. 74), 133 o. (I.4.3-076-19), 133 u. (I.4.3-077-19), 135 (NL W. Döbert), 143 (NL O. Linde), 149 u., 154 re. (NL W. Döbert), 156 (NL H. Siewert Ka, Nr. 1743), 158 re. (NL H. Siewert Ka, Nr. 1749), 155 u. (NL W. Döbert), 159 li. (NL H. Siewert Ne, Nr. 64 b), 163 (NL H. Schubert), 186 u. (NL H. Siewert G-Ng, Nr. 807), 189 o. (NL H. Siewert Ka, Nr. 715), 200 (NL H. Siewert Ne, Nr. 154 a), 199 (NL O. Linde), 201 o. (NL H. Siewert G-Ng, Nr. 619), 201 u. (NL H. Siewert G-Ng, Nr. 60), 202 o. (NL H. Siewert Ka, Nr. 579), 202 u. (NL H. Siewert G-Ng, Nr. 278 a), 203 (NL H. Siewert Ka, Nr. 1588), 204 (Sgl. H. Baaz), 205 (NL H. Siewert G-Ng, Nr. 280 a), 208 (NL W. Döbert 002-96), 210 (NL H. Siewert G-Ng, Nr. 75 a), 211 (NL W. Döbert), 214 (NL O. Linde)

Simon, Prof. Dr. Meinhard (Privatarchiv)
S. 140 li. und re.

Suter, Helmut (Privatarchiv)
S. 11, 30, 43 re., 58 li., 55 u., 54, 64 o. und u., 75, 84 li., 99 re., 101, 157, 111 o., 126 u., 125, 124 o. li., 124 u. re., 139, 147 li., 149 o., S. 182 (IV.-134-14 001), 183 (Abb. 174, IV.-134-14), 186 li. und re., 192

Wild und Hund
S. 74 o. (Jg. 1938)

Wiemer (Privatarchiv)
S. 96, 103 re., 104, 155 o., 146, 147 re., 150, 196

DANK

Zum besonderen Dank bin ich meiner Ehefrau Gundela Suter verpflichtet. Ohne ihre Geduld und das Verständnis für meine »Freizeitgestaltung« der jagdgeschichtlichen Forschung wären die bisherigen Ergebnisse und Arbeiten nicht möglich gewesen. Frau Edith Menthe und Frau Regine Pysall, die mir Fotoaufnahmen aus ihrem Familienarchiv bereitstellten. Die Familien Döberth und Schulze, die Unterlagen zu Ihrem Großvater Lindner zur wissenschaftlichen Auswertung übergaben. Herrn Dr. Andreas Gautschi, der mir seine Archivfilme zur Auswertung überließ und mir stets in jagdhistorischen Fragen, ein kompetenter Gesprächspartner ist. Herrn Otto Linde, der eigentlich Förster werden wollte und in jungen Jahren die Schorfheide durchstreifte und dabei die Reste des Carinhaller Portals fotografierte. Ebenso Herrn Schubert, dessen Onkel einst Revierförster auf der Försterei Üderheide war.

Frau Kerstin Kämpfe, die mir uneigennützig ihre Ausarbeitung zur Nymphe von Fontainebleau bereitstellte.

Ebenso danke ich Herrn Dr. Gilbert Titeux, dem ich die Nachforschungen im französischen Nationalarchiv in Paris zu verdanken habe. Frau Irene Willmann und Frau Dr. Ingrid Teucher danke ich für die Informationen, die zur Geschichte der Nymphe von Fontainebleau nach 1945 entscheidende Informationen liefern konnten. Herrn Prof. Dr. Meinhard Simon, ein Enkel des Künstlers Hans Krückeberg, der mir eine ausführliche Biographie und bisher unbekanntes Fotomaterial seines Großvaters bereitstellte. Den Nachkommen der Familie Wiemer und Oskar Fuckel, die mir unmittelbar nach der politischen Wende Aufnahmen vom Wirken des Geschäftsführers der Stiftung Schorfheide auswerten ließen.

Helmut Suter

Das Jagdrevier der Könige

Die Schorfheide von 1820 bis zum Halali im Jahr 1918

256 Seiten, 100 Abb., Gebunden,
24,95 € [D]
ISBN 978-3-89809-113-8

Jahrhundertelang war die Jagd ein Privileg der Mächtigen und Mittel ihrer Selbstinszenierung. Zu den größten und berühmtesten Jagdgebieten in Deutschland zählt die nördlich von Berlin gelegene Schorfheide.

Helmut Suter erzählt ihre Geschichte von der Gründung des Königlichen Hofjagdamtes 1820 bis zum Halali mit dem Ende der Monarchie 1918. Preußische Könige und deutsche Kaiser kamen in dieser Zeit regelmäßig zur Jagd hierher – und luden auch herrschaftliche Gäste ein, um nebenher Politik zu machen.

»Akribisch hat der Jagdhistoriker viel Wissenswertes aus rund hundert Jahren zusammengetragen. Weniger bekannte Aspekte machen das Buch zur lesenswerten und informativen Lektüre.«
Wild und Hund